图解畜禽科学养殖技术丛书

CAISE TUJIE
KEXUE YANGTU JISHU

科学养兔技术

刘磊　李福昌　主编

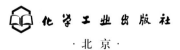

化学工业出版社

·北京·

目前，我国兔生产更加重视兔产品质量，以适应国际竞争的需要，笔者结合多年的科研成果和生产实践，编写了《彩色图解科学养兔技术》。本书全面系统地介绍了兔生产的特点和发展趋势、兔的生物学特性、兔的品种分类及选择、兔场环境科学控制及兔场建设、兔的科学选配与培育、兔的科学繁殖、兔的营养与饲料、兔的科学饲养管理、兔的安全生产与疾病控制等。本书内容全面、丰富、新颖，图文并茂，配套大量彩图，涉及兔产业化的各个环节；编写人员来自国内养兔科研技术力量基础比较雄厚的大专院校、科研单位和大型养兔生产企业，汇集了近年来国内外大量的养兔科研成果与先进经验。

本书在内容上兼顾了养兔企业生产管理和技术人员对科学性、实用性等方面的要求，可供养兔生产管理人员、技术人员和科研人员参考，也可作为高等农业院校的专业教材。

图书在版编目（CIP）数据

彩色图解科学养兔技术/刘磊，李福昌主编. —北京：化学工业出版社，2019.4
（图解畜禽科学养殖技术丛书）
ISBN 978-7-122-33919-5

Ⅰ．①彩…　Ⅱ．①刘…　②李…　Ⅲ．①兔-饲养管理-图解　Ⅳ．①S829.1-64

中国版本图书馆 CIP 数据核字（2019）第 029691 号

责任编辑：漆艳萍　　　　　　　　装帧设计：韩　飞
责任校对：王鹏飞

出版发行：化学工业出版社（北京市东城区青年湖南街13号　邮政编码100011）
印　　装：北京东方宝隆印刷有限公司
850mm×1168mm　1/32　印张10　字数249千字　2019年8月北京第1版第1次印刷

购书咨询：010-64518888　　　　　　售后服务：010-64518899
网　　址：http://www.cip.com.cn
凡购买本书，如有缺损质量问题，本社销售中心负责调换。

定　　价：69.80元　　　　　　　　　　版权所有　违者必究

编写人员名单

主　　编　刘　磊　李福昌

副 主 编　谷子林　吴信生　秦应和

编　　者　刘　磊　李福昌　李　明　张　玉

　　　　　谷子林　吴信生　杭苏琴　秦应和

　　　　　阎英凯　樊新忠

近年来，我国兔生产的集约化程度大幅度提高，兔的生产性能也有较大幅度提升；我国兔生产已经由传统化生产模式逐步过渡到现代化生产模式。我国兔饲养量已达3亿多只，年出栏兔5亿多只，其中规模化养兔场已占60%以上，年产兔肉80多万吨，兔毛1万多吨，獭兔皮8000多万张。目前，我国兔生产更加重视兔产品质量，以适应国际竞争的需要。在这种形势下，笔者结合多年的科研成果和生产实践，编写了《彩色图解科学养兔技术》，本书的编写特色：一是立足生产，尽可能做到理论联系生产实际，采用按生产环节系统编写的方法；二是体现现代化，就是全面反映现代养兔科学技术体系和生产工艺，以适应现代兔生产发展的需要；三是图文并茂，一目了然，浅显易懂，尽量避免晦涩的文字性描述，使用大量图片解读技术性操作，简单明了，有利于读者学习和阅读；四是充分发挥行业专家的专长，本书编写队伍由国内养兔科研基础雄厚的大专院校、科研单位和一线企业从事养兔工作多年的专家、教授、行业精英组成，发挥各自的优势，执笔撰写相应内容。

刘磊（山东农业大学）和李福昌（山东农业大学）编写了兔生产的特点和发展趋势、兔的营养与饲料，李明（河南农业大学）编写了兔的生物学特性，吴信生（扬州大学）编写了兔的品种分类及选择，张玉（内蒙古农业大学）编写了兔场环境科学控制及兔场建设，樊新忠（山东农业大学）编写了兔的科学选配与培育，杭苏琴（南京农业大学）编写了兔的科学繁殖，阎英凯（青岛兔爱动物科技有限公司）

和秦应和（中国农业大学）编写了兔的科学饲养管理，谷子林（河北农业大学）编写了兔的安全生产与疾病控制。

社会在进步，兔的养殖技术也在不断发展，我们研究和总结新理论与新技术，努力充实、完善此书，为我国养兔业的发展作出贡献。

由于编写时间仓促，笔者水平有限，书中疏漏之处在所难免，敬请广大读者批评指正。

编　者
2019年1月

目 录

CONTENTS

第一章　兔生产的特点和发展趋势

第二章　兔的生物学特性

第三章 兔的品种分类及选择

第四章 兔场环境科学控制及兔场建设

第七章　兔的营养与饲料

第八章 兔的科学饲养管理

第九章 兔的安全生产与疾病控制

第一章
兔生产的特点和发展趋势

第一节　兔生产的特点

　　兔生产是畜牧业的重要组成部分，兔生产学是动物生产学的重要分支学科。从生产角度出发，兔生产学是研究兔生物学和经济学特性、品种（系）、兔场建设及环境调控、遗传与育种、繁殖、营养与饲料、饲养管理、疾病控制与安全生产及主要产品加工利用等理论和生产过程的科学。而目前，兔生产学的内涵又延伸至产前、产中和产后，体现出兔生产的商品性、整体性和综合性。

　　兔是由野生穴兔驯养而成的变种，经过由注重观赏价值到注重经济利用的长期选择之后，其各种用途的品种及品变种已达数百个。兔以繁殖力强、对粗饲料利用率高和产品类型多样化等优势而著称，特别是近些年来专门化高产品种（配套系）的培育成功、科学饲养技术的普及推广、疫病防治技术的完善应用和兔产品加工利用技术的不断发展等，都预示着兔是继猪、鸡之后最适于规模化、集约化生产的畜种之一，养兔业必将成为畜牧业的重要组成部分。

兔生产已引起世界各国的重视，很多学者对兔进行了系统的研究，随着兔育种工作的进行和科学饲养管理水平的提高，对兔的生理解剖、细胞结构、基因组合、生活习性、消化特点、新陈代谢、生态环境、繁殖规律、生长发育、饲养管理等方面开展了卓有成效的系统研究。据资料表明，目前全世界有一百多个国家养兔，其中几十个国家共有兔研究机构两百多个，而且各研究单位或研究机构都已取得很大成绩。许多国家先后制定了各种类型兔种的饲养标准，使"兔生产学"这门新兴学科逐步系统与完善，无疑对今后养兔业的发展产生深远影响。

由于兔是驯化时间较短的畜种，养兔业也起步较晚，所以兔生产仍然面临着许多问题，这也是广大畜牧科技工作者共同关心的问题。

一、兔产品独具特点

兔体形虽小，产品却多种多样；兔不仅生产肉、毛和皮，还可作为实验动物和观赏动物，副产品脑、血、粪等也独具特色。

1. 兔肉

兔肉是珍贵的食品，其营养价值与消化率均居各种畜禽肉之首（表1-1），具有高蛋白质、高赖氨酸、高消化率、低脂肪、低胆固醇的特点，同时含有丰富的B族维生素，以及铁、磷、钾、钠、钴、锌、铜等。经研究表明，兔肉对老年人、幼儿、孕妇、冠心病患者等有滋补作用，是人类的重要食品，被人们称为"保健肉""益智肉"等。研究证明，兔肉具有低脂肪、低胆固醇的特点。其中，脂肪中不饱和脂肪酸含量高，经常食用兔肉有较强的乳化胆固醇的作用，可使血浆胆固醇保持悬浮而不沉淀，防止和延缓动脉粥样化斑点和血栓的形成。磷脂在人体内可形成一种有助于记忆、信息传递的物质——乙酰胆碱，

表1-1　兔肉与其他肉类的营养比较

（资料来源：杨正，现代养兔，1999年，中国农业出版社）

营养	兔肉	猪肉	牛肉	鸡肉	羊肉
蛋白质 /%	21.0	15.7	17.4	18.6	16.5
脂肪 /%	8.0	26.7	25.1	4.9	21.3
赖氨酸 /%	9.6	3.7	8.0	8.4	
胆固醇/(毫克/克)	0.65	0.74～1.26	1.06	0.69～0.9	0.7
消化率 /%	85.0	75.0	55.0	50.0	68.0
水分 /%	70.0	56.3	76.7	75.7	61.0

兔肉的磷脂含量高，所以若能经常食用兔肉，可提高儿童智商和改善人的记忆力（图1-1～图1-3）。

2. 兔毛

兔毛特别是安哥拉兔的兔毛，具有长、松、净的特点（图1-4）。据有关资料介绍，兔毛比羊毛轻20%，其细度比70支纱羊毛细30%；兔毛的保温性比羊毛高37.7%，比棉花高90%；兔毛吸湿率高达52%～60%，而羊毛为20%～33%，棉

图1-1 兔后腿

图1-2 兔带骨条

图1-3 兔前腿

图1-4 兔毛

花为18%～24%，化纤则只有0.1%～7.5%。长毛兔兔毛制品具有轻软、保暖、吸湿、透气等特点，因此兔毛是高档的纺织原料，可用于生产精纺制品（如高档衬衫、西装面料和运动衫等），也可用于生产粗纺制品（如地毯、装饰挂毯和保健用品等）；同时兔毛制品可产生微弱的静电，对防治人的关节炎和皮肤炎等疾病具有一定的作用。

3. 兔皮

兔皮（尤其是獭兔皮）美观、轻便、柔软、保暖性好（图1-5），通过鞣制加工的毛皮和革皮，可制成各式各样的长（短）大衣、披肩、围巾、手套、挎包以及室内挂毯等装饰用品，特别是獭兔皮制作的各种式样的裘皮服装，美丽、轻柔，颇受人

图1-5 兔皮

们青睐，用兔裘皮制作的各式妇女、儿童用品，备受市场欢迎。

4. 实验动物

兔由于其体形、体重、繁殖特点等方面的优势，构成作为实验动物的有利条件，在繁殖和生理、生物工程、制药等领域具有重大作用。例如，动物的胚胎移植首次研究成功，是1890年英国剑桥大学一个生物学家在一只纯种安哥拉母兔与纯种安哥拉公兔交配后的32小时时用手术方法从子宫中取出2个已发育成4个细胞的胚胎，通过手术再移植到比利时母兔的输卵管上端，1个月后，这只比利时母兔产出了4只纯种比利时兔和2只安哥拉长毛兔；1897年又成功地进行了重复试验。一直到20世纪30年代，这一重大成果才被人们所认识，此后在兔、大鼠与小鼠身上做了更多的试验，该项成果成了实验生物学中研究受精、胚胎发育等课题的一个重要方法。

医药卫生部门所试制的各种新药，都必须首先做动物试验，而实验动物应用最普遍的首推兔；凡是定型批量生产的药品，每一批药品都必须进行出厂前的定性与定量监测，定性与定量监测常用的实验动物是兔，待监测完全符合要求后，方可准许出厂。理、农、医以及与生物有关的院校和科研单位，大都需要用兔进行实验观察或小型手术。

此外，兔脑、血、肝、胆、心、胃、肠等除直接供食用外，还可为制药工业提供优质原料，直接为人、畜保健服务。兔粪含氮、磷、钾丰富，是优质的有机肥料。

二、兔是节粮型草食家畜

我国是世界上的人口大国，也是农业大国，人多地少，这是我国的基本国情；长期以来一直为解决粮食问题而努力，目前人均日消耗动物性蛋白质数量仍大大低于世界人均水平。因此，要进一步改善我国人们的生活水平，提高体质，重要的措施是提供更多的动物性蛋白质，而解决这一实际问题的途径，就是我国要发展节粮型畜牧业，缓解人畜争地、争粮的问题。我国在新时期畜牧业的发展规划中也提出了"稳定猪鸡生产，大力发展草食家畜"的方针，目前家养的草食畜禽中（如马、牛、羊、骆驼及鹅等），兔是最典型的节粮型草食小家畜。

兔能有效地利用植物中的蛋白质和部分粗纤维，饲养成本较低。据有关资料介绍，兔每增加1千克肉，所需要的能量仅高于鸡，而与猪相似；但猪、鸡产肉需要大量的粮食，而兔则不然。在集约化兔生产的日粮中，粮食及其副产品（精饲料）占50%左右，干草或其他粗饲料占50%左右；而农户散养的情况下，青草、干草或其他粗饲料可占到70%或者更高。而养猪粮食及其副产品（精饲料）要占60%以上，鸡的日粮中则高达80%～100%。每生产1千克猪肉，需消耗4～6千克精料，而生产1千克兔肉，只用30千克左右的野青草即可。由于兔的消化率远比其他畜禽高，人们利用同等数量的蛋白质生产兔肉的总体成本则更低。

为此，世界养兔科学大会上，各国学者和代表们一致认为，今后养殖业的特点，应是以发展节粮型草食家畜为主，而在草食家畜中，要优先发展养兔业，以缓解人、畜争粮的矛盾。

三、兔产品符合国内外市场的需要

1. 兔肉

兔的主要产品是兔肉、兔毛和兔皮，其中以兔肉为主。据资料报道，世界养兔数量的90%以上是以生产兔肉为目的。

（1）国际兔肉市场持续发展　由于兔肉具有高蛋白质、高赖氨酸、高消化率、低脂肪、低胆固醇、低热量的特点，世界上许多国家把发展肉兔业作为满足人类对蛋白质需要、解决粮食紧缺和蛋白质供应不足的重要途径之一。尽管各国的经济发展不平衡，但总的趋势是随着人们生活水平的不断提高，膳食结构日益合理，人均占有肉食品及蛋白质水平不断提高。

（2）国内市场开发潜力很大　我国兔肉产品在许多地区多年以来一直以外销为主，在某种程度上受国际市场制约并出现了多次周期性的起伏，再加上国内收购活兔价格低而不稳，这样就影响了养兔者的积极性。为了扭转依靠外贸出口发展肉兔生产的被动局面，近几年来我国积极开发国内大市场，对兔肉生产进行综合开发与利用，降低成本，使国内市场的销售价格符合当前我国人们生活的实际水平。

另外，根据中央解决"三农"问题和建设社会主义新农村的精神，发展节粮型畜牧业，向贫困山区延伸养兔业都是符合中央政策的措施，例如近年来内蒙古、新疆等省区将养兔业作为脱贫致富的项目实施。所以，兔肉产品的国内市场也必将随着我国经济的发展，由发达的沿海地区逐渐向内地及边远地区拓展，以满足国内市场的需要。

2. 兔毛

由于长毛兔兔毛及其制品的特点，国内外生产均将兔毛作为高档的纺织原料进行精纺和粗纺。二十年来，随着纺织工业的发展，世界兔毛产量由1983年的4000多吨增加到目前的1万多吨。安哥拉兔毛的主要销售市场在欧洲、日本和中国港澳地区。近年来，世界兔毛的产量和贸易量比较稳定，相信随毛纺工业的进步，兔毛市场会有稳定的发展。

3. 兔皮

兔皮尤其是獭兔皮美观、轻便、柔软、保暖性好。近几年国际毛皮市场的变化为獭兔发展提供了良好的机遇，市场潜力巨大。目前，我国獭兔生产与獭兔皮的国际经贸与合作出现了几个显著的变化：一是由传统的港商发展到韩、俄、美、意、德等外商多渠道订货，獭兔皮的贸易全球化；二是国内狐皮、貂皮等裘皮商纷纷转投獭兔皮市场；三是外商开始寻求獭兔系列产品；四是外商开始在国内投资兴办獭兔场、裘皮加工厂。

四、兔生产效益高

1. 产量高

兔生产世代间隔短，繁殖力强。世代间隔6个月左右，母兔妊娠期1个月，每窝产仔6～8只，一年可产仔6～8窝，年产仔兔45只左右，一只体重4.5千克的母兔，按肉兔2.5千克出栏计算，年产后代总重112.5千克，是其母体的25倍。而猪年产后代是其母体的9倍，羊为0.8倍，牛仅为0.6倍（表1-2）。

表1-2　肉兔与其他家畜产量比较

（资料来源：杨正，现代养兔，1999年，中国农业出版社）

畜别	母体重/千克	年产后代数/只	年产后代总重/千克	每千克母体重所生后代重/千克
肉兔	4.5	45	112.5	25
羊	50	2	40	0.8
牛	500	1	300	0.6
猪	150	18	1350	9

2. 成本低

兔属节粮型草食动物，饲养成本较低，远低于鸡、猪等其他畜种。在兔日粮中，价格低廉的青草或干青草类占50%～70%，在不喂任何谷物籽实的情况下，每只成年母兔每天只需1.5千克青草即可，在饲喂颗粒饲料时，每天只用125～150克。

另据有关资料介绍，每生产1千克肉所需要的消化能，兔为11.98兆焦，绵羊为19.61兆焦，肉牛为22.45兆焦，猪为11.75兆焦，鸡为9.05兆焦。由此可见，每生产1千克兔肉所需的能量仅高于鸡，与猪相近；但生产猪肉、鸡肉需大量的粮食。

从产毛所消耗的能量来看，安哥拉兔每产1千克污毛，所消耗的能量仅为绵羊的25%左右，若以净毛计，安哥拉兔的饲料报酬则比绵羊高6～10倍。

3. 饲养效益高

兔的各种产品都具有较高的经济价值，兔饲养的经济效益较高。例如，营养价值很高的兔肉，不但能制成各式各样的美味佳肴供人们享用，其价格在国内外市场上也远高于猪肉、禽肉等肉类，而且市场销路前景乐观，经营者有利可图。

1 只母肉兔按年出栏 30 只商品肉兔计算，商品兔按 16 元/千克计算，每只商品肉兔收入为 2.5 千克×16 元/千克=40 元，成本 0.3 元/天（内含一只母兔分摊的成本）×90 天=27 元，每只商品肉兔获利 13 元，一只母兔年可获利 390 元，如果出栏的肉兔中部分作为种兔出售则效益更高。

兔毛，特别是长毛兔兔毛，是高档纺织原料，若与羊毛、蚕丝等混纺，可生产出各种昂贵的衣料。一只长毛兔按年产 1.25 千克兔毛计算，兔毛价格按 220 元/千克计算，收入为 275 元，成本 0.5 元/天×365 天=182.5 元，仅兔毛利润就近 100 元，加上繁殖后代的收入，年经济效益可达 200 多元。以上计算未包括人工、土地占用、房舍折旧、利息和水电费等。

高档的獭兔皮及其制品，更以其美观、华丽、实用，而被人们所青睐。目前的市场行情，每张原皮出口价 4～6 美元；国内收购价特级皮每张 40～50 元，一级皮每张 30～40 元，二级皮每张 20～30 元，等外皮每张也有 10 元左右。

再加上优质兔粪尿可以肥田，骨骼可制成骨粉作饲料，血可制作血粉蛋白质饲料，脑又可提取多种生物激素，是生物制药的重要原料，胆与熊胆相似，可提取多种元素，胃、肠既可食用，又可提取多种酶类等。所以，兔各种产品的经济价值，将随着商品生产与开发，被人们普遍关注。

总之，发展养兔生产，投资少，周期短，见效快，效益高，是增加农民收入、脱贫致富的好产业。

第二节　现代兔生产的发展趋势

一、肉兔为主，兼顾其他

尽管兔不仅生产肉、毛和皮，还可作为实验动物、观赏动物，副产品脑、内脏、血和粪等也独具特色，但是在兔众多的生产用途中，肉食是主要的，纵观世界养兔业近年来的变化可知，当今世界已有100多个国家从事兔生产并逐渐养成了吃兔肉的习惯，这是人类根据自身的需要和兔肉的特点决定的。据资料报道，世界养兔数量的90%以上是以生产兔肉为目的。

二、毛用兔生产两极分化

世界各国的长毛兔属于同一个品种，当长毛兔传入法、美、德、日等国家后，经各国养兔业的选育而形成了不同品系。长毛兔的被毛可以分为细毛、粗毛和两型毛三种毛纤维。习惯上，把被毛中的粗毛率在10%以下的长毛兔类群称之为细毛型长毛兔，粗毛率高于10%的称之为粗毛型长毛兔。世界各国发展长毛兔生产的目的有所不同，我国是世界上饲养长毛兔最多的国家，目前长毛兔存栏量在8000万只左右，年产兔毛1万吨左右，我国的长毛兔生产是世界上商品率最高的国家，不仅生产大量的兔毛为毛纺工业服务，而且生产大量的良种种兔供商品生产需要。

三、皮用兔以裘为主，兼顾革皮

兔皮包括一般兔皮（肉兔皮和长毛兔剪毛后的皮）和獭兔皮两种，又有毛皮和革皮之分。在兔生产中，以獭兔为代表的短毛兔，被覆较短绒毛，密布整个毛被，非常平整，将其短绒毛的兔皮鞣制成各种裘皮制品，以其美丽、轻便、保暖、大方赢得人们的欢迎。尽管国内外以獭兔代表皮用兔生产，但就总数来讲，獭兔皮在兔皮中占的比例仍然不高；由于人们衣、食、住、行条件的变化，特别是发达国家，对以獭兔裘皮类为代表的服装需求量将日渐增多，裘皮市场将在一定时期内具有良好的发展前景；而兔革制品，也将随着加工工艺水平的不断改进和提高，会越来越被人们所重视。特别是革皮服装，将以薄、软、韧为特点，再加染色技术的改进和提高，会受到广大青年的欢迎。

四、产品加工及综合利用

在养兔业产品中，除肉、毛、皮三大主要产品外，尚有粪尿、骨、血、脑、爪、耳、残次毛、肠、胃、肝、胆、肺、肾头、胰脏、胎盘等副产物，完全可以开发和利用，变废为宝，增加产值，提高经济效益。例如，废料皮（头皮、四肢皮、残次皮等）可生产橡胶；兔肝可生产肝浸膏、肝宁片和肝注射液；兔胰脏可生产提取胰酸、胰岛素等；兔胆可提取胆汁酸，提取率高达3%，而牛、羊胆仅0.3%；兔胃可提取胃膜素和胃蛋白酸等；兔肠可提取肝素；兔血可制作血豆腐、血肠等，也可制作兔血饲料（如血粉或发酵血粉），还可制作医用血清、凝血酶、亮氨酸等；兔骨高温处理后，可生产骨油、骨渣和骨汤等；兔头可提取蛋白胨；残次毛可提取胱氨酸；兔胎盘可生产兔胎盘粉；兔粪可生产兔粪肥料和兔粪饲料。

五、兔育种配套、高效和优质

兔品种的种质潜力是提高兔生产效益的重要基础。因此，国外兔业发达的国家非常重视品种培育工作。为了提高养兔效益，商品兔的生产将从单一品种繁殖或二元杂交向着多元化配套系杂交方向发展，从而获得生产性能好、饲料报酬高、抗病能力强的优秀后代。例如，在肉兔生产方面培育成功并在生产中推广应用的齐卡肉兔配套系、伊普吕肉兔配套系、伊拉肉兔配套系、艾哥肉兔配套系和伊高乐肉兔配套系等，这些肉兔配套系已先后引进中国并开始在生产中推广应用。

六、饲养管理规模化、集约化

随着养兔业的发展和人类对兔产品的需求量不断增加，其饲养方式必然由小规模的家庭散养逐渐转变成规模较大的集约化饲养（图1-6），才能达到节省人力、提高出栏率和增加经济效益的目的。自20世纪70年代末，世界兔生产（尤其是肉兔生产）出现集约型工厂化的雏形，但由于技术和设备的限制，直至20世纪80年代末，工厂化兔生产仅是缓慢发展。20世纪90年代以来，很多养兔国家出现了不同规模、科学饲养的养兔户或养兔场，各国先后建起了一批大型养兔场，并使兔的饲养管理、繁殖配种、卫生防疫等生产环节的组织实现了程序化管理，集约化程度大大提高。从趋势上看，兔生产的现代化意味着要应用更多的先进技术。例如，种兔配种采用人工授精和实行频密或半频密繁殖；仔兔25日龄断奶，并使用早期断奶仔兔料；喂料、饮水、清粪自动化，利用外置式产仔箱、双层阶梯式或重叠式钢丝兔笼，兔舍内环境控制自动化，严格有效的疫病防治体系等。例如意大利，多数养兔户或养兔场饲养50～500只基础母兔；而比利时则饲养50～300只基础母兔者较多，但一般家庭养兔场则以3～10只母兔为主；埃及一般饲养35～40只母兔；荷兰饲养规模较大，出现一些饲养500～1000只母兔的养兔大户或养兔场，也有一些饲养600～3000只母兔的大兔场。

图1-6 集约化养殖场

七、兔病防治以预防为主

兔个体小、群体大、抵抗力低、易感染各种疾病；另外，由于兔的生理特点和疾病的特点，若感染上传染性疾病，往往来不及治疗或治疗的效果不理想，可能造成兔群在短期内全群覆灭。因此，各国专家、学者大都以研制各种兔病防治的疫苗为主，在生产实践中，定期进行注射预防或口服预防，增强兔群对某种疾病的免疫力，达到预防某种传染性疾病的目的。如目前在兔生产中广泛应用的兔瘟疫苗、巴氏杆菌疫苗、魏氏梭菌疫苗、波氏杆菌疫苗等，对我国和世界养兔业的健康发展作出了重大贡献。而面对兔的一些普通病和常发病，则应考虑在加强饲养管理，提高兔自身免疫力的前提下，及时准确地识别各种疾病的发病特征和致病因素，以便及时预防和治疗，减少因兔病而造成的经济损失。

随着兔产品在人们生活中的推广普及，兔的产业化进程不断进步，有关兔生产技术的教学、科研和推广体系在不断完善和普及。

目前世界上许多养兔国家（包括我国）在高等农业院校开设了养兔专业课，有的院校定为必修课，有的院校定为选修课，还有的国家在高等院校设立了养兔专业，招收研究生，培养高层次养兔方面的专业人才；组织有关专家、教授编著不同层次的养兔教材，出版有关专业书刊（图1-7、图1-8）。

图1-7 养殖人员技术培训

图1-8 高校学生对养兔场和兔毛纺织厂参观学习

第二章
兔的生物学特性

穴兔是小型食草动物，个体小、没有御敌能力，野生时常常成为其他食肉动物的食物。"适者生存"是自然选择的规律，为了种族的延续，长期自然选择使穴兔具有适应环境的某些生活习性和特点，如适于逃跑的体形结构、打洞穴居的习性、夜行性、食草性等。

一、兔的外貌

兔的外貌部位分为头、颈、躯干和四肢四大部分（图2-1）。除鼻尖、眼上方、腹股沟部和公兔阴囊等部分体表无被毛外，其余全身各部位均有被毛覆盖，被毛的长短和颜色因品种而异。

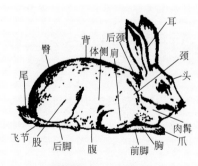

图2-1 兔的各部位

二、兔的生活习性

1. 夜行性

夜行性是指兔昼伏夜行的习性，这种习性是在野生时期形成的。野生穴兔体格弱小，御敌能力差，野生条件下被迫白天穴居于洞中，以避开天敌，夜间外出活动与觅食，从而形成了昼伏夜行的习性。

2. 嗜眠性

嗜眠性（图2-2）是指兔白天在一定条件下很容易进入睡眠状态。在此状态的兔，除听觉外，其他刺激不易引起兴奋，如视觉消失、痛觉迟钝或消失。兔的嗜眠性也与其在野生状态下的昼伏夜行性有关。

图2-2　兔嗜眠

3. 穴居性

穴居性是指兔具有打洞穴居、在洞内产仔的本能行为。兔这一习性是其祖先——野生穴兔传下来的且长期自然选择的结果。

4. 性情温顺、胆小怕惊

兔性情温顺，在正常情况下，多数兔任人抚摸或捕捉，一般不发出叫声。但在母兔分娩或哺乳时，出于母性护仔行为，被捕捉时有时会主动伤人。兔遇到敌害或四肢被笼板夹住时，会发出尖叫声。

5. 喜清洁、爱干燥

兔喜爱清洁干燥的生活环境，干燥清洁的环境有利于兔体健康，而潮湿污秽的环境则是造成兔患疾病的重要原因之一。所以，在进行兔场设计和日常饲养管理工作中，要考虑为兔提供清洁干燥的生活环境。兔舍内适宜的相对湿度为60%～65%。

6. 群居而好斗

群居性是一种社会性表现，兔呈群居性，以便相互照应。兔发现敌情时会通过后肢猛踏地板、发出大的声响等形式向同伴报警。但兔的群居性又很差，群养时，无论公、母，同性别的成年兔间经常发生互相争斗现象，特别是公兔群养，或者是新组成的兔群，互相咬斗现象更为严重、激烈，有时甚至会咬得皮开肉绽。因此，管理上应特别注意，成年兔一般要单笼饲养。

7. 嗅觉灵敏

兔嗅觉灵敏，常以嗅觉辨认异性，公兔离开领域时用尿进行标记，母兔通过嗅觉来识别亲生或异窝仔兔。人们利用这种特性，仔兔需要并窝或寄养时，采用特殊的方法处理，如涂抹尿液、乳汁等，使其辨别不清，从而使并窝或寄养获得成功。

8. 啮齿性

兔的第一对门齿是恒齿，出生时就有，永不脱换，且不断生长。如果处于完全生长状态，上颌门齿每年生长可达10厘米，下颌门齿每年生长12厘米，兔必须借助采食和啃咬硬物，不断磨损，才能保持其上下门齿的正常咬合。这种借助啃咬硬物磨牙的习性，称为啮齿行为，这与鼠类相似。因此，养兔生产中应注意以下几点。

（1）经常给兔提供磨牙的条件　如把配合饲料压制成具有一定硬度的颗粒饲料，或者在兔笼内投放一些树枝等。

（2）经常检查兔的第一对门齿是否正常（图2-3）　如发现过长或弯曲，应及时修整，并查出原因，采取相应

图2-3　兔门齿

措施。

（3）兔笼　制作兔笼时，要注意材质的选择，尽量使用兔不爱啃咬或啃咬不动的材料，避免使用竹、木等原料；兔笼设计上，应尽量做到笼内平整，不留棱角，使兔无法啃咬，以延长兔笼的使用年限。

三、兔的食性和消化特点

1. 兔的消化系统（图2-4）

兔的消化系统包括消化管道和消化腺两部分。消化管道为食物通过的管道，起于口腔，经咽、食管、胃、小肠（十二指肠、空肠、回肠）、大肠（盲肠、结肠、直肠），止于肛门。消化腺包括唾液腺、肝、胰及胃腺、肠腺，消化腺能分泌消化液，经导管输送至消化管的相应部位，对食物起消化作用。消化系统的功能是摄取和消化食物，吸收养分，排出粪便。

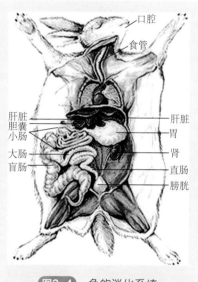

图2-4　兔的消化系统

2. 兔的消化特点

（1）消化过程　饲料进入口腔，经咀嚼和唾液湿润之后进入胃部。据测定，安静状态下，兔每小时分泌唾液1～2毫升，唾液中含有大量的淀粉酶，pH值为8.5。饲料入胃后，呈分层状态分布。兔胃内呈强酸性，胃腺分泌盐酸和胃蛋白酶，胃液的总酸度在0.18%～0.35%，pH值为2.0～2.2，游离盐酸的含量为0.11%～0.27%。胃部收缩促使饲料继续下行，进入肠部。饲料下行的速度与饲料组成和兔的年龄有关，当饲料中纤维素含量为14.7%时，饲料通过胃、肠道需7.01小时；含纤维素29.4%时，则需6.2小时，即纤维含量高的饲料通过消化道的速度快。年幼兔饲料通过其消化道较快。

小肠是肠道的第一部分，食糜在此经消化液作用分解成分子量较小的简单营养物质，营养物质进入血液被机体吸收。饲料经过小肠之后，剩余部分到达盲肠。盲肠是一个巨大的"发酵罐"，有适于微生物活动所需要的环境，富含微生物，小肠残渣被微生物重新合成蛋白质及维生素等物质。饲料中主要营养物质的消化和吸收在小肠内进行，部分纤维素在大肠内（盲肠、结肠、直肠）经微生物分解酶的作用而发酵分解成低分子有机酸（乙酸、丙酸和丁酸）营养物质被机体吸收。大肠的另一个作用是生产"软粪"和"硬粪"（图2-5）。

图2-5　兔的粪球

由于兔胃肠壁较薄、较脆弱，兔易患消化系统疾病，且死亡率高。养兔生产中，饲料中粗纤维含量不足、饮食不卫生、饲料突变、腹壁受凉等因素都会引起兔消化道内环境的改变，盲肠微生物区系平衡被打破，大量有害微生物繁殖并产生毒素，使兔肠壁受到破坏，不仅蠕动加快发生腹泻，而且毒素被吸收进入血液，会造成兔中毒而患病。

（2）食粪特性　兔的食粪特性是指兔具有采食自己部分粪便的本能行为。与其他动物的食粪癖不同，兔的这种行为不是病理的，而是正常的生理现象，是对兔本身有益的习性。这种行为最早于1882年由莫洛特（Morot）首次发现并报道，以后又有过一些研究，但直到现在仍有一些问题没有搞清楚。

相关研究发现，软粪和硬粪的成分相同，只是含量有差异。据测定，1克硬粪中有27亿个微生物，微生物占粪球中干物质的56%；而1克软粪中有95.6亿个微生物，占软粪中干物质的81%。

食粪行为对兔具有以下重要的生理意义。

① 兔通过吞食软粪得到大量微生物菌体蛋白。这些蛋白质在生物学上是全价的。此外，微生物合成B族维生素和维生素K并随着软粪进入兔体内，并在小肠内被吸收。据报道，通过食粪，1只兔每天可以多获得2克蛋白质，相当于需要量的1/10。兔食粪与不食粪相比，食粪兔每天可以多获得83%的烟酸（维生素PP）、100%的核黄素（维生素B_2）、165%的泛酸（维生素B_3）和42%的维生素B_{12}。兔吞食软粪，延长了具有生物学活性的矿物质（磷、钾、钠）在兔体内滞留的时间。同时，在微生物酶的作用下，对饲料中的营养物质特别是纤维素进行了二次消化。

② 兔的食粪习性延长了饲料通过消化道的时间，提高了饲料的消化吸收效率。试验表明，早晨8点随饲料被兔食入的染色微粒，食粪的情况下，基本上经过7.3小时排出，在下午4点食入的饲料，则经13.6小时排出；禁止食粪的兔，上述指标分别为6.6小时和10.8小时。另据测定，兔食粪与不食粪时，营养物质的总消化率分别是64.6%和59.5%。

③ 兔食粪还有助于维持消化道正常微生物区系。在饲喂不足的情况下，食粪还可以减少饥饿感。在断水断料的情况下，可以延缓生命达1周。这一点对野生条件下的兔意义重大。正常情况下，禁止兔食粪30天，其消化器官的容积和重量均减少。

（3）兔对饲料的利用能力

① 对粗蛋白质的利用能力。兔能充分利用饲料中的蛋白质。到目前为止，已有很多研究表明，兔能有效地利用饲草中的蛋白质。以苜蓿干草粉为例：猪对苜蓿干草粉粗蛋白质的消化率低于50%，而兔约为74%，马为74%。兔对低质量、高纤维的粗饲料，特别是其中的蛋白质的利用能力，要高于其他家畜。据试验，以全株玉米制成颗粒饲料，分别饲喂马和兔，结果，

对其中的粗蛋白质的消化率，马为53%，兔则高达80.2%。

②对粗脂肪的利用能力。兔对各种饲料中粗脂肪的消化率比马属动物高得多，而且兔可以利用脂肪含量高达20%的饲料。但据国外资料报道，若饲料中脂肪含量在10%以内时，其采食量随脂肪含量的增加而提高；若超过10%时，其采食量则随着脂肪含量的增加而下降。这说明兔不适宜饲喂含脂肪过高的饲料。

③对能量的利用能力。兔对能量的利用能力低于马，且与饲料中粗纤维含量有关，饲料中粗纤维含量越高，兔对能量的利用能力就越低（表2-1）。

表2-1　兔及马、猪食用不同类型饲料的消化特点

（资料来源：杨正，现代养兔，1999年，中国农业出版社）

饲料类型	动物	粗蛋白质/%	粗脂肪/%	粗纤维/%	能量/%
苜蓿干草粉	兔	73.7	23.6	16.2	51.6
	马	74.0	6.4	34.7	56.9
	猪	50以下	—	—	—
配合饲料	兔	73.2	46.0	18.1	62.0
	马	77.3	33.5	38.6	67.4
全株玉米颗粒饲料	兔	80.2	—	25.0	79.9
	马	53.0	—	47.5	49.3

④对粗纤维的利用能力。过去一般认为兔对粗纤维的消化率很高，但研究证明并非如此。实际上，兔对粗纤维的消化利用能力很低，表2-1中提供的试验数据也说明了兔对粗纤维的消化利用率比马低。在苜蓿干草粉中，兔对粗纤维的消化率相当于马的46.7%；在配合饲料中，相当于马的46.9%；在全株玉米颗粒饲料中，相当于马的52.6%。

据美国NRC公布的材料，对饲料中粗纤维的消化率兔为14%、牛为44%、马为41%、猪为22%、豚鼠为33%。因此，兔

不能有效地消化与利用粗纤维。

四、兔的繁殖特点

1. 独立双子宫

母兔有两个完全分离的子宫，两个子宫有各自的子宫颈，共同开口于一个阴道，而且无子宫角和子宫体之分。两子宫颈间有间膜隔开，不会发生像其他家畜那样在受精后受精卵由一个子宫角向另一个子宫角移行的现象。

在生产上偶有妊娠期复妊的现象发生，即母兔妊娠后，又接受交配再妊娠，前后妊娠的胎儿分别在两侧子宫内着床，胎儿发育正常，分娩时分期产仔。

2. 卵子大

兔的卵子是目前已知哺乳动物中最大的卵子，直径达160微米，同时，也是发育最快、卵裂阶段最容易在体外培养的哺乳动物的卵子。因此，兔是很好的实验材料，广泛用于生物学、遗传学、家畜繁殖学等学科研究上。

3. 繁殖力高

兔性成熟早，妊娠期短，世代间隔短，一年四季均可繁殖，窝产仔数多。以中型兔为例，仔兔5～6月龄就可配种，妊娠期1个月（30天），一年内可繁殖2代。集约化生产条件下，每只繁殖母兔可年产8～9窝，每窝可成活6～7只，一年内可育成50～60只仔兔。培育种兔每年可繁殖4～5胎，获得25～30只种兔。

4. 刺激性排卵

哺乳动物的排卵类型有三种：第一种是自发排卵，自动形成功能性黄体，如马、牛、羊、猪属于此类型；第二种是自发排卵交配后形成功能性黄体，老鼠属于这种类型；第三种是刺激性排卵，兔就属此类型。

5. 发情周期不规律

兔的这个特点与其刺激性排卵有关，没有排卵的诱导刺激，卵巢内成熟的卵子不能排出，当然也不能形成黄体，所以对新卵泡的发育不会产生抑制作用，因此，母兔就不会有规律性的发情周期。

6. 假妊娠比例高

母兔经诱导刺激排卵后可能并没有受精，但形成的黄体开始分泌孕酮，刺激生殖系统的其他部分，使乳腺激活，子宫增大，状似妊娠但没有胎儿，此种现象称为假妊娠。假妊娠的持续期为16～18天。假妊娠过后立即配种极易受胎。一般不育公兔的性刺激、母兔群养和仔兔断奶晚是引起假妊娠的主要原因，管理不好的兔群假妊娠的比率可能高达30%，生产中常用复配的方法防止假妊娠。

7. 胚胎附植前后的损失率高

据报道，附植前的损失率为11.4%，附植后的损失率为18.3%，胚胎在附植前后的损失率为29.7%。对附植后胚胎损失率影响最大的因素是肥胖。哈蒙德在1965年观察了交配后9日龄胚胎的存活情况，发现肥胖者胚胎死亡率达44%，中等体况者胚胎死亡率为18%；从分娩只数看，肥胖体况者，窝均产仔3～8只，中等体况者，窝均产仔6只。母体过于肥胖时，体内沉积大量脂肪，压迫生殖器官，使卵巢、输卵管容积变小，卵子或受精卵不能很好地发育，以致降低了受胎率和使胎儿早期死亡。另外，高温应激、惊群应激、过度消瘦、疾病等，也会影响胚胎的存活。

五、兔被毛生长与脱换

家兔换毛的形式主要有年龄性换毛、季节性换毛、不定期换毛与病理换毛等。

1. 年龄性换毛

所谓年龄性换毛，是指幼兔生长到一定时期脱换毛被而换成新毛的现象。这种随年龄进行换毛，在兔的一生中共有两次：第一次换毛约在30日龄开始到100日龄结束；第二次换毛约在

130日龄开始至190日龄结束。

2. 季节性换毛

所谓季节性换毛，是指成年兔春、秋两季的两次换毛。当幼兔完成两次年龄性换毛之后，即进入成年的行列，以后的换毛就要按季节进行。春季换毛期在3～4月份；秋季换毛期在8～9月份。换毛的早晚和换毛持续时间的长短受多种因素影响。如不同地区的气候差异，兔的年龄、性别和健康状况以及营养水平等，都会影响兔的季节性换毛。兔的季节性换毛早晚受日照长短的影响很大，当春季到来时，日照渐长，天气渐暖，兔便脱去"冬装"，换上枪毛较多、被毛稀疏、便于散热的"夏装"，完成春季换毛；而秋季日照渐短，天气渐凉，兔便脱去"夏装"，换上绒毛较多、被毛浓密、有利于保温的"冬装"，完成秋季换毛。兔换毛的顺序，秋季是由颈部的背面先开始，接着是躯干的背面，再延向两侧及臀部，春季换毛情况相似，但颈部毛在夏季继续不断地脱换。

3. 不定期换毛与病理换毛

兔的不定期换毛是不受季节影响、能在全年任何时候出现的换毛现象，主要因为兔被毛有一定生长期。不同兔的兔毛生长期是不同的，标准毛兔的兔毛生长期只有6周，6周后毛纤维就停止生长，并有明显的换毛现象，其中既有年龄性换毛，又有明显的季节性换毛。安哥拉兔的兔毛生长期为一年，所以只有年龄性换毛，没有明显的季节性换毛。皮用兔的兔毛生长期为10～12周，与标准毛兔一样，既有年龄性换毛，又有明显的季节性换毛。老年兔比幼年兔表现更强。

六、兔的主要行为学特征

利用家畜行为学原理，研究不同饲养管理状态下兔的行为及其相互关系，了解兔的生活模式，创造适合于兔习性的饲养管理条件，以提高养兔生产的效率与效益。

1. 领域行为

野生穴兔在野外以定居方式生活，其领域范围取决于周围环境中食物的供应状况，兔只会利用腺体分泌物或排泄物来标记它们的领域。家养条件下，人们要给兔提供永久性住处与有保护设施的安静环境。被突然的喧闹声、惊吓以及异味等惊动的第一只兔，会以顿后肢的方式通知伙伴。为使兔不受惊吓，工作人员在舍内操作时动作要轻，同时切忌聚众围观和防止其他动物进入，给兔创造一个安静的环境。

2. 争斗行为

兔具有同性好斗的特点，与性行为联系时更为突出。两只公兔在以下三种情况下相遇，都会发生争斗：两只都刚配过种；其中一只刚配过种；两只都未配过种。相遇到发生争斗的时间和激烈的程度，以第一种情况时间最短，也最为激烈；第三种情况时间最长，但不够激烈；第二种情况介于两者之间。两只公兔相遇时，开始相互嗅闻，接着发生争斗。

3. 采食行为

兔具有啮齿行为，常啃咬兔笼、产仔箱以及食槽等硬物磨牙，喂料前，饲养员走近兔笼时，这种行为表现更为激烈。

4. 饮水行为

兔体内含水率约70%，幼兔还要高些，水对饲料的消化、可消化物质的吸收、代谢产物的排泄及体温的调节过程起很大的作用。

5. 食粪行为

兔具有吃自己粪的特性，软粪一排出肛门即吃掉，但不吃落到地板上的粪便。兔食入软粪后，经过适当咀嚼即行咽下。兔患有疾病时一般停止食粪。

6. 性行为

有配种能力的公兔和母兔相遇，不论母兔是否发情，公兔都有求偶的表现。相遇时，公兔先嗅闻母兔的体侧，再嗅闻母兔的臀部和外阴部，若母兔此时已发情并达旺期，经公兔追逐后略逃数步，即蹲伏让公兔爬跨；若母兔发情不足或未发情，则拒绝公兔爬跨，这时会出现母兔逃跑、公兔紧追或超前拦住母兔、将头伸至母兔腹部并拱母兔的乳房等情况，如母兔蹲伏不动，公兔又会很快跑到母兔后面企图爬跨交配。有的母兔未发情，不仅拒绝爬跨，还会与公兔咬斗。

7. 分娩行为

母兔妊娠以后，性情温顺，行动稳重，食欲增加，采食以后即伏卧休息，腹部日渐膨大。临产母兔食欲下降，但仍愿采食青绿饲料，同时出现啃咬笼壁和拱食槽现象。移入产房或产仔箱后，母兔表现更为兴奋，将草拱来拱去，四肢作打洞姿势，在产前 2～3 天开始衔草做窝，并将胸部毛拉下铺在窝内。这种行为持续到临产，大量拉毛出现在产前 3～5 小时。拉毛或衔草时，常常抬头环顾四周，遇有响声即竖耳静听，确认无事后再继续营巢。母兔产前尤其需要安静的环境。

8. 哺乳行为

仔兔出生后即寻找乳头吮乳，母兔则边产仔边哺乳，有的仔兔在母兔产仔结束时已经吃饱。12 日龄以内的仔兔除了吃奶就是睡觉，这个阶段母兔哺乳行为是主动的，哺乳时跳入窝内并将仔兔拱醒，仔兔醒来即寻找乳头，仔兔吸吮时多呈仰卧姿势，亦有侧卧或伏卧的。吸吮时除发出"喷喷"响声外，后肢还不停移动以寻找适当的支点便于吸吮。仔兔吃奶并不像仔猪那样有固定的奶头，而是一个奶头吸几口再换一个。吸吮时总是将奶头衔得很紧。哺乳结束时，有的仔兔因未吃饱而被母兔带到窝外（即吊乳现象），如发现不及时仔兔常被冻死，产生吊乳的主要原因是母乳不足。4 日龄以内的仔兔吃饱时，皮肤红润，腹部绷紧，隔着肚皮可见乳汁充盈，这说明母乳充足。

第三章
兔的品种分类及选择

第一节　兔品种分类方法

一、兔品种分类应具备的条件

1. 品种概念

品种是畜牧学上的一个概念，它不同于生物学分类单位中的种。在自然条件下，野生动物只有种和变种，它们是自然选择的产物。而品种则是经过长期的人工选育，将家养动物培育成各具特色的类型。在人类的社会经济活动中，凡能称为一个品种的动物，除具有较高的经济价值外，还应具备以下条件。

（1）来源相同　在一个兔品种群体中，每一个个体都应具有共同的来源。

（2）性状及适应性相似　同一品种的兔，在体形结构、生理功能、重要经济性状，以及对自然条件的适应性都很相似。没有这些共同特征，就不能称为一个兔品种。

（3）遗传性稳定，种用价值高　作为一个兔品种必须具有稳定的遗传性，才能将其典型的优良性状遗传给后代。这不仅使这个兔品种得以保持，而且当它同其他兔品种杂交时，能起到改良其他兔品种的作用，即具有较高的种用价值。这也是品种与杂种的根本区别。

（4）一定的结构　一个兔品种内可由多个各具特点的类群所组成，品种内存在这些各具特点的类群就是品种的异质性。这些异质性可以使一个兔品种通过纯种繁育后，可以继续提高和改良其种质。这些类群按形成的主要原因大致可分为以下几种。

① 地方类型：一个兔品种由于分布地区生态环境等多方面条件的不同，形成了若干个具有差异的类型。

② 种兔场类型：同一个兔品种由于所在种兔场的饲养管理条件和选配方法不同，而形成不同的类型。

③ 品系类型：一个品种内可具备不同的品系。品系是品种内的二级分类单位，是一个品种内一群具有突出特点并能将这些特点相对稳定地遗传下去的种兔群。

（5）足够的数量　一个品种必须有足够的数量，否则难以保证种群的遗传质量。有一定的数量才能保证品种的生产力，才能为品种的保种选育提供较为广泛的遗传基础，才能进行合理选配而不致被迫近交。我国规定，地方品种兔的种群规模为：繁殖母兔数量1200只以上，公兔150只以上，家系数量不少于15个。培育品种兔的种群不少于2000只，核心群母兔不少于350只，生产群母兔不少于3000只。兔配套系至少具有3个专门化品系，每个专门化品系基础母兔不少于150只。

由上可见，品种是人类劳动的产物，是畜牧业生产的资源。它是一个既有较高经济价值和种用价值，又有一定结构的较大的动物群体，由于共同的血统来源和遗传基础，其成员都有相似的生产性能、形态特征和适应性，并能够将其重要的特征稳定地遗传给后代。

2. 品种分类

（1）按培育程度分类

① 地方品种：是在农业生产水平较低，饲养管理粗放的情况下经过长期的自然选择与人工选择形成的。特点是晚熟、生产力低、个体一般较小、体格协调、体质粗壮、耐粗耐劳、适应性强。在特定的地域条件下，经长期的自然驯化和人为选育所形成的一类种质资源即称为地方品种（图3-1）。

图3-1 地方黑兔

② 培育品种：是人们有计划、有目的地选育而成的品种。特点是生产力高、早熟、体形较大、饲养管理要求高。

（2）按经济用途分类

① 专用品种：专门生产一种畜产品或具有一种特定能力的品种称为专门化品种。如德系安哥拉兔为毛用品种。特点是特定生产性能高，饲养管理要求较严。

② 兼用品种：具有两种或多种用途的品种称为兼用品种。如新西兰白兔既可作为肉用品种，也可作为实验用兔。特点是体质结实、适应性强、生产力高。

3. 品种鉴定

新品种育成后必须按以下步骤进行鉴定。

（1）认真研究育种计划　通过对育种计划的研究，深入了解该品种的培育目的、育种目标、育种方法、育种措施和育种指标间的关系和问题。

（2）全面了解培育过程　培育过程和培育质量是关键。了解品种的培育过程，如培育时间、地点、条件、目的、方法、技术人员等，可对该品种有一个全面的认识。在此基础上再去做具体鉴定工作。

（3）全面鉴定品种特征　各个品种必须有自身的特征和特性，根据它们的特征和特性以区别于其他品种。品种的特征和特性及其生产性能等在育种计划中要有明确的规定，可参照育种计划进行验收。

（4）分析判断遗传性能　作为一个品种，应该有较纯的遗传基础或稳定的遗传性能，主要性状应该基本一致。它既是品种特征的表现，也是遗传纯合程度的反映。如果一个品种的毛色特征、体形结构、适应能力、产品数量、产品质量都比较一致，那么其成员的遗传基础也就有可能比较近似。如果个体间这些特征和特性的差异较大，就很难说明它的遗传基础是稳定的。分析数量性状的遗传稳定性可根据变异系数来鉴定，一般来说，数量性状的变异系数小，则群体的遗传整齐度较高。另一方面，还可以根据上下代间的资料分析，严格来讲，这是最好的鉴定方法之一，通过其子代与亲代的相似程度，即可发现其遗传稳定程度。

（5）群体数量鉴定　一个品种必须拥有相当数量的合格个体。鉴定和验收品种时，不仅要检测其生产性能是否与育种目标基本相符，而且要切实掌握符合品种要求的种兔数量（重点是核心繁殖群）是否达到新品种审定标准的要求。

通过以上五个方面的验收，培育单位即可通过地方政府畜牧行政部门向农业农村部国家畜禽遗传资源委员会提出新品种审定申请；最后，经国家畜禽遗传资源委员会组织专家进行现场初审和委员会正式审定通过，上报农业农村部审批、公告，才能获得国家畜禽新品种证书。

二、兔品种分类方法

兔品种很多，全世界大约有原始品种60多个，而近百年来在新品种不断涌现的同时品种灭绝的现象也时有发生。据美国兔育种者协会2004年编辑出版的《世界家兔品种及其育成史》报告：近100年来已有48个品种绝迹。根据兔的生物学特性，通常有以下几种分类方法。

1. 按兔被毛的生物学特性分类

（1）长毛型　毛长在5厘米以上，被毛生长速度较快，每年可采毛4～5次，属于这种类型的兔是毛用兔，如德系安哥拉兔、浙系长毛兔。

（2）标准毛型（或普通毛型）　毛长在3厘米左右，粗毛比例高且突出于绒毛之上。属于这种类型的兔主要有肉用兔、皮肉兼用兔，毛的利用价值不高，如新西兰兔、加利福尼亚兔、青紫蓝兔、伊拉肉兔配套系等。

（3）短毛型　主要特点是毛纤维短、密度大、直立，一般毛长不超过2.2厘米，不短于1.3厘米，平均毛长1.6厘米，粗毛和细毛的长度基本一样，被毛平整，粗毛率低，绒毛比例非常高。属于这种类型的兔主要是皮用兔，如獭兔。

2. 按兔的经济用途分类

（1）毛用兔　其经济特性以产毛为主。体形中等，毛长在5厘米以上，毛密度大，产毛量高。毛品质好，毛纤维生长速度快，70天毛长可达5厘米以上，每年可采毛4～5次；绒毛多，粗毛少，细毛型长毛兔粗毛率在5%以下，如德系长毛兔、浙系长毛兔中的"白中王"长毛兔。粗毛型长毛兔粗毛率在15%以上，如皖系长毛兔、苏系长毛兔（图3-2）。

（2）肉用兔　其经济特性以产肉为主。体形较大，头大，颈粗短，多数有肉髯，体躯肌肉丰满，骨细皮薄，繁殖力强，具有早期生长速度快的特点，一般3个月可达2.5千克以上，成熟早，屠宰率高，全净膛屠宰率在50%以上，饲料报酬高，如新西兰兔、加利福尼亚兔、齐卡肉兔配套系、伊拉肉兔配套系

图3-2　长毛兔

等（图3-3）。

（3）皮用兔　其经济特性以产皮为主（制裘皮衣服等）。多为中、小型兔，体躯结构匀称，头清秀，四肢强壮。被毛具有短、细、密、平、美、牢等特点，粗毛分布均匀，理想毛长为1.6厘米（1.3～2.2厘米），被毛平整、光泽鲜艳，皮肤组织致密，如獭兔（图3-4）。

（4）实验用兔　其特性为被毛白色，耳大且血管明显，便于注射、采血用，在试验研究中以新西兰白兔用得较多，其次为日本大耳白兔。

（5）观赏用兔　有些品种外貌奇特，或毛色珍稀，或体形较小适于观赏用，如法国公羊兔、彩色兔、小型荷兰兔等（图3-5）。

图3-3　肉兔　　　　　图3-4　獭兔

图3-5　宠物兔

（6）兼用兔　其特性为具有两种或两种以上利用价值。如青紫蓝兔既有肉用价值，又有皮用价值；新西兰白兔可作为实验用兔，也可作为肉用兔。

3.按兔的体形大小分类

（1）大型兔　成年兔体重在6千克左右，体格硕大，成熟较晚，增重速度快，如哈尔滨白兔、比利时兔、德国花巨兔。

（2）中型兔　成年兔体重4～5千克，体形中等，结构匀称，体躯发育良好，如新西兰兔、德系安哥拉兔。

（3）小型兔　成年兔体重2～3千克，性成熟早，繁殖力高，如四川白兔。

（4）微型兔　成年兔体重在2千克以下，体形较小，如小型荷兰兔。

第二节　兔品种

一、肉用兔品种及肉兔配套系

1.肉用兔品种

（1）新西兰兔　新西兰兔是近代最著名的肉用兔品种之一。由美国于20世纪初用弗朗德巨兔、美国巨型白兔和安哥拉兔等杂交选育而成。新西兰兔毛色有白、黄、棕三种。其中以白色新西兰兔（即新西兰白兔）最为著名（图3-6）。因其具有早期生长快、产肉性能好、药敏性强等特点而成为世界上最主要的肉用兔品种和国际公认的三大实验兔之一。新西兰白

图3-6　新西兰白兔

兔体形中等，呈圆柱形，全身被毛纯白色。大多数头形略显粗重，头宽圆，额宽，嘴钝圆，双耳宽厚而直立；另有部分兔的头较清秀，两耳稍长。眼粉红色。颈粗短，颌下有肉髯但不发达，肩宽，腰部和肋部丰满，后躯发达，臀圆，四肢强壮有力，脚毛丰厚。新西兰白兔最大的特点是早期生长发育快。2月龄体重达2.0千克左右。成年母兔体重4.5～5.4千克，公兔4.1～5.4千克。屠宰率达50%～55%，肉质细嫩。母兔繁殖力强，最佳配种年龄5～6月龄，年产5窝以上，每窝产仔7～8只。该兔适应性和抗病性较强，性情温顺，易于管理，饲料利用率高。

（2）加利福尼亚兔　加利福尼亚兔原产于美国加利福尼亚州，又称加州兔，由喜马拉雅兔、标准青紫蓝兔和新西兰白兔杂交选育而成，是世界上著名的肉兔品种之一。加利福尼亚兔具有白色被毛，鼻端、两耳、四肢下端和尾呈黑色，故称之为"八点黑"（图3-7）。幼兔色浅，随年龄增长而加深；冬季色深，夏季色淡。该兔体形中等，头大小适中，耳小直立，眼红色，嘴钝圆，胸部、肩部和后躯发育良好，肌肉丰满，四肢短细。加利福尼亚兔早期生长发育快，2月龄体重达1.8～2.0千克，成年母兔体重3.9～4.8千克，公兔3.6～4.5千克。成年兔体长44～46厘米，胸围35～37厘米。主要特点是产肉性能好，屠宰率达52%～54%，肉质细嫩。母兔繁殖力强，年产4～5窝，每窝产仔6～8只。母兔哺育力强，仔兔成活率高，是理想的"保姆兔"。该兔性情温顺，适应性和抗病力较强，耐粗饲，皮板质量好。

（3）比利时兔　比利时兔是一个比较古老而著名的大型肉用型兔品种，又名弗朗德巨兔。关于比利时兔的属性及其原产地，国内同行过

图3-7　加利福尼亚兔

去说法不一。中国农业出版社出版的《养兔手册》在介绍比利时兔时明确指出，比利时兔是由英国用原产于比利时贝韦伦地区的野生穴兔经驯化、改良、选育而成；该书还介绍了弗朗德巨兔，该兔起源于比利时北部地区弗朗德一带，因其体形大而著名，该兔有钢灰色、黄褐色、黑色、白色、黑灰色、沙色和蓝色7个品系。引入我国的比利时兔（弗兰德巨兔）外貌酷似野兔，被毛深红而带黄褐色或深褐色，部分呈胡麻色（钢灰色），单根毛纤维的两端色深，中间色浅，眼周、颌下、胸腹部、尾外侧及趾部的毛色淡化、发白。体长而清秀，后躯离地面较高，被誉为兔族中的"竞走马"。头似"马头"，眼大明亮呈棕黑色，两耳直立、宽大，耳尖有光亮的黑色的毛边，颊部突出，额宽圆，鼻梁隆起，颈粗短，颌下有肉髯，但不发达，体躯较长，胸腹紧凑，骨骼略显粗重，四肢强健，体质结实，肌肉丰满（图3-8）。该兔生长速度较快，3月龄体重可达2.8千克以上。成年体重，中型2.7～4.1千克，大型5.0～6.5千克，重的可达9千克。屠宰率52%左右，肉质细嫩。繁殖力较高，每窝产仔7～8只。泌乳力好，仔兔成活率高。抗病力较强，适应性广，耐粗饲。缺点是笼养时，相对于其他兔而言，易患脚皮炎和疥螨。

（4）德国花巨兔　德国花巨兔亦称巨型花斑兔，由德国用弗朗德巨兔和不知名的白兔和花兔杂交育成，是皮用、肉用和观赏于一体的大型兼用兔品种。1910年被引入美国后，又培育出黑色和纯白色两个品系。引入我国的主要是黑色花巨兔。被毛底色为白色，双耳、口鼻部、眼圈周围为黑色，从颈部沿背脊至尾根（背中线）有一锯齿

图3-8　比利时兔

状黑带，体躯两侧有若干对称、大小不等的蝶状黑斑，故又称"蝶斑兔"（图3-9）。体躯大而窄长，呈弓形，较其他品种兔多一对肋骨（一般为12对），骨架较大，体躯欠丰满，腹部较紧凑。该兔早期生长发育快，仔兔初生重75克，40天断奶重1.10～1.25千克，90日龄体重达2.5～2.7千克。成年兔体重5～6千克，体长50～60厘米，胸围30～35厘米。母兔繁殖力强，每窝产仔9～15只，最高达18只，但母兔的母性和泌乳性能较差，仔兔的育成率较低。性情粗野，抗病力强。

（5）法国公羊兔　法国公羊兔是一个大型肉用品种。因其头形类似公羊，故称为公羊兔。原产于北非，以后分布到法国、德国、英国、美国、比利时、荷兰等国家。由于引入国的选育方式不同，目前主要有法系、英系和德系三种，其中法系和德系在体形上较为接近。法国公羊兔主要特点是耳大而下垂，两耳尖直线距离可达60厘米，耳最长者可达70厘米，耳宽20厘米。毛色有白、黑、棕、灰、黄等，以黄色者居多。头粗糙，眼较小，颈短，背腰宽，臀圆，骨粗，体质疏松肥大（图3-10）。法国公羊兔早期生长发育快，仔兔初生重80～100克，90天体重2.5～2.75千克。成年兔体重5千克以上，有的达6～8千克，少数可达10～11千克。皮松骨大，出肉率不高，肉质较差。母兔受胎率较低，哺育能力不

图3-9　德国花巨兔

图3-10　法国公羊兔

强，每窝产仔7～8只。适应性和抗病性较强，较耐粗饲，性情温顺，反应迟钝，不爱活动。

（6）哈尔滨大白兔　哈尔滨大白兔是以产肉为主的大型肉皮兼用型品种，简称哈白兔。由中国农业科学院哈尔滨兽医研究所以哈尔滨当地白兔和上海当地白兔作母本，以比利时兔、德国花巨兔、加利福尼亚兔和荷系青紫蓝兔为父本，杂交选育而成。1986年5月通过黑龙江省科技厅组织的鉴定。

哈白兔被毛纯白，头部大小适中，耳大直立略向两侧倾斜，眼大呈红色，体躯结构匀称，肌肉丰满，四肢强健（图3-11）。哈白兔从体形上可分为两类：一类形似早期引进的比利时兔，体形大，数量多；另一类形似大耳白兔，肉髯发达，体形稍小，在核心群内其数量偏少。

图3-11　哈尔滨大白兔

早期生长发育快是哈白兔的主要特征之一，1月龄平均日增重22.43克，2月龄平均日增重31.42克，早期生长发育最高峰在70日龄，平均日增重35.61克，70日龄以后，生长发育强度逐渐减弱，3月龄平均日增重回落到28克。成年兔体重平均为6.25千克，体长57.9厘米，胸围39.0厘米，窝产仔（10.5±2.02）只，每窝产活仔8.83～11.5只，21日龄窝重2768.7克，42日龄断奶均重1082克，90日龄屠宰体重平均2.7千克，屠宰率（全净膛）为53.8%。该兔适应性强，耐寒，耐粗饲。

（7）塞北兔　塞北兔是以产肉为主的大型肉皮兼用型品种，又称斜耳兔。由河北省张家口农业专科学校以法系公羊兔和弗朗德巨兔杂交选育而成。1988年通过河北省科学技术委员会组织的鉴定。

塞北兔头形中等大、略显粗重。耳宽大，一只耳直立，一

图3-12　塞北兔

只耳下垂，颈粗短，有肉髯；体躯宽深，前后匀称，肌肉发育良好，腹部微垂，四肢粗壮；被毛颜色有野兔色、红黄色及纯白色3种类型，乳头4～5对（图3-12）。

Ⅰ系：野兔色，即黄褐色（属刺鼠毛类型），眼为黑色，头、颈、背、体侧、四肢及尾部被毛呈黄褐色或深褐色，毛的基部为深灰色，中段为浅黄色，毛尖为黑色，腹下和四肢内侧呈灰白色。

Ⅱ系：全身被毛为纯白色，眼红色。

Ⅲ系：红黄色，眼为黑色。被毛除腹部、颌下、两耳内侧为灰白色或白色外，其他部位均为红黄色，毛根灰色，中段浅黄色，上段为橙红色。

育成时成年塞北兔平均体重为5370克，体长51.6厘米，胸围37.6厘米，耳长15.8厘米、宽8.7厘米，胎平均产仔9.6只，平均产活仔7.6只，21日龄窝重1828.7克，42日龄断奶个体重829.3克；2005年测定，成年兔平均体重4.63千克，体长48.4厘米，胸围36.5厘米，耳长15.6厘米；7～13周龄日增重24.4～30.0克，屠宰率（全净膛）为52.6%，料重比为3.29；平均胎产活仔7.1只，40日龄断奶均重820克。

2. 肉兔配套系

（1）齐卡肉兔配套系　齐卡肉兔配套系是德国齐卡兔育种公司（兔育种专家Zimmermann博士和L. Dempsher教授）用10年的时间，于20世纪80年代初选育而成，是当今世界上最著名的肉兔配套系之一。我国在1986年由四川省畜牧科学研究院（原四川省农业科学院畜牧研究所）首次引进该配套系。

齐卡肉兔配套系由齐卡巨型白兔（G）、齐卡大型新西兰白兔（N）和齐卡白兔（Z）三个专门化品系组成（图3-13）。其

彩色图解科学养兔技术

G   N   Z

图3-13 齐卡肉兔配套系

配套模式为：G系公兔与N系中产肉性能（日增重）特别优异的母兔杂交产生父母代公兔，Z系公兔与N系中母性较好的母兔杂交产生父母代母兔，父母代公母兔交配生产商品代兔。

① 齐卡巨型白兔（G）：为德国巨型兔，属大型品种。全身被毛浓密，纯白，毛长3.5厘米，红眼，两耳长、大、直立，3月龄耳长15厘米，耳宽8厘米，头粗壮，额宽，体躯长、大、丰满，背腰平直，3月龄体长45厘米。成年兔体重7千克左右。产肉性能好。母兔年产3～4胎，每窝产仔6～10只，年育成仔兔30～40只。初生个体重70～80克，35天断奶重1千克以上，90日龄重2.7～3.4千克，日增重35～40克。该兔耐粗饲，适应性较好。性成熟较晚，6～7.5月龄才能配种，夏季不孕期较长。

② 齐卡大型新西兰白兔（N）：为新西兰白兔，属中型品种，分为两种类型，一类是在产肉性能（日增重）方面具有优势，另一类是在繁殖性能及母性方面比较突出。全身被毛洁白，红眼，两耳短（长12厘米）而宽厚，直立，头短圆、粗壮，体躯丰满，背腰平直，臀圆，呈典型的肉用砖块形。3月龄体长40厘米左右，胸围25厘米。成年兔体重5千克左右。初生个体重60克左右，35天断奶重700～800克，90日龄体重2.3～2.6千克，日增重30克以上。母兔母性较好，年产胎次5～6窝，每窝产仔7～8只，最高者达15只。产肉性能好，屠宰净肉率82%以上，肉骨比5.6∶1。

③ 齐卡白兔（Z）：为合成系，由数十个品种杂交而成，不

含新西兰白兔血缘，属小型品种。全身被毛纯白，红眼，两耳薄，直立，头清秀，体躯紧凑。成年兔体重3.5～4.0千克，90日龄体重2.1～2.4千克，日增重26克以上。其最大特点为繁殖性能好，年产胎次多，每窝产仔7～10只，母兔年育成仔兔50～60只，幼兔成活率高。适应性好，耐粗饲，抗病力较强。

④ 齐卡商品兔：齐卡三系配套生产的商品兔，全身被毛纯白，90日龄育肥重平均2.53千克，最高的达3.4千克，28～84日龄饲料报酬为3∶1（在粗蛋白质18%、粗纤维14%的营养水平下），日增重32克以上，净肉率81%。

（2）伊拉肉兔配套系　伊拉肉兔配套系是法国欧洲兔业公司用九个原始品种经不同杂交组合和选育试验，于20世纪70年代末选育而成。山东省安丘市绿洲兔业有限公司于1996年从法国首次将伊拉肉兔配套系引入我国。该配套系由A、B、C和D四个品系组成，4个品系各具特点（图3-14）。该配套系具有遗

A品系　　　　　　　　　　　B品系

C品系　　　　　　　　　　　D品系

图3-14　伊拉肉兔配套系

传性能稳定、生长发育快、饲料转化率高、抗病力强、产仔率高、出肉率高及肉质细嫩等特点。其配套模式为：A品系公兔与B品系母兔杂交产生父母代公兔，C品系公兔与D品系母兔杂交产生父母代母兔，父母代公母兔杂交产生商品代兔。在配套生产中，杂交优势明显。

A品系：具有白色被毛，耳、鼻、四肢下端和尾部为黑色。成年公兔平均体重5.0千克，成年母兔4.7千克。日增重50克，母兔平均窝产仔8.35只，配种受胎率为76%，断奶成活率为89.69%，饲料报酬为3.0∶1。

B品系：具有白色被毛，耳、鼻、四肢下端和尾部为黑色。成年公兔平均体重4.9千克，成年母兔4.3千克。日增重50克，母兔平均窝产仔9.05只，配种受胎率为80%，断奶成活率为89.04%，饲料报酬为2.8∶1。

C品系：全身被毛为白色。成年公兔平均体重4.5千克，成年母兔4.3千克。母兔平均窝产仔8.99只，配种受胎率为87%，断奶成活率为88.07%。

D品系：全身被毛为白色。成年公兔平均体重4.6千克，成年母兔4.5千克。母兔平均窝产仔9.33只，配种受胎率为81%，断奶成活率为91.92%。

商品代兔具有白色被毛，耳、鼻、四肢下端和尾部呈浅黑色。28日龄断奶重680克，70日龄体重达2.52千克，日增重43克，饲料报酬为（2.7～2.9）∶1。

（3）伊普吕肉兔配套系　伊普吕肉兔配套系是由法国克里莫（Grimaud）兄弟公司与图卢兹法国国立农业科学研究院（INRA）合作，用先进的遗传育种理论，采用多品种、多品系杂交，经过20多年精心培育而成的肉兔配套系，其中母系兔是法国克里莫兄弟公司与法国国立农业科学研究院合作育成，父系是由克里莫兄弟公司遗传和技术部育成的。伊普吕配套系是多品系杂交配套模式，共有6个专门化品系，一般为四系配套生产商品兔，也可用三系配套系生产商品兔。四系配套模式为：

GD64系公兔与GD54系母兔杂交产生父母代公兔（PS59♂），GD24系公兔与GD14系母兔杂交产生父母代母兔（PS19♀），父母代公母兔杂交产生商品代兔。在配套生产中，杂交优势明显。

① 伊普吕父系曾祖代（GGP59）：被毛白色，眼睛红色，耳朵大且厚，体形长，臀部宽厚，属大型兔，22周龄性成熟，具有理想的生长速度和体重；成年兔体重7.0～8.0千克，77日龄体重3.0～3.1千克，半净膛屠宰率为59%～60%，窝产活仔8.0～8.2只。

② 伊普吕父系曾祖代（GGP79）：被毛黑色，眼睛褐色，臀部宽厚，属中型兔，20周龄性成熟，具有理想的生长速度和体重，70日龄体重为2.45～2.55千克，半净膛屠宰率为57.5%～58.5%，窝产活仔7.0～7.5只。

③ 伊普吕父系曾祖代（GGP119）：被毛灰褐色，眼睛褐色，臀部宽厚，属大型兔，22周龄性成熟，具有理想的生长速度和体重，成年兔体重8千克以上，77日龄体重为2.9～3.0千克，半净膛屠宰率为59%～60%，窝产仔8.0～8.2只。

④ 伊普吕母系曾祖代（GGP22）：体躯被毛白色，耳、鼻端、四肢及尾部为黑褐色，随年龄、季节及营养水平变化有时可为黑灰色，俗称"八点黑"，21周龄性成熟，成年兔体重5.5千克以上，70日龄体重2.25～2.35千克，70日龄半净膛屠宰率57%～58%，窝产仔9.8～10.5只。

⑤ 伊普吕母系曾祖代（GGP77）：白色被毛，眼睛红色，属中型兔，17周龄性成熟，成年兔体重4～5千克，70日龄体重2.35～2.45千克，70日龄半净膛屠宰率57%～58%，窝产仔8.5～9.2只。

（4）伊高乐肉兔配套系　法国伊高乐公司在1987年收购了PROVISAL种群，该种群最初建立于20世纪70年代，主要由新西兰兔、加利福尼亚兔、喜马拉雅兔、小俄罗斯兔、布卡特兔和弗朗德巨型兔组成。伊高乐公司对该种群重新制订各种选育指标，经多年选种优化，于2005年培育成功伊高乐配套系。该配套系由L、A、C、D四个专门化品系组成（图3-15）。其配套模式为：L品系公兔与A品系母兔杂交产生父母代公兔，C品系公兔与D品系母兔杂交产生父母代母兔，父母代公母兔杂交产生商品代兔。在配套生产中，杂交优势明显。

L品系公兔　　　　　　　　　A品系公兔

C品系公兔　　　　　　　　　D品系公兔

图3-15 伊高乐肉兔配套系

　　L、A、C、D四个品系的被毛均为白色，眼睛为红色。在L品系中，有部分兔子耳、鼻为白色，有部分兔子耳、鼻为黑色。

　　L品系：母兔18周龄（人工授精前1周）体重5.1～5.4千克，25周龄公兔体重6.0～7.0千克。育肥期成活率95.1%，平均日增重53.7克，料重比2.85∶1。

　　A品系：母兔18周龄（人工授精前1周）体重4.2～4.4千克，25周龄公兔体重5.0～5.5千克。育肥期成活率98%，平均日增重48.5克，料重比3∶1。

C品系：母兔18周龄（人工授精前1周）体重3.8～3.9千克，25周龄公兔体重4.3～4.5千克。母兔乳头平均有9.96个，平均窝产仔10.52只，断乳仔兔9.72只，28日龄断乳体重651克。

D品系：母兔18周龄（人工授精前1周）体重3.9～4.0千克，25周龄体重4.6～4.8千克。平均窝产仔11.48只，窝产活仔10.49只，断乳仔兔8.9只，28日龄断乳体重670克。

（5）康大肉兔配套系　康大肉兔配套系是由青岛康大兔业发展有限公司和山东农业大学以引进的国外兔种为主要育种素材在国内首次培育的肉兔配套系。康大肉兔配套系共有3个肉兔配套系，即康大1号肉兔配套系、康大2号肉兔配套系和康大3号肉兔配套系。2011年10月获农业农村部颁布的新品种（配套系）证书。

康大肉兔配套系共有5个专门化品系，即Ⅰ、Ⅱ、Ⅴ、Ⅵ和Ⅶ专门化品系（图3-16）。

Ⅰ系：专门化母系，被毛纯白色；眼球粉红色，耳中等大、直立，头形清秀；中后躯发育良好，体质结实，结构匀称；有效乳头4～5对。成年体重4.4～4.8千克，70日龄体重2.0～2.2千克。16～18周龄性成熟，20～22周龄配种繁殖，胎产活仔9.2～9.6只，28日龄断奶窝重3600克以上，母性好，性情温顺。在配套系杂交中用作母系父本。

Ⅱ系：专门化母系，被毛为"八点黑"毛色，即两耳、鼻黑色或灰色，尾端和四肢末端浅灰色，其余部位纯白色；眼球粉红色、耳中等大、直立，头形清秀，体质结实，四肢健壮，脚毛丰厚。结构匀称，前中后躯发育良好。有效乳头4～5对。成年体重4.5～5.0千克，70日龄体重2.1～2.3千克。16～18周龄达到性成熟，20～22周龄配种繁殖。胎产活仔9.3～9.8只，28日龄断奶窝重4千克以上。性能均衡，适应性好。在配套系杂交中用作母系母本。

Ⅴ系：专门化父系，被毛纯白色，眼球粉红色，耳大宽厚

I系　　　　　　　　　　Ⅱ系

V系　　　　　　　　　　Ⅵ系

Ⅶ系

图3-16 康大肉兔配套系

直立，头大额宽，四肢粗壮，胸宽深，背腰平直，腿臀肌肉发育好，肉用体形明显。成年兔体重5.2～5.8千克，20～22周龄达到性成熟，26～28周龄可以配种繁殖，胎产活仔8.5～9.0只。70日龄体重2.2～2.4千克，全净膛屠宰率为53%～55%。

在配套系杂交中用作父系母本。

Ⅵ系：专门化父系，被毛纯白色，眼球粉红色；耳宽大、直立或略微前倾，头大额宽，四肢粗壮，脚毛丰厚，体质结实，胸宽深，被腰平直，腿臀肌肉丰满，体形呈长方砖形。成年体重5.2～5.8千克，20～22周龄达到性成熟，26～28周龄可以配种繁殖。胎产活仔8.0～8.6只。70日龄体重2.2～2.4千克，全净膛屠宰率为53%～55%。适应性良好，在配套系杂交中用作终端父系或父系父本。

Ⅶ系：专门化父系，被毛黑色或灰色，眼球黑色，被毛短密有光泽，耳中等大、直立，头形圆大，四肢粗壮，体质结实，胸宽深，被腰平直，腿臀肌肉发达，体形呈典型的肉用兔体形。成年体重5.3～5.8千克，20～22周龄达到性成熟，26～28周龄可配种繁殖。胎产活仔8.5～9.0只，70日龄体重2.2～2.4千克，全净膛屠宰率53%～55%。适应性良好，在配套系杂交中用作终端父系。

康大1号配套系由Ⅰ系、Ⅱ系和Ⅵ系三个品系组成。配套利用时，用Ⅰ系公兔与Ⅱ系母兔杂交生产父母代的母本，再用该父母代母本与Ⅵ系公兔杂交生产商品代。康大1号配套系父母代窝产仔（10.89±2.08）只，窝产活仔（10.57±1.78）只。商品代10周龄体重2428.75克，12周龄体重2966.00克；4～10周龄料重比为2.98∶1，4～12周龄料重比为3.38∶1。

康大2号配套系由Ⅰ系、Ⅱ系和Ⅶ系三个品系组成。配套利用时，用Ⅰ系公兔与Ⅱ系母兔杂交生产父母代的母本，再用该父母代母本与Ⅶ系公兔杂交生产商品代。康大2号配套系父母代窝产仔（10.30±1.96）只，窝产活仔（9.76±1.66）只。商品代10周龄体重2336.46克，12周龄体重2845.10克；4～10周龄料重比为3.06∶1，4～12周龄料重比为3.59∶1。

康大3号配套系由Ⅰ系、Ⅱ系、Ⅴ系和Ⅵ系四个品系组成。配套利用时，用Ⅰ系公兔与Ⅱ系母兔杂交生产父母代的母本，Ⅵ系公兔与Ⅴ系母兔杂交生产父母代的父本，父母代父本的公兔与父母代母本的母兔杂交生产商品代。康大3号配套系父母代窝产仔（10.34±1.87）只，窝产活仔（9.83±1.57）只。商品代10周龄体重2582.73克，12周龄体重3134.00克；4～10周龄料重比为3：1，4～12周龄料重比为3.41：1。

（6）艾哥肉兔配套系 艾哥肉兔配套系是由法国艾哥公司（ELCO）培育的大型白色肉兔配套系，该配套系具有较高的产肉性能、繁殖性能及较强的适应性。该配套系由4个品系组成，即GP111系、GP121系、GP172系和GP122系。其配套杂交模式为：GP111系公兔与GP121系母兔杂交生产父母代公兔（P231），GP172系公兔与GP122系母兔杂交生产父母代母兔（P292），父母代公母兔交配生产商品代兔（PF320）。

GP111系：毛色为白化型或有色。性成熟期26～28周龄，成年体重5.8千克以上。70日龄体重2.5～2.7千克，28～70日龄饲料报酬2.8：1。

GP121系：毛色为白化型或有色。性成熟期（121±2）天，成年体重5.0千克以上。70日龄体重2.5～2.7千克，28～70日龄饲料报酬3.0：1，每只母兔年可生产断奶仔兔50只。

GP172系：毛色为白化型，性成熟期22～24周龄，成年兔体重3.8～4.2千克。公兔性情活泼，性欲旺盛，配种能力强。

GP122系：性成熟期（113±2）天，成年兔体重4.2～4.4千克。母兔的繁殖能力强，每年可生产活仔兔80～90只。

父母代公兔（P231）：毛色为白色或有色，性成熟期26～28周龄，成年兔体重5.5千克以上，28～70日龄日增重42克，饲料报酬2.8：1。

父母代母兔（P292）：毛色白化型，性成熟期（117±2）天，成年兔体重4.0～4.2千克，窝产活仔9.3～9.5只，28日龄断乳活仔8.8～9.0只，出栏时窝成活8.3～8.5只，年可繁殖商品代仔兔90～100只。

商品代兔（PF320）：70日龄体重2.4～2.5千克，饲料报酬（2.8～2.9）：1。

二、毛用兔品种

安哥拉兔（Angora rabbit）又称长毛兔、拉毛兔。长毛兔是由标准毛品种的短毛基因突变产生长毛基因而形成的。从现有的资料来看，安哥拉兔的来源有两种说法：一种说法是来源于土耳其，以该国的安哥拉省（Angora）命名；另一种说法是1708年在英国出现了突变类型的白色长毛兔，1723年该兔传入土耳其，后来法国的兔育种者对此进行了精心的培育，1777年传入德国，由于该兔被毛细长，类似著名的安哥拉山羊毛，故命名为安哥拉兔。安哥拉兔作为长毛兔品种出现后，被引入许多国家饲养，在不同的社会经济条件下，经过长期的饲养和培育，分别形成了具有不同特点的长毛兔，其中比较著名的有德系、英系、法系、日系和中系等。我国饲养较多的安哥拉兔主要是德系、中系和法系。自20世纪80年代起，我国一些长毛兔重点产区在引进良种开展杂交改良的同时，采用杂交选育的方法，自行培育了一些产毛量高、体形大、适应性强的新品种或高产类群。

1. 德系安哥拉兔

德系安哥拉兔是世界著名的毛用型兔品种，在我国通称西德长毛兔或德国长毛兔。该兔最大特点是被毛密度大，细毛含量高达95%以上，有毛丛结构，毛纤维有波浪形弯曲，细毛细度为12～13微米，因此该兔的毛品质好，被毛结块率低，无需经常梳毛来防止结块毛。在20世纪被世界公认为产毛量最高、绒毛品质最好的长毛兔品种。

德系安哥拉兔外貌不太一致，头形有圆形，也有长方形（马脸）。两耳中等偏大直立，面部被毛覆盖不一致，有的面部无长毛，似短毛兔；有的有少量额毛和颊毛；仅有少数兔的额毛、颊毛茂盛。大部分耳背均无长毛，仅耳尖有一撮长毛；也有的是半耳毛；少量的是全耳毛。四肢、脚毛、腹部的被毛都很浓密。体形较大，全身被毛白色，眼红色，肩宽，胸部宽深，背线平直，后躯丰满，体质结实，呈圆筒形。乳头4～5对（图3-17）。

德系安哥拉兔成年体重3.5～4.5千克，高的可达5.5千克，体长43～45厘米，胸围33～37厘米；幼兔生长发育较快，1月龄体重可达

图3-17 德系安哥拉兔

0.5～0.6千克。据德国资料，德系安哥拉兔1989年公兔平均年产毛量达1174克，母兔达1338克，最高可达2024克。据2007年江苏省资源调查报告，平均年产毛量达1200克；成年兔粗毛率5%左右，粗毛长度7～11厘米，细度41～43微米；细毛长度5～6厘米，细度13～14微米。年产3～4胎，胎产仔6～8只，最高的可达12只，21日龄窝重2100克左右，42日龄断奶重850～950克。

2. 法系安哥拉兔

法系安哥拉兔属中型毛用兔品种，又称法国粗毛型长毛兔。该兔原产于法国，是世界著名的粗毛型安哥拉兔，主要分布在法国。因被毛中粗毛含量明显高于德系安哥拉兔且品质优良、产毛量高而著名。

法系安哥拉兔体躯中等长，骨骼较粗壮。头部稍尖，额部、颊部、四肢均为短毛，耳朵长且宽，耳壁较薄，耳背部无长毛，大部分兔耳尖也无长毛，仅少数的耳尖部有少量长毛，腹毛短。红眼，肩宽，胸部宽深，背平，后躯发育良好，全身被毛白色。乳头4～5对。成年兔体重3.5～4.8千克，高的可达6.5千克。该兔被毛密度较差，但粗毛含量高（20%左右），毛纤维较粗（细毛细度为15微米左右，粗毛细度为50～60微米），毛品质好，年产毛量仅次于德系安哥拉兔，成年兔年产毛量可达1000克以上，优秀成年母兔年产毛量可达1.3千克。据测定，2007年浙江新昌县引进的法系安哥拉兔纯繁一代，成年体

重公兔平均4.3千克，母兔平均4.5千克；年产3～4胎，胎产仔6～8只，42日龄断奶（限养4～5只仔兔）体重平均1.1千克；估测年产毛量（73天养毛期）平均为1350克，粗毛率31.1%（手拔毛）。

该兔繁殖力强，泌乳性能强，适应性能好，抗病力较强。

3. 中系安哥拉兔

中系安哥拉兔属小型毛用型品种，又称全耳毛兔。是我国在英系、法系安哥拉兔杂交的基础上掺入中国本地兔的血统并经长期选育而形成的。1959年江苏、浙江和上海"两省一市"联合申报，通过了省级科技鉴定。20世纪80年代中期前是国内毛用兔的主要品种，分布很广。1978年后，随着德系安哥拉兔的大批引进，并广泛用于对中系安哥拉兔的杂交改良，到20世纪90年代中期，中系安哥拉兔逐渐被杂种长毛兔取代。

中系安哥拉兔的主要特点是全耳毛、狮子头，两耳直立、中等长，稍向两侧开张，整个耳背及耳端长满浓密的细长绒毛，并飘出耳外。头宽而短，头毛十分茂盛，额毛、颊毛非常茂盛，额毛向两侧延伸可抵眼角，向下延伸靠近鼻端2～3厘米处，再加上茂盛的颊毛，使头部显得扁平，从侧面往往看不到眼睛，从正面看只见绒毛一团，形似狮子头。背毛、腹毛齐全，脚毛茂盛。该兔体形较小，眼红色，后躯欠丰满。成年兔体重2.5～3.0千克。成年兔年产毛量300～500克，毛纤维较细，粗毛含量低，毛质均匀，但养毛期较长时，兔毛容易缠结成块。5～6月龄初配，平均胎产仔6.2只，产活仔6.0只，21日龄窝重1596.5克，40日龄断奶均重750克左右。该兔耐粗饲，适应性强。

4. 英系安哥拉兔

英系安哥拉兔属小型毛用型兔品种。被毛以白色为主，还有黑色和蓝色的品系，白色兔眼呈粉红色，有色兔眼呈黑色。白色兔被毛蓬松似雪球，头圆形，有厚密绒毛向前和向两侧下垂。耳短而薄，耳尖上有一撮长毛，面圆嘴宽，额毛、颊毛长而丰满，四肢和脚毛比较长。体形较紧凑，骨骼发育中等。英系安哥拉兔体形小于德系和法系安哥拉兔，成年兔体重2.5～3.5千克。该兔兔毛纤细，有丝光，毛长一般为9～10厘米，长者可达13厘米以上，含粗毛少（1.5%～5%），易缠结，被毛密度差，产毛量低，年产毛350克。繁殖力较强，一年可产4～5胎，每胎产仔4～5只，但泌乳性能差，体质差，抗病力不强。

目前，原始英系安哥拉兔已较少见，即使在英国也较少见。

5. 日系安哥拉兔

日系安哥拉兔是由日本选育而成。该兔体形与德系安哥拉兔相近。头呈方形，额、颊、耳外侧及耳尖的毛比较长，额毛有明显的分界。体形比较小，成年兔体重为3.0～4.0千克。被毛密度较稀，产毛量与中系安哥拉兔差不多，好的个体年产毛量在0.5千克以上，粗毛含量5%以上，产毛性能不及德系、法系安哥拉兔。适应性、抗病力、繁殖性能一般。

6. 浙系长毛兔

浙系长毛兔属大型毛用型品种，是由浙江省嵊州市畜产品有限公司、宁波市巨高兔业发展有限公司、平阳县全盛兔业有限公司以本地长毛兔（导入过日本大耳白兔血缘的中系安哥拉兔）和德系安哥拉兔杂交选育而成。曾以镇海巨高长毛兔（镇海系）、嵊州白中王长毛兔（嵊州系）和平阳粗高长毛兔（平阳系）为名。于2010年3月通过国家畜禽遗传资源委员会审定，命名为浙系长毛兔。

浙系长毛兔体躯长而大，头大小适中，呈鼠头或狮子头形，眼红色，双耳直立，耳毛呈一撮毛、全耳毛和半耳毛状；颌下肉髯明显，肩宽、背长、胸深、臀部圆而大，四肢强健；全身被毛洁白、有光泽，绒毛厚、密，有明显的毛丛结构，颈后、腹部及脚毛浓密，乳头4～5对（图3-18）。浙系长毛兔成年公兔平均体重5282克，体长54.2厘米，胸围36.5厘米，母兔平均体重5459克，体长55.5厘米，胸围37.2厘米；11月龄公、母兔估测年产毛量分别为1957克和2178克，其中嵊州系公

图3-18 浙系长毛兔

兔2102克，母兔2355克；镇海系公兔1963克，母兔2185克；平阳系公兔1815克，母兔1996克；平均产毛率公兔37.1%、母兔39.9%。粗毛率：嵊州系4.3%～5.0%，镇海系7.3%～8.1%，平阳系为24.8%～26.3%（采用手拔毛方式采毛）。年产3～4胎，胎平均产仔6.8只，3周龄窝重2511克，6周龄平均断奶体重1579克（限养4只仔兔）。

7. 皖系长毛兔

皖系长毛兔属中型粗毛型毛用型品种，原名皖江长毛兔，是安徽省农科院畜牧兽医研究所与固镇县种兔场、安徽颍上县庆宝良种兔场以德系安哥拉兔和新西兰白兔经20余年杂交选育而成。2010年8月通过国家畜禽遗传资源委员会审定，更名为皖系长毛兔。

皖系长毛兔体形中等，头圆、中等大，两耳直立，耳尖少毛或为一撮毛，眼大、红色；胸宽深，背腰宽平，臀部钝圆，腹部紧凑，四肢强健，脚底毛丰厚；全身被毛洁白，浓密、柔软而不缠结，富有弹性和光泽，毛长7～12厘米，粗毛密布且突出于绒毛层面（图3-19）。皖系长毛兔11月龄平均成年体重为4258.2克，体长51.8厘米，胸围33.5厘米；8～11月龄91天养毛期一次剪毛量，公、母兔分别为306.3克和314.5克，估测年产毛量分别为1225.4克和1258.2克，粗毛率分别为16.2%和17.8%；

图3-19 皖系长毛兔

彩色图解科学养兔技术

公、母兔平均产毛率为29.3%；粗毛的平均长度为9.5厘米，平均细度为45.9微米，细毛平均长度为6.9厘米，平均细度为15.3微米；年产3～4胎，平均胎产仔7.2只，3周龄窝重2243.7克，8周龄体重1573.81克。

8. 苏系长毛兔

苏系长毛兔属粗毛型毛用型品种，原名苏Ⅰ系粗毛型长毛兔，是江苏省农业科学院畜牧兽医研究所和江苏省畜牧兽医总站以德系安哥拉兔、法系安哥拉兔、新西兰白兔和德国花巨兔杂交选育而成。1994年7月通过江苏省对外经济贸易委员会组织的鉴定，1995年11月通过农业农村部组织的科技鉴定。2010年5月通过国家畜禽遗传资源委员会认定。

苏系长毛兔体躯中等偏大，头部椭圆形，两耳直立、中等大，耳尖多有一撮毛；眼睛红色，面部、额部、颊部被毛较短，背腰宽厚，腹部紧凑，臀部宽圆，四肢强健；全身被毛洁白、浓密，乳头以4对居多（图3-20）。苏系长毛兔成年体重平均为4505克，体长42～44厘米，胸围33～35厘米；11月龄估测年产毛量898克，粗毛率15.7%，粗毛长度8.25厘米、细度41.16微米，绒毛长度5.16厘米，细度14.20微米；初配年龄公兔5.5～6.5月龄，母兔5～6月龄，年产仔4～5胎，平均胎产仔7.1只，产活仔6.8只，21日龄窝重2075克，42日龄断奶活仔5.7只，平均断奶体重1030克。

9. 西平长毛兔

西平长毛兔原名西平953长毛兔，又名豫平长毛兔，是河南省西平县畜牧局、河南省畜禽改良站与河南科技大学（原洛阳农业高等专科学校）以浙江长毛兔、德系安哥拉兔和本地长毛兔为育种素材，于1995年杂交育成

图3-20　苏系长毛兔

的毛用型品种。1997年11月通过河南省科学技术委员会组织的鉴定；2009年3月通过国家畜禽遗传资源委员会认定。

西平长毛兔体躯长大；虎头形，额毛、颊毛较丰满但面部毛短，眼粉红色，耳大直立，耳端钝圆，耳上部毛长呈一撮毛状居多，颌下肉髯宽大；前胸宽深，背腰平直，臀部丰满，四肢健壮；全身被毛洁白、浓密。乳头4～5对。西平长毛兔12月龄体重，公兔平均为5251克，体长50.6厘米，胸围37.4厘米；母兔平均为5520克，体长51.4厘米，胸围38.1厘米。11月龄90天养毛期的一次剪毛量为356克，估测年产毛量为1424克，料毛比一般为32～35，粗毛率平均为11.7%，粗毛、细毛的长度分别为11.4厘米和7.4厘米，细度分别为44.7微米和14.9微米。初配日龄公兔为270～300日龄，母兔210～250日龄。年产3～4胎，胎平均产仔7.7只，产活仔7.2只，21日龄窝重3568克，35～40日龄断奶仔兔个体重950～1200克。

三、皮用兔品种

力克斯兔（Rex Rabbit）在我国俗称獭兔，亦称海狸力克斯兔和天鹅绒兔（图3-21），是著名的皮用兔种。由法国普通兔种出现的突变种培育而成。獭兔皮的耐久性显著高于普通兔皮，而且具有保温性能、日久不褪色、质地轻柔、十分美丽大方等特点，具体地说可用"短、细、密、平、美、牢"六字来概括。所谓"短"就是毛纤维短，根据毛纤维长短，国外把兔分为三大类：一是毛长3～4厘米叫标准毛品种，绝大多数皮用兔都属于这种；二是毛长超过4厘米叫长毛品种，包括安哥拉兔和狐兔；三是毛长不足3厘米的叫短毛品种，獭兔属于这一类。我

图3-21 白色力克斯兔

国群众有时把普通的皮用兔称为短毛兔，这是和长毛兔相比较而言的，实际指的是标准毛品种。真正的短毛兔唯一的品种是獭兔，理想毛长为1.6厘米（1.3～2.2厘米）。"细"就是指绒毛纤维横切面直径小，粗毛量少，不突出毛被，并富有弹性。"密"就是指皮肤单位面积内着生的绒毛根数多，毛纤维直立，手感特别丰满。"平"就是毛纤维长短均匀，整齐划一，表面看起来十分平整。"美"就是毛色众多，色泽光润，绚烂多彩，显得特别优美。"牢"就是说毛纤维与皮板附着牢固，用手拔不易脱落。因此，獭兔皮在兔毛皮中是最有价值的一种类型。獭兔被毛颜色比较多，但美国和德国獭兔协会承认的标准色型只有14种。

1980年前后，农业农村部种畜进出口公司从美国批量引进了以白色、海狸色、青紫蓝色等品系为主的獭兔良种，分散到北京、上海、江苏、浙江、四川等地饲养。自1997年开始到2007年，先后从德国、法国和美国引进"德系""法系"和"美系"獭兔，大多以白色獭兔为主，另有加利福尼亚兔毛色的獭兔和黑色獭兔。我国先后从美国、德国和法国引进较多的力克斯兔，分别称为美系、德系和法系獭兔。

1. 美系獭兔

我国从美国多次引进美系獭兔。该兔头小嘴尖，眼大而圆，耳中等长、直立，颈部稍长，肉髯明显，胸部较窄，腹部发达，背腰略呈弓形，臀部较发达，肌肉丰满。共有14种毛色，如白色、黑色、蓝色、咖啡色、加利福尼亚色等，其中以白色为主。成年兔体重3.5～4.0千克，体长45～50厘米，胸围33～35厘米。繁殖力较强，每胎产仔6～8只，初生仔重40～50克，母性好，泌乳力强，40天断奶个体重400～500克，5～6月龄体重可达2.5千克。

美系獭兔最大特点是毛皮品质好，被毛密度大，粗毛率低，平整度高，适应性强，易饲养，但体形偏小，品种退化较严重。

2. 德系獭兔

1997年北京万山公司从德国引进德系獭兔。该兔体形大，头大嘴圆，耳厚而大，被毛丰厚、平整、弹性好。全身结构匀称，四肢粗壮有力。成年兔体重4.5千克左右。成年公兔体长47.3厘米，母兔48厘米；成年公兔胸围31.1厘米，母兔30.93厘米。每胎平均产仔6.8只，初生个体重54.7克，平均妊娠期为32天。早期生长速度较快，6月龄平均体重可达4.1千克。但该兔繁殖比美系獭兔略低，适应性不及美系獭兔。

3. 法系獭兔

1998年山东省荣成玉兔牧业公司从法国引进法系獭兔。该兔体形较大，头圆颈粗，嘴呈钝形，肉髯不明显，耳短而厚，呈"V"字形上举，眉须弯曲，被毛浓密，平整度好，粗毛率低，毛纤维长1.55～1.90厘米。毛色以白色、黑色和蓝色为主。体尺较长，胸宽深，背宽平，四肢粗壮。成年兔体重4.5千克。年产4～6窝，每胎平均产仔7.16只，初生个体重约52克。生长发育快，32日龄断奶体重640克，3月龄体重2.3千克，6月龄体重3.65千克。该兔皮毛质量较好，但对饲料营养要求高，不适宜粗放饲养管理。

4. 亮兔

亮兔是力克斯兔的一个变种。该兔被毛表面光滑发亮，色泽鲜艳，有多种色型：巧克力色、黑色、青铜色、蓝色、棕色、加利福尼亚兔色、红色、白色等。体形中等，背腰丰满，头中等，臀圆。成年兔体重4～5千克，出肉率50%，繁殖力高，母兔7月龄、公兔8～9月龄可以配种，每年繁殖4～5窝，窝产仔6～10只，仔兔生长快，1月龄体重可达500克，3～4月龄达2～2.5千克，其被毛浓密，特别鲜艳光亮，枪毛比绒毛生长快，覆盖绒毛，长2.2～3.2厘米，有较强的弹力，是美国最新饲养的毛皮兔品种。

5. 吉戎兔

吉戎兔是我国培育的第一个中型皮用型新品种，是原中国人民解放军军需大学（现吉林大学农学部）与吉林省四平市种兔场以哈尔滨大白兔、日本大耳白兔和加利福尼亚兔色型（"八点黑"）的力克斯兔杂交选育而成。1997年通过总后军需部组织的专家鉴定；吉戎兔全白型和"八点黑"型分别于2001年和2002年通过吉林省畜禽品种审定委员会的审定；2004年通过国家畜禽遗传资源管理委员会审定。

吉戎兔体形中等，头中等大小，眼红色，两耳直立中等长，体形中等，结构匀称，背腰平直，四肢坚实、脚底毛浓密，乳头4对以上。被毛平整光滑，富有弹性，长度、细度均匀。其中，Ⅰ系兔颌下肉髯明显，体毛白色，在双耳、鼻端、四肢末端及尾部呈黑色，成年兔体重3500～3900克，平均体长50.6厘米，胸围32.0厘米；Ⅱ系兔臀部宽大丰满，全身被毛洁白，成年兔体重3500～4000克，平均体长47.0厘米，胸围32.0厘米（图3-22）。吉戎兔5月龄屠宰体重为2868.5克，日增重平均为18.9克，屠宰率（半净膛）55.9%，板皮面积Ⅰ系兔1085厘米^2、Ⅱ系兔1153厘米^2。初配年龄母兔5.5月龄，公兔6～7月龄，年产4～5胎，胎平均产仔7只，21日龄窝重1900克左右，40日龄断奶重860～890克。该兔适应性强，较耐粗饲，适宜在东北地区养殖。

图3-22 吉戎兔

四、兼用兔品种

1. 福建黄兔

福建黄兔为小型肉皮兼用型地方品种，因毛色独特、肉质优良、素有"药膳兔"之称而出名。福建黄兔原产于福建省福州地区各个市、县，经长期自繁自养和选择而形成的地方兔品种。近10年来，随着肉兔生产的发展和黄兔销售市场的扩展，福建全省大部分市、县均有饲养。

福建黄兔体形较小，全身被毛为黄色，背毛粗而短，从下颌至腹部到胯部呈白色带状延伸。头大小适中，公兔略显粗大，母兔头较清秀。两耳厚短、直立，耳端钝圆，眼睛虹膜呈棕褐色。胸部宽深，背腰平直，后躯较丰满，腹部紧凑，四肢强健（图3-23）。母兔乳头4～5对，以4对为多。成年体重公兔2.75～2.95千克，母兔2.80～3.00千克。30日龄个体重491.7克，70日龄体重1028.4克，3月龄体重1767.2克。120日龄全净膛屠宰率48.5%～51.5%（带皮全净膛率53.3%～57.5%）。105～120日龄、体重2千克即可初配。母兔一般年产5～6胎，窝产仔（7.7±1.6）只。

图3-23 福建黄兔

窝产活仔（7.3±1.5）只。该兔耐粗饲、抗病力强，适于野外和平地放养。

2. 四川白兔

四川白兔是小型肉皮兼用型地方品种，俗称菜兔。原产于成都平原和四川盆地中部丘陵地区的成都、德阳、泸州、内江、乐山、自贡、江津等地。四川白兔是由古老的中国白兔从中原进入四川后，经过长期风土驯化及产区群众自繁自养和选择所形成的地方兔品种。随着外来品种的引入与推广，四川白兔现仅在交通不便的边远山区有零星分布。

四川白兔体形小，结构紧凑。头清秀，嘴较尖，无肉髯。眼红色，两耳短小、厚而直立，耳长10厘米左右，耳宽为5.6厘米，耳厚为1.1毫米。被毛优良，短而紧密。毛色，多数纯白，亦有少数胡麻色、黑色、黄色、黑白花色的个体。背腰平直、较窄，腹部紧凑，臀部欠丰满（图3-24）。乳头一般为4对，据测定：母兔中有3对乳头的占5.41%，4对乳头的占83.78%，5对乳头的占10.81%。成年兔体重2.5～3.0千克，体长40.4厘米，胸围26.7厘米。110～120日龄屠宰，体重1.58～1.77千克，全净膛屠宰率51%～54%。性成熟早，母兔4～4.5月龄、公兔5～5.5月龄初配。

图3-24 四川白兔

母兔最多的一年产仔可达7胎，窝产仔5～8只，平均6.5只，最多的一胎产仔11只。该兔适应性、繁殖力和抗病力均较强，耐粗饲。

3. 万载兔

万载兔是小型肉皮兼用型地方品种，俗称火兔（黑兔）或木兔（麻色）。原产于江西省万载地区，主要分布在江西万载县的仙源、赤兴、双桥、白水、白良、菱湖、高村、罗城、黄茅等乡镇，在万载县其他乡镇和上高、袁州等县区也有分布。

万载兔按毛色和体形可分为两大类：体形小的称为"火兔"，又名月月兔，毛色以黑为主（图3-25）。体形大的称为"木兔"，又名四季兔，毛色为麻色。万载兔头大小适中、清秀，嘴尖，耳小而竖立，且有毛，眼睛为蓝色（白毛兔为红色），背腰平直，腹部紧凑，四肢发育良好，尾短。毛粗而短，着生紧密。乳头4对，少数5对。黑兔成年体重为1.75～2.25千克，麻兔为2.0～2.5千克，体长38～50厘米，胸围25～34厘米。6月龄全净膛屠宰率44%左右。8月龄半净膛屠宰率为62.5%。

图3-25 万载兔

性成熟期为100～120日龄，初配日龄为145～160天。母兔年产仔5～6胎，每胎产仔7～8只。该兔具有耐粗饲、抗病力强、胎产仔多，对我国南方亚热带温湿气候适应性强等优良特性。

4. 云南花兔

云南花兔是小型肉皮兼用型地方品种，又称曲靖兔。原产于云南省曲靖市、楚雄州、普洱市、大理州所属各县。

云南花兔体躯小而紧凑，头较小，嘴尖，无肉髯，耳短而直立，耳长为7～10厘米，耳宽为4～6厘米，耳厚为0.10～0.15厘米。具有多种毛色，被毛绒密。毛色以白色为主，其次为灰色、黑色、黑白杂花，少数为麻色、草黄色或麻黄色。被毛白色兔的眼球为红色，有色兔的眼球为蓝色或黑色。腰短，臀部略下垂、尖削，腹部大小适中，四肢粗短、健壮。成年兔体重为2千克左右。8月龄的半净膛屠宰率为58.7%，1岁龄的半净膛屠宰率为62.2%。公兔一般在6～7月龄、体重达1.4～1.5千克时开始配种，母兔在5～6月龄、体重达1.3～1.4千克时开始配种，年产仔7～8胎，平均窝产仔5只，断奶成活率在90%以上。该兔适应性广，抗病力强。

5. 九嶷山兔

九嶷山兔属小型肉皮兼用型地方品种，原名宁远兔，当地俗称山兔。九嶷山兔主产于湖南省宁远县的禾亭镇、仁和镇、九嶷山瑶族乡、鲤溪镇、太平镇、中和镇等地，全县其他各乡镇及与宁远县毗邻的蓝山、嘉禾、道县、新田、江永、江华、双牌、桂阳等县均有分布。

九嶷山兔被毛短而密，以纯白毛、纯灰毛居多，纯白毛占存栏总数73%，纯灰毛占25%，其他毛色（黑、黄、花）占2%。体躯较小，结构紧凑，头形清秀，呈纺锤形；眼中等大，白毛兔眼球为红色，灰毛兔和其他毛色兔的眼球为黑；两耳直立，厚薄长短适中，耳毛短而稀；背腰平直，肌肉较丰满；腹部紧凑而有弹性；臀部较窄，肌肉欠发达；四肢端正，强壮有力，足底毛发达（图3-26）。乳头4～5对，以4对居多。成年公兔体重2.68千克，母兔2.95千克。13周龄体重1.62千克，90日龄全净膛屠宰率50%左右。一般母兔21周龄、体重达2.2千克以上，公兔22周龄、体重2.3千克以上可以配种繁殖。平均年产7胎，窝产仔（7.73±1.6）只，窝产活仔（7.70±1.6）只，断奶仔

图3-26 九嶷山兔

兔成活率96.7%。该兔具有耐粗饲，抗病力强，繁殖快，肉质鲜美，易管理等特点。

6. 闽西南黑兔

闽西南黑兔属小型肉皮兼用型地方品种，原名福建黑兔，在闽西地区俗称上杭乌兔或通贤乌兔，在闽南俗称德化黑兔。2010年7月通过国家畜禽遗传资源委员会鉴定，命名为闽西南黑兔。闽西南黑兔中心产区位于福建省闽西南龙岩市和闽南泉州市的山区，主要分布在龙岩市的上杭、长汀、武平等县区和闽南的德化县，闽西南的漳平、新罗和永春、安溪等县以及相邻的三明、大田等市也有零星分布。

闽西南黑兔体躯较小，头部清秀，两耳直立厚短，眼大、圆睁有神，眼结膜为暗蓝色。背腰平直，腹部紧凑，臀部欠丰满，四肢健壮有力。绝大多数闽西南黑兔全身披深黑色粗短毛，乌黑发亮，脚底毛呈灰白色，少数个体在鼻端或额部有点状或条状白毛。乳头4～5对（图3-27）。在闽西南黑兔白色皮肤上带有不规则的黑色斑块。成年公母兔体重2.2～2.3千克，体

图3-27 闽西南黑兔

长36.0～45.0厘米，胸围26.9～28.9厘米，耳长9.4～11.3厘米。13周龄体重公兔1212.9克，母兔1205.4克。90～120日龄全净膛屠宰率43%～48%。公兔5.5～6.0月龄、母兔5.0～5.5月龄适配。经产母兔年产5～6胎，窝产仔5.87只，窝产活仔5.66只。该兔具有适应性强、耐粗饲、胴体品质好及风味好等优良特性。

7. 青紫蓝兔

青紫蓝兔属皮肉兼用型品种，又名琴其拉兔、山羊青兔和青林子兔，原产于法国，是利用蓝色贝韦伦兔、嘎伦兔和喜马拉雅兔杂交选育而成。因它的毛色跟南美洲的一种青紫色珍贵毛皮动物毛丝鼠相似，所以取名为青紫蓝兔。后来为改进毛色和提高体重，在欧美的部分国家又曾导入弗朗德巨兔等其他兔种血缘，最终形成青紫蓝兔的标准型、美国型和巨型三个不同类型。青紫蓝兔被毛浓密且具光泽，呈胡麻色并夹杂全黑色与全白的针毛。耳尖与尾背面黑色，眼圈与尾底白色，腹部淡灰色到灰白色。每根绒毛纤维都分成五段颜色，自基部至毛尖的顺序依次为石盘蓝色（深灰色）、乳白色、珠灰色、白色和黑色。结构匀称，头适中，颜面较长，嘴钝圆，耳中等、直立而稍向两侧倾斜，眼圆大，呈茶褐色或蓝色，体质健壮，四肢粗大（图3-28）。标准型青紫蓝兔体形结实紧凑，耳短直立，头较圆，颈下无肉髯，被毛较匀净，成年母兔重2.7～3.6千克，公兔2.5～3.4千克。美国型青紫蓝兔体形中等，腰臀丰满，成年兔体重4.1～5.4千克。巨型青紫蓝兔体大，肌肉丰满，偏肉用，耳长而大，有的一耳竖立，一耳垂下有肉髯，被毛色较浅且粗糙，成兔体重5.4～7.3千克。据调查测定，目前我国饲养的青紫蓝兔，年产5～6胎，胎产仔

图3-28　青紫蓝兔

6～8只，40日龄断奶重0.75～1.0千克，90日龄平均体重为2.5千克，成年兔体重3.8～4.3千克，体长44.0～46厘米，胸围34～37厘米，肉骨比、净肉率稍优于日本大耳白兔。

青紫蓝兔体质健壮，繁殖力、哺育力、抗病力均较强。

8. 豫丰黄兔

豫丰黄兔属中型肉皮兼用型品种，由河南省清丰县科委、河南省农科院畜牧所、清丰县畜牧开发总公司等单位以虎皮黄兔（后定名为太行山兔）与比利时兔杂交选育而成。于1994年12月通过河南省科学技术委员会组织的鉴定，并正式定名为豫丰黄兔。2009年3月通过国家畜禽遗传资源委员会认定。

豫丰黄兔头适中，呈椭圆形，耳大直立，耳壳薄，耳端钝圆，眼圈白色，眼球黑色；背腰平直，臀部丰满，腹部较宽平，四肢强健；腹部被毛呈白色，腹股沟有黄毛斑块，其余部分被毛呈棕黄色，针毛尖有黑色、微黄色、红色的不同个体（图3-29）。在豫丰黄兔内形成了3个在外观上各具特点的类群：类群Ⅰ体躯较大，后躯发育丰满，针毛毛尖为黑色；类群Ⅱ体躯前后发育匀称，针毛毛尖为白色或微黄色；类群Ⅲ体形略小于类群Ⅰ和类群Ⅱ，前期生长发育较快，针毛毛类为红色。据调查测定，豫丰黄兔成年公兔体重4820克，体长58.3厘米，胸围39.3厘米，母兔平均体重4756克，体长56.0厘米，胸围36.9厘米；据2007年1月测定结果，豫丰黄兔90日龄宰前平均活重2675.2克，平均日增重为33.9克，屠宰率（全净膛）为50.65%；豫丰黄兔适宜6月龄初配，经产母兔平均窝产仔9.82只左右，21日龄窝重3009.6克，30日龄断奶重580～680克。该兔具有适应性强、耐粗饲、抗病力强和繁殖力高等优点。

图3-29 豫丰黄兔

9. 丹麦白兔

丹麦白兔属著名的皮肉兼用型品种，原产于丹麦。该兔被毛纯白，柔软紧密，眼红色，头清秀，耳较小、宽厚而直立，口鼻端钝圆，额宽而隆起，颈粗短，背腰宽平，臀部丰满，体形匀称，肌肉发达，四肢较细（图3-30）。母兔颌下有肉髯。仔兔初生重45～50克，6周龄体重达1.0～1.2千克，3月龄体重2.0～2.3千克，产肉性能较好，屠宰率53%左右。成年母兔体重4.0～4.5千克，公兔3.5～4.4千克。繁殖力高，每胎产仔7～8只，母兔性情温顺，泌乳性能好。适应性好，抗病力强，体质健壮。

图3-30　丹麦白兔

10. 日本大耳白兔

日本大耳白兔又称日本白兔、大白兔。原产于日本，是以中国白兔和日本兔杂交选育而成的皮肉兼用兔。因其耳大、血管清晰易采血而广泛用作实验兔。日本大耳白兔分大、中、小三个类型，大型兔体重5.0～6.0千克，中型兔3.0～4.0千克，小型兔2.0～2.5千克。我国引进的大多数是中型兔。中型兔体形较大而窄长，头偏小，两耳长、大、直立，耳根细，耳端略尖，形似柳叶，耳上血管网明显。额宽、面丰，颈粗，母兔颈下有肉髯，被毛纯白、浓密柔软，眼粉红，前肢较细，皮板面积较大、质地良好。一年能繁殖4胎，多至5～6胎，每胎产仔8～10只，最高达16只。初生仔兔平均重60克，母兔的母性强，母兔泌乳量大，仔兔、幼兔阶段生长速度较快，2月龄幼兔体重一般可达1.4千克，3月龄达2千克以上，7月龄4千克。成年兔体重4～5千克。适应性强，较耐粗饲，耐寒。

第三节 兔品种选择与引种

一、适宜品种的选择

适宜品种的选择，实际上就是选择什么类型的兔品种用于生产，是饲养肉用型的兔，还是饲养毛用型或皮用型的兔。在选择所要饲养的兔品种时，要从当地市场条件、饲料资源、饲养技术等方面考虑。选择适宜品种主要应考虑以下几个因素。

第一，应立足在商品兔生产的基础上，分析不同生产类型兔的国内外市场情景以及当地的区域经济特点，从市场需求预测出发，分析兔产品在预测期内的市场销售量、市场占有能力、产品发展能力、销售方式和各种制约因素，确定所要饲养的兔的生产类型。所选择的兔品种的生产性能必须要与生产目的相符，与生产地的兔产品销售方式或消费习惯相符。

第二，所选择的兔品种要能适应当地生产环境。对所选择的兔品种产地、饲养方式、气候和环境条件进行分析，并与饲养地进行比较，同时考察该品种在不同环境条件下的适应能力，从中选出生活力强、抗病力强和成活率高，适于当地饲养的优良品种。如南方从北方引种，应考虑是否适应湿热气候；北方从南方引种，则应考虑是否能安全过冬等。

第三，要看当地的生态条件和草料条件，若四季温差小，草料丰富，工厂少，这种大环境是理想的养兔地区，而四季温差大、草料贫乏地区虽可养兔，势必增加饲养成本，应科学决策。

第四，应考虑所选择的兔品种的经济效益，即要讲求投入产出比，算经济账，看能否赚到钱。

第五，要看技术条件，结合当地的传统饲养类型。有一定经验的可饲养生产水平高、饲养管理要求高的品种，而经验不足的可先饲养生产水平中等偏上、适应性强的品种，以后逐步过渡到高产品种的饲养。养兔切忌盲目上马，盲目扩养。

第六，所选择的兔品种生产性能要稳定。根据不同的生产目的，对同一兔品种的生产特性进行正确比较，确定所选兔品种的生产性能高而稳定。如从肉兔生产角度出发，既要考虑其生长速度和饲料报酬，缩短饲养周期，提高出栏体重，尽可能增加肉兔生产的经济效益，又要考虑其产仔数和仔兔成活率，降低仔兔的单位生产成本，有的情况下，还应考虑肉质，同时要求各种性状能保持稳定和统一。

二、兔品种的引种

引种是兔生产和育种工作的一项重要技术措施。准备发展养兔生产的养殖场需要引种，养兔场为了扩大养兔规模、改良现有兔品种的生产性能或进行新品种（品系）培育也需要引种。生产实践表明，引进兔品种生产性能的好坏，不但直接影响到兔产品的数量和质量，而且影响到我国养兔产业的发展。我国先后从国外引进了不少不同类型的兔品种，国内的良种调运也很频繁，这对我国兔育种工作和兔生产发挥了重要的作用。为了确保引进种兔的质量，切实解决引种中的具体问题，在引种时应注意以下几个方面的问题。

1. 引种前的准备

（1）做好引进兔种的规划　引进什么类型的兔种，从何处引种，何时引种等，应根据当地的自然条件、市场需求和育种目标，了解不同兔品种的生产性能和特性，对引入品种的生产性能、饲料营养、适应性等要求有足够的了解，掌握其外貌特征、遗传稳定性、饲养管理特点和抗病力等资料，做到有目的、有计划、有准备地引进兔品种，这样才会符合经济发展的需要，适宜兔的生态条件，发挥引进品种的最大经济价值。避免引种的盲目性，减少不必要的经济损失。

（2）确定好引种的种兔场　引种前必须有引入品种的技术

资料，要详细了解种兔场的情况，如是否有当地畜禽品种生产许可证，饲养规模、种兔来源、生产水平，系谱是否清楚，育种记录是否完整，是否发生过疫情，所提供的种兔月龄、体重、性别比例、价格等。严禁到疫区或饲养管理很差的兔场引种。一般大、中型种兔场的人员素质高，饲养设备好，经营管理规范，所提供的种兔质量有保证，供种有信誉，在确定引种的种兔场时，最好选择大、中型种兔场。

（3）准备好饲养引进兔品种的笼舍、饲料等　引种之前，要进行兔舍、兔笼和器具的消毒，并放置15天以上才能放进种兔，如果兔场已经饲养了一些兔，所准备的兔舍要远离目前所饲养的兔舍，以便对引进种兔的隔离饲养，防止疾病的传播。同时，准备充足的饲料、饲草和清洁的饮水以及常用药品等，安排好有责任心、事业心和一定技术知识和实践经验的管理人员和饲养人员，如果是新手应做好上岗前的培训。

（4）安排好引种季节和种兔的运输　最好在两地气候差异较小的季节进行引种，使引入品种能逐渐适应气候的变化。一般从寒冷地区向温热地区引种以秋季为好，而从温热地区向寒冷地区引种则以春末夏初为宜。要根据引进种兔的月龄、数量、性别比例、路程远近等安排好运输工具，准备好运输途中的需用物资等。

（5）安排好引进种兔的隔离检疫、防疫工作　事先安排好业务强的技术员对引进种兔进行隔离检疫和防疫，尤其是对重要疫病的检测，以便及时发现问题，及时处理，减少引种损失。

2. 引种时应掌握的技术

（1）确定引进品种及数量　应根据当地市场需求、饲养条件和饲养水平等，正确选择引进品种和数量。要注意选择具有良好的经济价值、种用价值和适应性好的兔种。引种数量要适当，引种不一定是一次性的，可根据市场需求随时调整。为了正确判断一个品种是否适合引进，可以先引进少量个体进行引种试验观察，经实践证明其经济价值和育种价值良好，又能适应当地的自然条件和饲养管理条件后，再大量引种。

（2）选择优良个体　即使同一品种，不同个体的生产性能也有明显的差别。在对个体的挑选时，应注意所选种兔要符合该品种特性、体质外形，以及健康状况、生长发育良好，年龄不可过大，必须仔细鉴别每只种兔性别，检查生殖器官发育是否正常，有无炎症。公兔阴茎要正常，阴囊不可过分松弛下垂；母兔奶头应在4对以上，饱满均匀。此外，还应特别注重对系谱的审查，每只种兔要有耳号，要求系谱档案齐全，注意亲代或同胞的生产性能的高低，有无遗传性疾病发生史，防止带入有害基因和遗传疾病。引进个体间不宜有亲缘关系。公兔最好来自不同品系（或家系）。从引种角度考虑，种兔年龄与生产性能、繁殖性能等均有密切关系，一般种兔的利用年限只有3～4年。因为青年兔可塑性大，对新的环境条件有较强的适应能力，引种成功率高，而且利用年限长、种用价值高，能获得较高的经济效益，因此在引种时最好引进健康、高产、适应性强的良种青年兔，引种时切忌选购老年兔、病兔、杂种兔和低产兔。如果运输路程短，以3～4月龄的青年兔为好；运输路程长，以8～10月龄的成年兔为好。最好不要引进刚断奶的仔兔，因为此时的仔兔适应性和抗病力低，对运输的应激反应较大。

（3）严格执行检疫制度，切实加强种兔的检疫　引种时必须符合国家法规规定的检疫要求，认真检疫，办齐一切检疫手续和出场动物检疫合格证明。严禁进入疫区引种。

3. 种兔运输

兔神经敏感，胆小怕惊，应激反应明显。如果种兔运输不当，轻则掉膘，身体变弱、发病，重则在运输途中就会死亡，造成不应有的损失，因此，必须做好种兔的安全运输工作（图3-31）。

运输之前，要安排好运输组织工作，选择合理的运输途径、运输工具和装载物品，所有运输种兔工具必须彻底消毒，缩短运输时间，减少途中损失。夏季引种尽量选择在傍晚或清晨凉爽时运输，冬春季节尽量安排在中午风和日丽时运输。

装笼前所引种兔不要饲喂过饱，装笼时应公母兔分开。运输种兔的箱子，可以用木制、竹制、铁丝笼或特制塑料笼，大小以底面积 $0.3 \sim 0.5$ 厘米^{2}为宜，笼子应坚实牢固，有通风孔，便于搬动。最好采用分格笼，笼底应一律采用能漏兔粪尿的木板条。如果是堆层的，在两层间应有接兔粪尿的薄膜间隔，以防上层兔粪尿漏下，而污染下层兔箱，在两层间还应保持一定的空间，以便空气流通。同时注意种兔装

图3-31 种兔运输

载密度，以能在运输途中方便观察喂养为原则。每只兔占用 $0.02 \sim 0.04$ 米^3。运输时间达1天以上的，运输途中要饲喂适量的饲料，以防掉膘。饲料应用原来兔场饲喂的饲料种类，且以青绿多汁饲料为主，精料为辅；应同时带运同批种兔到达目的地后能满足2周的饲料量，以保证饲料稳定和逐步转换当地饲料。

长途运输时应加强途中检查，尤其注意过热或过冷和通风等环节。天热时运输种兔，应加强降温措施。运输车箱应盖上遮阴顶盖，但不应密封，一定要保持空气流通，最好安排在夜晚起运。天冷时运输种兔，要注意防寒保暖，特别要防行车速度很快时的过边风和狭隙中的冷风，可将车门关紧。在运输途中要注意供水，在饮水中放进少量食盐，以帮助消化。

种兔到达目的地之后，要将粪便进行深埋或无害化处理，

运输所用的笼具进行彻底消毒，以防疾病的发生和传播。

4. 引种后的饲养管理

新引进的种兔，要放入事先消毒好的笼舍内，笼舍应远离原兔群。一般隔离饲养1个月，防止带来当地原先没有的传染病，给生产带来巨大的损失。经观察确认无病后，才能转入兔舍与原有饲养兔群合群饲养。隔离种兔的饲养人员不能与原兔场内的饲养人员往来，以免传播疾病。

种兔运到目的地后，应及时分开，单笼饲养。先让其饮水，稍后再喂草料，适当控制喂料量，由于受运输、环境条件改变等应激因素的影响，种兔消化功能会有所下降，因此，每天饲喂次数宜多不宜少，每次喂量宜少不宜多，一般每次喂7～8成饱。切忌暴饮暴食。几天后增至正常喂量。开始喂的饲料最好从引种场购回，以后再逐渐更换为本场饲料。此外，还要给每只种兔建立档案，为以后选种、选配提供依据。同时，饲养制度、饲料种类应尽量与原供种场保持一致，如需要改变，应逐步进行。

种兔引进后，每天早晚应检查引进种兔的食欲、粪便和精神状态等各1次，发现问题及时采取措施。新引进种兔一般在引回来1周后易暴发疾病，主要是消化系统和呼吸系统疾病。

对于新引进的兔品种，尤其是从国外引进的新兔种，引入后的第一年是关键性的一年，应当集中饲养于以繁殖该品种为主要任务的良种场，有利于对该品种的生产性能和适应性进行观察，掌握该品种的特性和饲养管理特点，创造有利于引入品种性能发挥的良好饲养管理条件和科学饲养管理方法，增强对当地条件的适应性，有利于提高引进品种的利用率，并逐渐推广到生产单位饲养。

总之，引种是一项看似简单却又十分重要的工作，引种时一定要做好周密细致的安排，掌握引种的技术措施，确保引种工作的顺利进行。

第四章

兔场环境科学控制及兔场建设

第一节　兔场环境控制与污物无害化处理

现代化畜牧业发展的趋势是采用集约化、工厂化和规模化的生产工艺，而规模化、集约化、工厂化畜牧场的显著特点是畜禽饲养高度集中，群体规模和饲养密度大。热环境、光照状况、海拔高度、气压、水环境及空气有害物质等环境因子对兔生产产生影响，现代兔生产可直接通过人工的手段来调控环境因素，营造一个适宜兔的生产性能和健康水平的友好环境，进而提高兔生产的经济效益。

一、兔舍的环境控制

兔舍的环境控制主要是指有害生物（细菌、病毒）、物理（温度、湿度、通风、光照、噪声等）等因素的危害，一个良好、舒适、无病的生态环境对于获得好的生产效益和经济效益，是十分必要的。

1. 有害生物的控制

兔舍环境控制中的核心工作是有害的生物，有害的生物威胁到兔的生存、生长与发育。具体地讲，就是对传播疾病的病原、有害生物、寄生虫和害虫等进行防控的系列安全措施，目的是控制有害生物进入养兔场。

（1）兔舍建筑有利于消毒　每幢兔舍间应有一定的距离，并应有防止其他野生动物进入的措施。

（2）注重兔舍内环境的控制　特别是要有良好的通风条件，在解决冬季兔舍保温时要考虑建有通风措施；过多的尘埃及氨气的超量可致呼吸道病的暴发；在高温环境中，高湿度的垫料可致球虫和多种寄生虫病的发生。

（3）兔舍内的地面和笼具既好用又便于消毒　地面应用不渗水的材料修建，既便于冲洗消毒又能彻底铲除肮脏垫料。兔舍笼具的内面应光滑平整，严防刺伤兔体，笼具的饮水喂料系统应不渗水、不漏料，便于冲刷消毒。

（4）加强不同阶段兔疫情的免疫监测　以了解病原微生物的种类，为防治措施的制订奠定基础。

（5）加强兔场严格的管理及人员培训　传染病病原可通过多种途径侵入养殖场，其中人员的传播起着重要作用，这是由于养殖场人员频繁的活动，特别是无知和粗心大意是造成传入疾病病原的重要因素。只有经过培训并通过考核的人员，才能上岗从事饲养工作。

（6）重视饲料卫生　防止霉变或被污染的饲料进入配料间。在饲料加工、运输、饲喂过程中要防止病原体污染，提供全面的配合饲料，满足动物的营养需求，以发挥动物最大的生产性能，获得最佳的生产效果。

2. 物理因素的控制

（1）温度控制　温度对兔生长发育影响非常大，同时不同日龄、不同生理阶段的兔对环境温度要求各异，如初生仔兔为30～32℃，1～4周龄兔为20～30℃，育成兔为15～25℃，成年兔为15～20℃。成年兔可耐受的最低温度为-5℃、最高温度为30℃，若连续数天环境温度超过30℃，种兔就会出现"夏季不育"现象，即公兔精液品质下降，母兔难孕，胚胎早期死亡增加。环境温度过高或过低，会使兔通过机体物理和化学方法调节体温，消耗大量营养物质，从而降低生产性能。为了克服严寒、酷暑气候对兔的影响，创造适宜的环境，形成一个一年四季基本稳定的温热条件，兔舍建筑要具备相应的保温隔热性能。

（2）湿度调控　湿度调节的办法很多，如加强通风，降低舍内饲养密度，增加清粪次数，排粪沟撒一些石灰、草木灰等均可降低舍内湿度。一般来讲，兔舍内相对湿度以60%～65%为宜，不应低于55%或高于70%。

（3）通风控制　通风的目的是为了消除兔舍中的有害气体和调节温湿度。舍内有害气体浓度的高低，受饲养密度、湿度、饲养管理制度等的影响。降低舍内饲养密度，降低温度，增加清粪次数，减少舍内水管、饮水器的泄漏等均能有效降低舍内有害气体浓度。通风可分为自然通风或动力通风。通风要注意进出风口位置、大小，防止形成"穿堂风"。

（4）光照控制　兔舍光照控制包括光照时间和光照强度。生产中补充光照多采用白炽灯或日光灯，但以白炽灯供光为好。普通兔舍多依靠门窗供光，一般不再补充光照。在兔舍建造时要考虑采光值，兔舍采光值的大小以光照系数表示，即窗户的采光面积与兔舍地面面积之比，一般为1∶10。法国国家农业科学院的研究表明，兔舍内每天光照14～16小时，光照应不低于4瓦/米^2，这样有利于繁殖母兔正常发情、妊娠和分娩。公兔喜欢较短的光照时间，一般需要12～14小时，持续光照超过16小时，将引起公兔睾丸重量减轻和精子数减少，影响配种能力。另据日本东京农业大学的研究，毛兔适宜的光照是每天照射15小时，光照强度为5瓦/米^2。育肥兔以每天8小时为宜。

（5）噪声控制　兔具有胆小怕惊的习性。因此，在修建兔场时，场址一定要选在远离公路、工矿企业等的地方；饲养加工车间也应远离生产区；选择换气扇时，噪声不宜太大；日常饲养人员操作时，动作要轻、稳，避免引起刺耳的或突然的响声；母兔妊娠后期尽量不用汽（煤）油喷灯消毒；禁止在兔舍周围燃放鞭炮。

二、兔场污物减量化及无害化处理

随着集约化养兔业的发展，兔场废弃物的产生量越来越大，有机物含量高、恶臭，有时甚至会含有致病性强的病原微生物，已对环境构成很大威胁，因此兔场污物减量化及无害化处理势在必行。兔养殖中的环境治理要根据可持续发展战略和《全国生态环境建设规划》，配合环保法规实施，实现"资源化、减量化、无害化、生态化"。

1. 养兔场污物处理的原则

（1）经济效益与社会效益统一的原则　在治理污染的同时，通过兔粪便的综合利用和产品的市场开发，提高企业自身的经济效益。

（2）依靠科技进步的原则　利用国内外的先进技术，借鉴其他行业的成功经验，在污染治理和综合利用方面不断提高水平。

（3）因地制宜的原则　根据养殖场所处的地理位置、区位条件和周边环境，确定适合于养殖场自身的低投入、高效益的处理模式。

（4）点面结合的原则　将成功的治理模式，通过宣传、培训和交流等手段，促进其他养殖场依据自身条件制订畜禽污染防治计划，推动粪污处理技术的普及和推广。

（5）调动养兔场和地方政府两个积极性的原则　要考虑到当地的污染状况和自身技术模式的有效性，以及养兔场和当地政府治理污染的积极性，共同治理达到兔场污物减量化与无害化处理。

2. 兔场污物减量化及无害化处理与利用的办法

养殖场粪便处理利用是目前研究比较广泛的课题，其核心就是减少排放量、进行无害化处理和污物的再利用。其难题是兔粪便含水量高、具有恶臭、加之处理过程中容易发生氨气的大量挥发造成氮素损失，兔粪中有大量的病原菌和杂草种子等均会对环境构成威胁。因此，无害化、资源化和综合利用是处理兔粪的基本方向。

（1）干燥法　主要有日光干燥法、高温干燥法、烘干膨化干燥法和机械脱水干燥法等。干燥法的优点是投资小、占用场地面积小、简便快速、见效快。干燥法的缺点是兔粪中因含有大量水分，处理过程中需消耗大量能源；处理时散发大量臭气并易造成养分损失；由于处理中含有发酵过程，施用后易出现烧苗或因处理温度过高导致肥效低；产品存在易返潮、返臭现象等。

（2）除臭法　除臭法是通过向兔粪中添加化学物质、吸附剂、掩蔽剂或生物制剂（如杀菌剂）等以起到消除臭气和减少臭气释放的目的。在处理中由于需要添加大量化学物质或杀菌剂，除了增加成本外，同样因为材料未经发酵处理而施用后易出现烧苗问题。当然，生产中仍需要采取措施去除兔粪中的大量水分而消耗能源和劳动力。兔粪便的除臭主要包括物理除臭、化学除臭和生物除臭等。

（3）发酵法　发酵法比干燥法具有省燃料、成本低、发酵产物生物活性强、肥效高、易于推广的特点，同时可达到去臭、灭菌的目的，但发酵法时间较长。发酵可分为厌气池、好气氧化池与堆肥等三种方法。厌气池即沼气池，是利用自然微生物或接种微生物，在缺氧条件下，将有机物转化为二氧化碳与甲烷。其优点是处理的最终产物恶臭味减少，产生的甲烷气可以作为能源利用，缺点是氨气挥发损失多，处理池体积大，而且只能就地处理与利用。

（4）青贮法　青贮方法最为简便、有效、完善。只要有足够的水分（40%～60%）和可溶性碳水化合物，兔粪即可与作物残体、饲草、作物秸秆或其他粗饲料一起青贮。青贮时，兔粪与饲草或其他饲料搭配比例最好为1:1。青贮法可提高兔粪的适口性和吸收率，防止蛋白质损失，还可将部分非蛋白质转化成蛋白质，故青贮兔粪比干粪营养价值高。青贮又可有效地灭菌。

第二节　兔场选址与布局

一、场址选择

兔场场址选择直接影响到兔生产的经济效益。所以应着重考虑地势条件和兔的生物学特性，做到科学、合理、高效。

1. 地势

兔场场址应选在地势高、有适当坡度、兔场地面要平坦或稍有坡度（以1%～3%为宜）；兔喜干厌湿，潮湿容易使兔发生疥癣病、腹泻、寄生虫病，还会污染被毛，所以要求背风向阳，避开产生空气涡流的山坳和谷地；低洼潮湿、排水不良的场地不利于兔调节体热，而有利于病原微生物的生长繁殖，且特别适合寄生虫的生存，故兔场地下水位要求在2米以下、排水良好的地方；可利用自然地形地物（如林带、山岭、河川、沟河等）作为场界和天然屏障。

2. 水源

养兔场的需水量比较大，如兔饮水、兔舍笼具清洁卫生用水、种植饲料作物用水以及日常生活用水等，必须要有足够的水源。水源要充足、水质要好，水量不足将直接限制兔生产，而水质差，达不到应有的卫生标准，同样也是兔生产的一大隐患。但地下水位不宜太高，防止湿度过大。

3. 土壤

土质最好是沙壤土，土粒大，易渗水，既有利于防病，又有利于操作。但在一些客观条件限制的地方，选择理想的土壤条件很不容易，需要在规划设计、施工建造和日常管理上，设法弥补土壤缺陷。

4. 交通

交通既要方便又要远离居民点。为了卫生防疫起见，兔场距交通主干道应在300米以上，距一般道路100米以上，以便形成卫生缓冲带。兔场与居民区应有200米以上的间距，并且处在居民区的下风口，尽量避免兔场成为周围居民区的污染源。

5. 电力

兔场照明、通风换气甚至清粪等需要消耗一定的电力，工厂化养兔生产尤甚。要保障电力供应，靠近输电线路，同时自备电源。

二、建筑布局

养兔场一般分成生产区、管理区、生活区、辅助区四大块。在兔场场址选定之后，特别是集约化兔场要根据兔群的组成、饲养工艺要求、喂料、清粪等生产流程及当地的地形、自然环境和交通运输条件等进行兔场总体布局。总体布局是否合理，对兔场基建投资，特别是对以后长期的经营费用影响极大，搞不好还会造成生产管理紊乱，兔场环境污染和人力、物力、财力的浪费。兔场总体布局与其他畜牧总体布局一样，都设有区域布局、朝向、间距、道路等问题。

1. 区域布局

（1）生产区　生产区是养兔场的核心部分，包括种兔舍、繁殖舍、育成舍、育肥舍或幼兔舍等。其排列方向应面对该地区的常年风向。为了防止生产区的气味影响生活区，生产区应处在偏下风位置。生产区内部应按核心群种兔舍—繁殖兔舍—育成兔舍—幼兔舍的顺序排列，种兔舍应置于环境最佳的位置，育肥舍和幼兔舍应靠近兔场一侧的出口处，以便于出售，并尽可能避免运料路线与运粪路线的交叉。

（2）辅助区　辅助区必须设在管理区和生活区的下风向，以保证整个兔场的安全。至于各个区域内的具体布局，则本着利于生产和防疫、方便工作及管理的原则，合理安排。

① 后勤供应区：主要包括饲料仓库、饲料加工车间、干草库、水电房等。应单独成区，与生产区隔开，但为了缩短管线和道路长度，应与生产区保持较短的距离。

② 兽医隔离区：兽医隔离区包括兽医试验室、病兔隔离室、尸体处理室等。这些建筑都应设置在下风向和地势较低处，与其他区特别是生产区保持一定距离，以免传播疾病。

（3）管理区　管理区是办公和接待来往人员的地方，通常由办公室、接待室、陈列室和培训教室组成。其位置应尽可能靠近大门口，使对外交流更加方便，也减少对生产区的直接干扰。

（4）生活区　生活区主要包括职工宿舍、食堂等生活设施。其位置可以与生产区平行，但必须在生产区的上风向。为了防疫，应与生产区分开，并在两者入口连接处设置消毒设施（图4-1）。

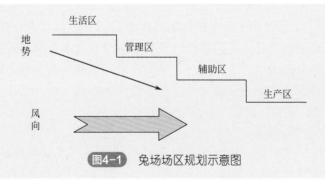

图4-1 兔场场区规划示意图

2. 建筑朝向和间距

（1）兔舍建筑朝向　为获得良好的畜舍环境提供可能，兔舍布置一般采取坐北向南，亦可南北向偏东或偏西，但不宜超过15°。

（2）建筑间距 根据自然通风再回到原来的自然状态进行流动，兔舍间距应为9～10米。

3. 兔场的道路

兔场的道路应分清洁道和污染道。其中清洁道是运送饲料的道路，污染道是运送粪便和污物的道路，两者不可混用和交叉。在总体布局中就将道路以最短路线合理安排，有利防疫，方便生产。兔场应重视防疫设施建设，场界是兔场的第一道防线，应有较高的围墙或有天然的防疫屏障；兔场的大门及各区域入口处，特别是生产区入口处及各兔舍的门口处，应有相应的消毒设施，便于进出场内的车辆和人员的消毒。

第三节　兔舍建造

一、建舍要求

（1）兔舍应符合兔的生物学特性 有利于温度、湿度、光照、通风换气等的控制，有利于卫生防疫和便于管理。

① 兔具有啃咬挖洞的习性，容易损坏笼具、料槽等设备。所以选择建筑材料时，既要就地取材，又要考虑坚固耐用。

② 兔胆小怕惊，抗兽害能力差，怕热，怕潮湿。因此，在建筑上要有相应的防雨、防潮、防暑降温、防兽害及防严寒等措施。

（2）兔舍的各部分建筑应符合建筑学的一般要求 比如，基础应具备足够的强度和稳定性、足够的承重能力和抗冲刷能力，深度在当地上层最大冻结深度以下，应设置防潮设施；墙体应坚固耐久、抗震、防水、防火、抗冻、耐腐蚀，结构简单，便于消毒，同时具备良好的保温与隔热性能；地板要坚固致密，平坦不滑，抗机械能力强，耐腐蚀，易清扫，保温防寒。

①兔舍内要设置排水系统，排粪沟要有一定坡度，以便在打扫和用水冲刷时能将粪尿顺利排出舍外，通往蓄粪池，也便于尿液随时排出舍外，从而降低舍内湿度和有害气体浓度。

②兔舍窗户的采光面积为地面面积的15%，阳光的入射角度不低于25°～30°。兔舍门要求结实、保温、防兽害，门的大小以方便饲料车和清粪车的出入为宜。

（3）设计兔舍要考虑便于饲养管理，减轻劳动强度　有利于积肥和兔的环境卫生，预防疾病的传播。还应设置产房、育仔室及值班室，以方便饲养人员夜间工作。

（4）保证舍内通风　我国南方炎热地区多采用自然通风，北方寒冷地区在冬季采用机械强制通风。自然通风适用于小规模养兔场。机械通风适用于集约化程度较高的大型养兔场（图4-2）。

图4-2　兔舍机械通风

（5）注意防疫和消毒　为了防疫和消毒，在兔场和兔舍入口处应设置消毒池或消毒盘，并且要方便更换消毒液。严防外人进入。墙壁、地面宜致密、光滑、无裂缝，易除污垢，容易清扫消毒，且能防寒、防潮、保温。兔场内运粪的污道和运料、人行净道要分开，以免传播疾病（图4-3）。

（6）应把投入产出比作为重要因素考虑　在满足兔生理

需要的前提下，尽量减少投资，以便早日收回投资并获利。

二、兔舍类型

近年来，通过科研人员研发以及生产实践中总结，也出现了一些新型的兔舍。兔舍按其排列形式分为单列

图4-3　兔场消毒池

式、双列式和室内多列式兔舍；按其与外界的接触程度分为亭式、敞棚式、开放式、半开放式和封闭式兔舍；按其存在形式分为山洞式、地窖式和靠山掏洞式兔舍；按其饲养方式又可分为栅饲群养式兔舍和室内笼饲兔舍；按舍顶结构可分为单坡式、双坡式、平顶式、拱式、锯齿式、锯齿拱式、钟楼式、半钟楼式兔舍。另外，还有室外笼养兔舍、塑料棚式兔舍、笼洞结合式兔舍、地下产仔室兔舍和半地下室兔舍等。总体来讲，分为普通兔舍和封闭式兔舍2大类。下面介绍其中几种兔舍。

1. 单列式兔舍

单列式兔舍通风、光照良好，夏季凉爽，但冬季保温较差，冬季要挂草帘、塑料薄膜或塑料编织布，以利防风、保温，还要注意防御兽害。

（1）室外单列式兔舍（图4-4）　这种兔舍实际上既是兔舍又是兔笼，是兔舍与兔笼的直接结合。因此，既要达到兔舍建筑的一般要求，又要符合兔笼的设计需要。兔笼正面朝南，兔舍采用砖混结构，为单坡式屋顶，前高后低，屋檐前长后短，屋

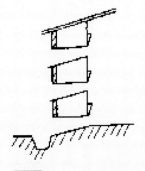

图4-4　室外单列式兔舍

顶、承粪板采用水泥预制板或波形石棉瓦，兔笼后壁用砖砌成，并留有出粪口，承粪板为水泥预制板。屋顶可配挂钩，便于冬季悬挂草帘保暖。为适应露天条件，兔舍地基要高，最好前后有树木遮阴。室外单列式兔舍的优点是结构简单，造价低廉，通风良好，光照充足，管理方便，夏季易于散热，有利于仔兔生长发育和防止疾病发生。室外单列式兔舍的缺点是舍饲密度较低，单笼造价较高，不易遮风挡雨，冬季繁殖仔兔有困难。

（2）室内单列式兔舍（图4-5）　室内单列式兔舍四周有墙，南北墙有采光通风窗，屋顶形式不限（单坡、双坡、平顶、拱

图4-5　室内单列式兔舍

形、钟楼、半钟楼均可），兔笼列于兔舍内的北面，笼门朝南，兔笼与南墙之间为工作走道，兔笼与北墙之间为清粪道，南北墙距地面20厘米处留有对应的通风孔。室内单列式兔舍的优点是冬暖夏凉，通风良好，光线充足，室内单列式兔舍的缺点是兔舍利用率低。

2. 双列式兔舍

双列式兔舍的两列兔笼之间设走道，饲养管理方便，有利于冬季保温。承粪板向两侧倾斜，清除粪便在室外进行，舍内清洁卫生。为了便于通风，南列可少建一层，空出的距离安铁丝网，或反转玻璃窗，也可建钟楼式兔舍。为了加强仔兔的活动，北侧为兔笼，南侧建矮墙，做运动场，墙基上留出入孔，仔兔可以自由出入。也可以在舍内外运动场上架设电焊网或竹片网栅，在地网上饲养和运动，粪尿漏下，清洁卫生。

（1）室外双列式兔舍（图4-6）　室外双列式兔舍的中间为工作通道，通道宽度为1.5米左右，通道两侧为相向的两列兔笼。两列兔笼的后壁就是兔舍的两面墙体，屋架直接搁在兔笼

后壁上，屋顶为"人"字形或钟楼式，配有挂钩，粪沟在兔舍的两面外侧。室外双列式兔舍的优点是单位面积内笼位数多，造价低廉，有害气体少，湿度低，管理方便，夏季能通风，冬季也较容易保温。室外双列式兔舍的缺点是易遭兽害，缺少光照。

（2）室内双列式兔舍（图4-7）　室内双列式兔舍分为两种形式：一种是两列兔笼背靠背排列在兔舍中间，两列兔笼之间为清粪沟，靠近南北墙各一条工作走道；一种是两列兔笼面对面排列在兔舍两侧，两列兔笼之间为工作走道，靠近南北墙各有一条清粪沟。屋顶为双坡式、钟楼式或半钟楼式。室内双列式兔舍的优点是室内温度易于控制，通风透光良好，空间利用率高，饲养密度大。室内双列式兔舍的缺点是朝北的一列兔笼光照、保暖条件较差，室内有害气体浓度大。

3. 室内多列式兔舍（图4-8）

室内多列式兔舍有多种形式，如四列三层式、四列阶梯式、四列单层式、六列单层式、八列单层式等。屋顶为双坡式，其他结构与室

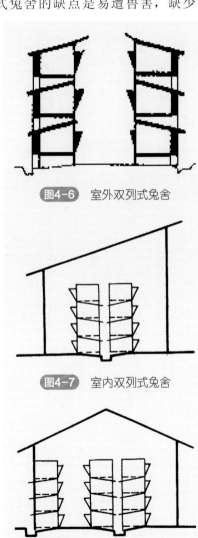

图4-6　室外双列式兔舍

图4-7　室内双列式兔舍

图4-8　室内多列式兔舍

内双列式兔舍大致相同，只是兔舍的跨度加大，一般为8～12米。这类兔舍的最大特点是空间利用率高，缺点是通风条件差，室内有害气体浓度高，湿度比较大，需要采用机械通风换气。

4. 敞棚式兔舍（图4-9）

图4-9　敞棚式兔舍

四面无墙，仅靠立柱支撑舍顶，其通风透光好，兔的呼吸道疾病少，造价低，适于较温暖的地区或作为季节生产之用。

5. 开放式和半开放式兔舍

开放式兔舍一类是三面有墙，前面敞开或设丝网，该舍的通风透光好，适于较温暖的地区，华北以南地区比较常见。另一类是兔舍区域四周用围墙围住，由砖柱、石棉瓦、板条构成兔舍，兔舍之间的隔离带宽2米，栽种树木绿化遮阴和避风，改善兔舍区域小气候。优点是投资少，缺点是冬天保温性能较差，在寒冷的地方需配套建仔兔保育舍。

（1）室内开放式兔舍（图4-10）　室内开放式兔舍四周有

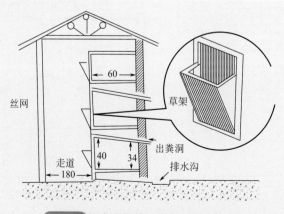

图4-10　室内开放式兔舍（单位：厘米）

墙，通过窗户通风采光，适于黄河以北的广大地区。分单列式、双列式或多列式。实践中发现，饲养种兔单列式的效果优于多列式。由于粪尿沟设在室内臭味大、湿度大，冬季通风与保温形成矛盾。室内开放式兔舍还有带幼兔栏和室外运动场的，适于小规模兔场或既养大兔又养小兔的联产承包经营模式。

（2）室内开放式群兔舍（图4-11）　室内开放式群兔舍是专门以群养方式饲养幼兔和育肥兔的。幼兔栏带室外运动场。室内开放式群兔舍的优点是管理方便，劳动效率高，兔生长速度快，体

图4-11　室内开放式群兔舍

质健壮。室内开放式群兔舍的缺点是室内卫生不良，易传染疾病。

（3）半开放式兔舍（图4-12）　半开放式兔舍是以兔笼的后壁为舍壁，除了三面有完整的墙外，前面有半截墙，上部可设丝网。为了保温，在冬季它们的前面封塑料布。半开放式兔舍

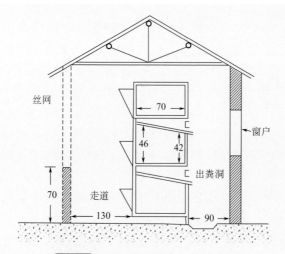

丝网

70

42

46

走道

130

90

70

窗户

出粪洞

图4-12　半开放式兔舍（单位：厘米）

可分单列式和双列式。半开放式兔舍的优点是通风透光、空气新鲜、管理方便、造价低廉。半开放式兔舍的缺点是冬天不易保温。

6. 封闭式兔舍（图4-13）

封闭式兔舍四周墙壁完整，上有屋顶遮盖，前后有窗。通风换气依靠门、窗和通风管道。封闭式兔舍的优点是冬暖夏凉，便于通风换气，便于密闭熏蒸消毒，杀灭兔舍内的病原微生物；管理省工省时，经济效益较高。封闭式兔舍的缺点是投资较大。一般封闭式兔舍用来喂养种兔。

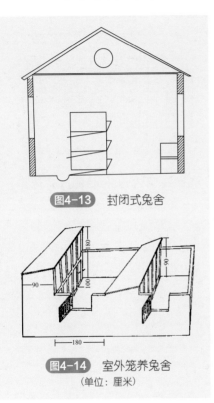

图4-13 封闭式兔舍

图4-14 室外笼养兔舍
（单位：厘米）

7. 笼养兔舍

（1）室外笼养兔舍（图4-14）室外笼养的兔舍与兔笼相连，既是兔舍，又是兔笼，和一般兔笼不同，既要达到兔舍建筑的基本要求，又要符合兔笼的设计要求。室外笼养兔舍一般包括围墙、兔笼、储粪池、通道、饲料间、管理间六个部分。以砖、石等砌成笼舍合一的结构，一般1～3层，总高度控制在1.8米以内。四周砌围墙，墙高2.5米，主要用于防兽害、防盗窃和挡风。

（2）塑料棚式兔舍（图4-15）塑料棚式兔舍是仿温室结构，有单层、双层之分，以双层间有缓冲层的最好；还有半塑棚（部分搭塑料布）和全塑棚之别，兔笼安放在棚中央。塑料棚式式兔舍的优点是可经济利用阳光加温，透光好，光照充分，造价低，可简可繁，施工方便，冬季管理方便。塑料棚式兔舍的缺点是相对湿度大，通风与保温矛盾。适用于温带地区进行冬季饲养与繁殖，但在寒带地区只靠阳光难以达到理想温度，尚需补充热量。

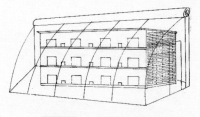

图4-15　塑料棚式兔舍

（3）室内笼养兔舍（图4-16）　室内笼养兔舍的种类很多，各有特色。在北方由于外界气温较低，兔舍应矮些，以利保暖，以双坡式、拱形式和不等式为好。建筑材料以土木结构为宜。

8. 笼洞结合式兔舍（图4-17）

笼洞结合式兔舍是将室外笼舍建在靠山处，在笼后壁（网）处向山内掏成洞穴，入口直径15厘米，深50厘米，洞内径25厘米。有的在笼的底层设洞与斜坡式通道相连，宽15厘米，高20厘米，通往50厘米见方的人造洞穴，此洞穴距地面60厘米

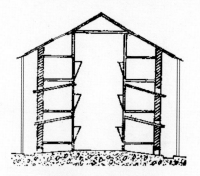

图4-16　室内笼养兔舍

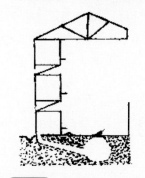

图4-17　笼洞结合式兔舍

以上。笼洞结合式兔舍的优点是洞穴冬暖夏凉，利于兔繁殖。笼洞结合式兔舍的缺点是洞穴难以彻底消毒和清扫；易受蛇、鼠、黄鼬等害兽侵袭；但在冬季温度过低的地区采用，仍不能保温。适于干旱的山区及半山区，每用2～3年再换新地，以防

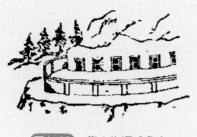

图4-18　靠山掏洞式兔舍

疾病蔓延。

9. 靠山掏洞式兔舍（图4-18）

靠山掏洞式兔舍是山区和地区普遍采用的一种兔舍。在背风向的土山南面用砖、石砌三层兔笼，在其后壁往里掏一个口小（宽12厘米、高14厘米，呈长椭圆形）里大（25厘米×30厘米）深45厘米左右的产仔葫芦洞，洞向左下方或右下方倾斜。该类兔舍安静、卫生、向阳、冬暖夏凉，兔可根据气候来改变自己所处的位置（冷、热时钻到洞里），四季均可繁殖，效果优于其他兔舍。

10. 地下产仔室兔舍（图4-19）

地下产仔室兔舍是在普通室外兔舍的地上产仔室往前下方挖一宽12厘米、高20厘米的洞，末端砌一个产仔室，其上与地面接通，留一个观察孔。为了防潮，地下道与产室周围铺上白灰或塑料薄膜。由于地下安静、黑暗，非常适合兔的习性，只要注意防潮和卫生，繁殖效果十分理想，适宜进行冬繁。

11. 半地下室兔舍（图4-20）

半地下室形式养兔，室内冬暖夏凉，适合兔生长发育。采用这种方式养兔，生长发育快，出栏率高，成年母兔一年四季繁殖产仔，产仔窝数和产仔数多、仔兔成活率高，能提高经济效益。半地下室建筑的基本要求：地下深1.36米，地面上高1米，长和宽根据条件和需要确定，周围用砖砌成，3面墙上安装窗户和门，随时可以调节空气，保持室内通风良好，空气新鲜。房顶（稍有坡度，用竹竿做支架）用塑料布覆盖，外面加盖稻草

图4-19　地下产仔室兔舍

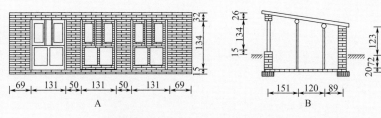

图4-20 半地下室兔舍（单位：厘米）

A—半地下室兔舍正面图；B—半地下室兔舍结构图

帘，在冬季白天揭开稻草帘，以接受阳光，增加室内温度，晚上再将稻草帘盖好，以保持室内温度。

12. 亭式兔舍（钟楼式兔舍）（图4-21）

在冬季不结冰的南方地区，或者在温暖季节养兔时可使用亭式兔舍。亭式兔舍结构特点是四面无墙，只有舍顶，靠立柱支撑。具有通风好、采光好、造价低和不易患呼吸道

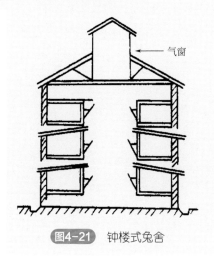

图4-21 钟楼式兔舍

疾病等优点。但也有不利于防兽害，无法进行环境控制等缺点。在冬季保暖性能差，可在兔舍四周挂上草帘或塑料布御寒。

第四节　兔笼及附属设备

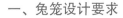

一、兔笼设计要求

1. 兔笼的组成与设计要求

兔笼一般由笼壁、笼门、笼底板、笼顶板（承粪板）和支

架组成。兔笼的设计要符合兔的生物学特性，耐啃咬、耐腐蚀；结构要合理，易清扫、易消毒、易维修、易更换，大小适中，可保持卫生；使用管理要方便，劳动效率高；选材要经济，质轻而坚固耐用。

2. 兔笼规格

（1）兔笼大小　兔笼大小应按兔的品种类型和性别、年龄、兔笼的设置位置、地区的气候特点等的不同而定。一般以种兔体长为尺度，笼长为体长的1.5～2倍，大小应以保证其能在笼内自由活动和便于管理操作为原则（表4-1）。

表4-1　种兔笼单笼规格

饲养方式	种兔类型	笼宽/厘米	笼深/厘米	笼高/厘米
室内笼养	大型	80～90	55～60	40
	中型	70～80	50～55	35～40
	小型	60～70	50	30～35
室外笼养	大型	90～100	55～60	45～50
	中型	80～90	50～55	40～50
	小型	70～80	50	35～40

（2）笼层高度　笼层高度目前国内常用的多层兔笼，一般由三层组装排列而成，总高度应控制在2米以下。最底层兔笼离地高度应在25厘米以上，以利于通风、防潮，使底层兔有较好的生活环境。

二、兔笼形式

兔笼形式按存在状态分移动式和固定式；按层数分单层、双层和多层；按排列方式分平列式、重叠式、全阶梯式和半阶梯式；按其功能可分为饲养笼和运输笼；按制作材料可分为金属笼、水泥预制件笼、砖石砌笼、木制笼、竹制笼和塑料笼；按固定方式分活动式、固定式、悬吊式兔笼；还有暗箱式繁殖一体笼、清洁环保型兔笼等。平时我们所说的兔笼，主要指的是饲养笼。下面介绍几种形式的兔笼。

1. 平列式兔笼（图4-22）

平列式兔笼均为单层，全部排列在一个水平上，一般由竹木或镀锌冷拔钢丝制成。笼门可开在笼的上部，也可在前部。兔笼可悬吊于舍顶，也可以支架支撑或平放在矮墙上。由于是单层，粪便可直接落在笼下的粪沟内，不需要承粪板。平列式兔笼的优点是兔舍的环境卫生好，有害气体的浓度低，通风透光好，管理方便，适于饲养种兔。平列式兔笼的缺点是兔笼平列排放，饲养密度较低，房舍的利用率低，单位兔的设备投资大。平列式兔笼可分单列活动式和双列活动式两种。

2. 重叠式兔笼（图4-23）

重叠式兔笼在兔生产中被广泛使用，多采用水泥预制件或砖结构组建而成，亦有成型的组合笼具。一般上下叠放2～4层笼体，层间设承粪板。重叠式兔笼的优点是通风采光良好，占地面积小，房舍的利用率高。重叠式兔笼的缺点也有许多，比如：底层距地面太近，湿度大，空气质量差，兔生长慢，底层养兔效益差；上层位置又太高，捉兔不方便；第二层、第三层兔笼底板距承粪板的距离太近，影响兔笼内的空气质量，清扫粪便困难等。

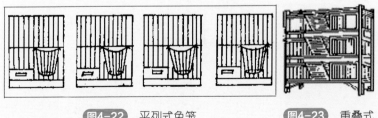

图4-22 平列式兔笼　　图4-23 重叠式兔笼

3. 阶梯式兔笼

阶梯式兔笼在兔舍中排成阶梯形。先用金属、水泥、砖、木料等材料做成阶梯形的托架，兔笼就放在每层托架上。笼的前壁开门，饲料箱、饮水器等均安在前壁上，在"品"字形笼架下挖排粪沟，每层笼内的兔粪、尿直接漏到排粪沟内。兔笼一般用金属和竹子（笼底）等材料做成活动式。阶梯式兔笼的优点是饲养密度较大，通风透光良好，易于观察，耐啃咬，有利于保持笼内清洁、干燥，还可充分利用地面面积，管理方便，节省人力；阶梯式兔笼的缺点是占地面积较大，手工清扫粪便困难，造价高，金属笼易生锈，容易发生脚皮炎。

（1）全阶梯式兔笼（图4-24） 全阶梯式兔笼的上下笼体完全错开，每层的粪便均可直接落到笼下的粪尿沟内，不设承粪板。全阶梯式兔笼的优点是饲养密度较平列式高，通风透光好，便于观察和管理。全阶梯式兔笼的优点是由于层间完全错开，增加了纵向距离，上层（即里层）笼的管理不方便。粪沟的宽度大，粪便的清理也不方便。

（2）半阶梯式兔笼（图4-25） 半阶梯式兔笼是介于重叠式和全阶梯式之间的一种类型。上下层笼体部分重叠，层间设承粪板。半阶梯式兔笼的优点是饲养密度较全阶梯式大，房舍的利用率高。由于缩短了层间兔笼的纵向距离，上层笼的管理比较方便。

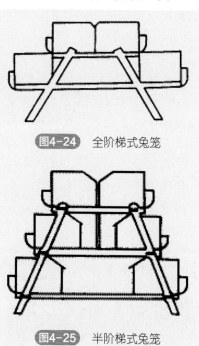

图4-24 全阶梯式兔笼

图4-25 半阶梯式兔笼

4.活动式兔笼（图4-26）

活动式兔笼一般由竹木或镀锌冷拔钢丝等轻体材料制成，根据构造特点可分为单层活动式、双联单层活动式、单层重叠式、双联重叠式和室外单间移动式等多种。笼的大小和一般兔笼相同，无承粪板，粪尿直接漏在地上。活动式兔笼的优点是移动方便，构造简单，造价低，管理方便，易保持兔笼清洁和控制疾病。活动式兔笼的缺点是不适于规模养殖。

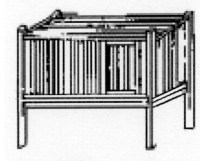

图4-26　活动式兔笼

5.固定式兔笼（图4-27）

固定式兔笼一般为双层或3层多联式。在舍内空间较小的情况下，以双层为宜，可降低饲养密度，有利于保持良好的环境，便于管理。固定式兔笼一般用砖石建造，多用火砖、水泥、石板砌成。笼底板以竹片制作而成，能随时放进、抽出。固定式兔笼的优点是建造简单，造价低，取材方便，坚固耐用，保温隔热性好，利于清洁消毒，适用于各类兔和多种场地。固定式兔笼的缺点是通风采光性较差，饲养密度较大，有害气体浓度较高。

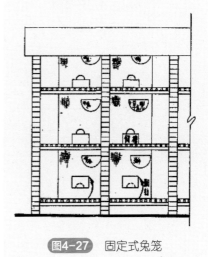

图4-27　固定式兔笼

6.悬吊式兔笼

悬吊式兔笼分中央悬吊式兔笼和墙壁悬挂式兔笼。

（1）中央悬吊式兔笼（图4-28、图4-29）　中央悬吊式兔笼由钢质框架将组装的兔笼悬挂于屋顶，要求屋顶结构牢固，以确保能承受兔笼及兔只的重量。兔笼由长臂钢吊架、笼体、笼底板、承粪板、草料槽、精料槽、饮水系统等组成，为双向三层笼。长臂钢吊架由钢条、钢管组装而成；钢架设两排长臂挂

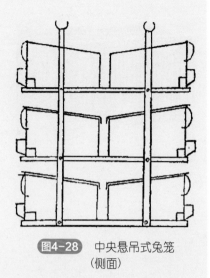

图4-28 中央悬吊式兔笼
（侧面）

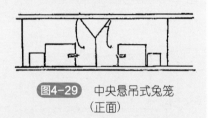

图4-29 中央悬吊式兔笼
（正面）

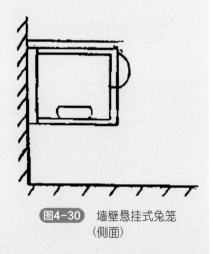

图4-30 墙壁悬挂式兔笼
（侧面）

于屋顶，以减少兔笼的晃动；笼体由铁丝网焊接而成，笼底水平，笼顶倾斜，便于上层的兔粪尿从双向笼中央间隙处落入粪水沟；笼门设置于笼体外侧，大小以方便取放产仔箱为宜；精料槽的口开在笼体外侧，由笼外斜伸入笼内，以便于加料；笼底板可用竹片制成，既经济，又能保持干燥；承粪板可用塑料板、胶板等，同层的承粪板连为一体；饮水系统由乳头式饮水器及胶管连接而成，可防水源污染，并节约用水；清粪水沟为一斜坡，沟深10厘米左右，便于清扫和冲洗。

（2）墙壁悬挂式兔笼（图4-30、图4-31）墙壁悬挂式兔笼是将兔笼的一侧固定于墙壁，利用墙壁承受整体重量，使笼体悬空。这种兔笼由笼体、笼底板、精料槽、草料槽、饮水系统等组成。笼体由木框架和铁丝网组装而成，靠墙的一侧加固，固定于墙壁，一般4笼一组，每笼长75厘米、宽60厘米、高40厘米。

7. 暗箱式繁殖一体笼
（图4-32）

暗箱式繁殖一体笼可有
效利用房屋面积，子、母分
离效果好，由于木胶板采用
黑色，加之子、母分离门独
特的设计，产箱内更暗、更
安静，使其更加接近兔的穴
居环境。

8. 清洁环保型兔笼（图
4-33）

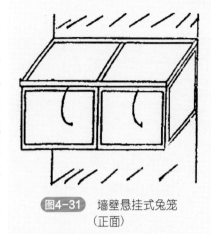

图4-31 墙壁悬挂式兔笼
（正面）

清洁环保型兔笼包括竹底板、饮水器、食盒、粪板、粪盒、
水管等。是一组兔笼单独放置，节省空间，粪尿不接触地面，
干净卫生的清洁型环保兔笼。

图4-32 暗箱式繁殖一体笼

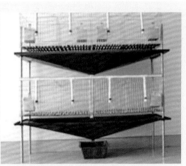

图4-33 清洁环保型兔笼

三、兔笼的排列

目前以单列或双列排列更为经济实用，通风，采光好，饲
养密度低，室内有害气体浓度小，呼吸道疾病少。如按多列兔
笼排列，饲养密度虽大，但要求通风，补充光照，增温，降温
等，投入过高。兔笼最好摆放在兔舍的中央，以利冬季保温，

夏季防暑，也便于操作，但应注意舍内留1米宽清粪道。粪沟不需过宽，以便于清粪为宜。喂饲和管理通道应宽1～1.2米。如头对头的双列排放，其喂饲通道应为1.5～1.8米，以便操作。虽然有些地区将单列兔笼排放在北墙，利用叠层兔笼的后壁作为北墙，虽夏季通风好，但冬季冷风吹入，不利于冬繁，改用草填塞，清扫十分不便，难防兽害，不宜推广应用。

四、兔舍附属设备

兔舍的附属设备主要有食槽、草架、水槽、产仔箱等。

1. 食槽

食槽又称饲槽或料槽。有简易食槽，也有自动食槽。按制作材料的不同又分为竹制、陶制、水泥制、铁皮制及塑料制等多种食槽。简易食槽制作简单、成本低，适合盛放各种类型的饲料，但喂料时工作量大，饲料易被污染，极易造成兔扒料而浪费。自动食槽容量较大，安置在兔笼前壁上，适合盛放颗粒饲料，从笼外添加饲料，喂料省时省力，饲料不易被污染，浪费少，但制作复杂，成本也高。群养兔通常使用长食槽，笼养兔通常采用陶制、翻转式、抽屉式或自动食槽。无论哪种食槽，均要结实、牢固，不易破碎或翻倒，同时还应便于清洗和消毒。仔兔补饲槽，是用水泥或陶瓷制作，口呈环形，以防仔兔玩耍，其尺寸根据兔的大小做成系列食槽。

（1）陶制食槽（图4-34）　陶制食槽为圆形，食盆口径14厘米左右，底部直径17厘米左右，高5厘米左右，食槽剖面呈梯形，这样可防止食槽被兔掀翻。这种食槽的最大优点是清洗方便，同时也可作水槽使用。

（2）翻转式食槽（图4-35）　翻转式食槽是用镀锌铁皮制作，形状有多种。食槽底部焊接一根钢丝，伸出两端各2厘米左右，以此作为转轴，卡在笼门食槽口的两侧卡口内，用于翻转食槽。食槽外口的宽度大于笼门的食槽口，防止食槽全部翻转到兔笼里边。喂料后，将安装在食槽口上方的活动卡子卡住食槽即可。这样的食槽拆卸比较方便，喂料时无需打开笼门。

（3）抽屉式食槽（图4-36）　抽屉式食槽是用镀锌铁皮制作，形状如半个圆盆，圆形面朝里、平面向外安装在笼门的食槽口内。在食槽一侧外缘焊接一根与食槽垂直的钢丝，上下两端各伸出1.5厘米左右作为转轴，卡在笼门食槽口的一侧，用于转动食槽。食槽的另一侧安装一个活动搭扣，喂料后将食槽扣在笼门上固定。这种食槽同翻转式食槽一样，喂料时无需打开笼门，拆卸比较方便。

图4-34　陶制食槽

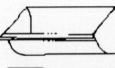
图4-35　翻转式食槽

图4-36　抽屉式食槽

（4）自动食槽（图4-37）
自动食槽是用镀锌铁皮制作或用工程塑料模压成型。自动食槽兼有喂料及储料的功能，加料一次，够兔儿天采食，多用于大型兔场及工厂化养兔场。食槽由加料口、采食口两部分组成，多悬挂于笼门外侧，笼外加料，笼内采食。食槽底部均匀地分布着小圆孔，以防颗粒饲料

图4-37　自动食槽

中的粉尘被吸入兔的呼吸道而引起咳嗽和鼻炎。这种食槽使用时省时省工，但制作复杂，造价较高，对兔饲料的调制类型有限制。

2. 草架（图4-38）

草架分为两种，一种是笼养用的，挂在门前，有单独的，也有食槽和草架合二为一的。关键是草架的钢丝间隙，为2.5厘

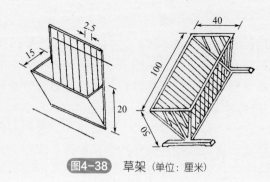

图4-38 草架（单位：厘米）

米左右。另一种是散养或圈养用的，用木条、竹片或钢筋做成"V"字形。群养兔可钉制长100厘米、高50厘米、上口宽40厘米的草架，木条或竹片之间的间隙为3～4厘米，草架两端底部分别钉上一块横向木块，用以固定草架，以便平稳放置在地面上，供散养兔或圈养兔食草用。

3. 水槽（饮水器）（图4-39）

水槽可用罐头瓶、瓷盆、水泥盆等作水槽。自动供水槽可用普通酒瓶和水槽制作，饮水清洁卫生，也可以将一个倒置的玻璃瓶固定在笼外瓶口上，接一条硬质橡皮管通入笼内距笼底8～10厘米处，供兔饮水，这种饮水器不占笼内面积，水质不被污染，也不会弄湿笼子，兔随时可饮到清水，是较适用的一种饮水器。一般笼养兔可用储水式饮水器，即将盛水玻璃瓶或塑料瓶倒置固定在笼壁上，瓶口上接一橡皮管通过笼前网伸入笼门，利用空气压力控制水从瓶内流出，任兔自由饮用。大型兔场特别是规模化、集约化兔场应首推乳头式自动饮水器，每幢兔舍装有储水箱，通过塑料管或橡皮管连至每层兔笼，然后再由乳胶管通向每个笼位。这种饮

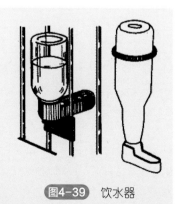

图4-39 饮水器

水器的优点是既能防止污染，又可节约用水，缺点是投资成本较大，对水质要求较高，容易堵塞和漏水。

4. 产仔箱

产仔箱又称巢箱，供母兔筑巢产仔之用，也是3周龄前仔兔的主要生活场所。产箱是重要的饲养设备之一，对断乳前仔兔的成活率有直接的影响。通常在母兔接近分娩时放入笼内或挂在笼外。产仔箱常用板钉制，箱壁四面平整，箱底面平而不滑，便于仔兔爬行，箱底打有孔眼，便于漏走尿水，保持箱内干燥。产仔箱的制作材料有木板、纤维板、塑料板等。

（1）悬挂式产仔箱（图4-40）　产仔箱悬挂于金属兔笼的前壁笼门上，在与兔笼接触的一侧留一个大小适中的方形缺口，缺口的底部刚好与笼底板一样平，以便母仔出入。产仔箱上方加盖一个活动盖板。这种产仔箱模拟洞穴环境，适于母兔的习性。同时，产仔箱悬挂在笼外，不占笼内面积，管理非常方便。

图4-40　悬挂式产仔箱

（2）平口产仔箱（图4-41）　用1厘米厚的木板钉制，上口水平，箱底可钻一些小孔，以利排尿、透气。产仔箱不宜做得太高，以便母兔跳进跳出。产仔箱上口四周必须制作光滑，不能有毛刺，以免损伤母兔乳房，导致乳腺炎。这种产仔箱制作简单，适合于家庭养兔场采用。

（3）月牙状缺口产仔箱（图4-42）　采用木板钉制，其高度要高于平口产仔箱。产仔箱一侧壁上部留一个月牙状的缺口，以供母兔出入。

（4）外挂可控母仔分离产箱（图4-43、图4-44）　外挂可控母仔分离产箱的产仔箱后部开有两个进出口，一个口对应母兔笼，另一个口则对应仔兔笼。进出口上都设有推拉门来控制兔

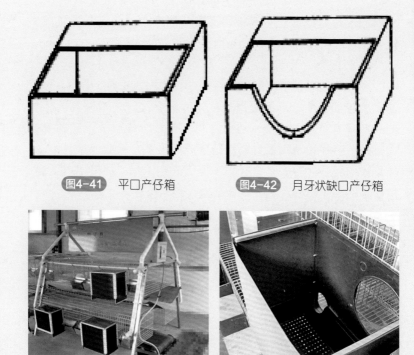

图4-41 平口产仔箱

图4-42 月牙状缺口产仔箱

图4-43 外挂可控母仔分离产箱

图4-44 外挂可控母仔分离产箱箱体

子进出，母兔和仔兔分别通过各自的进出口进入相应的笼位进行采食和休息，彼此之间互不干扰；并且能够避免仔兔因与母兔过早分离而产生应激等问题。

5.喂料车（图4-45）

喂料车主要是大型兔场采用，用它装料喂兔，省工省时。喂料车一般用角铁制成框架，用镀锌铁皮制成箱体，在框架底部前后安装4个车轮，其中前面两个为万向轮。

6.运输笼（箱）（图4-46）

运输笼应为兔笼系列，但因其作用特殊而归为附属设备。运输笼（箱）仅作为种兔或商品兔途中运输用，一般不配置草

图4-45 喂料车

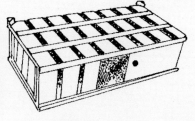

图4-46 运输笼

架、食槽、饮水器等。要求制作材料轻，装卸方便，结构紧凑，笼内可分若干小格，以分开放兔，要坚固耐用，透气性好，大小规格一致，可重叠放置，有承粪尿装置，又要适于各种方法消毒，以方便使用。运输笼（箱）有竹制运输笼、柳条运输笼、金属运输笼、纤维板运输笼、塑料运输箱等。

第五章

兔的科学选配与培育

在影响养兔生产的诸多要素中，兔品种或种群的遗传因素起主导作用，因而兔种群的遗传改良是提高养兔生产效率的关键。兔的遗传育种可以理解为：根据遗传学原理、生产需要和市场需求，持续开发利用现有的兔品种资源，培育出性能优良的新品种、新品系和配套系种群，或者在现有种群中通过选种选配、建立良种繁育体系、筛选杂交组合或培育杂交配套系，使群体得到不断改良和优化利用，为兔产业链提供高产、高效、优质而且健康规格的商品兔，从而提高兔肉、兔皮、兔毛等产品的生产效率、质量和效益。兔育种也包括培育符合特定性状和纯度要求的实验兔和宠物兔，以满足科研、医药、赏玩等方面的需求。

第一节　兔的生产性能测定

生产性能测定是育种中最基本的工作，现代兔育种要求首先严格规范地实施生产性能测定，获得各种性能记录资料并进行科学的统计处理和育种分析，然后进一步采取相应的育种措施。系统准确的性能测定是科学选种的前提，也是种群评价和经营管理的依据。畜牧业发达的国家均非常重视建立畜禽生产性能测定体系并制度化。

一、个体标识

准确快速地识别兔个体是组织性能测定和种群管理的基础工作，识别兔个体最简单有效的方法是对兔进行编号，并在兔身上做永久性或暂时性标记。一个统一规范的标识系统不仅可用于种群管理品种登记等育种管理工作，也可用于免疫识别、生产管理、生产过程和产品的可跟踪/追溯管理系统。

1. 个体编号的原则

① 唯一性：每一个号码对应一个个体，保证该号码在所适用的范围内没有重号。

② 含义明确：为了管理方便，每一个号码都应有明确的含义，包含有用的信息。

③ 简单易读：尽量做到个体编号简单明了，方便生产管理人员识读、记录和计算机录入识别。

2. 个体标识的方法

大致有戴耳标、刺墨耳号等，详见第八章第二节。

二、测定性状

1. 体重、体尺测定

（1）体重测定　所有体重测定均应在早晨饲喂前进行，以避免采食饮水等因素造成的偏差，自由采食的兔不受该限制。单位以克或千克计算。

① 初生重：指产后12小时以内称测的活仔兔的个体重或全窝重量。

② 断奶重：指断奶当日饲喂前的重量，分断奶窝重和断奶个体重，并需注明断奶日龄，一般4～6周龄断奶。

③ 其他：根据情况不同，在生长发育和经济利用的各个阶段分别称重，如10周龄体重、成年体重等。

（2）体尺测定　兔常测的体尺如下，单位以厘米计算。

① 体长：指自然姿势下兔鼻端至尾根的直线距离。

② 胸围：指自然姿势下沿兔肩胛后缘绕胸部一周的长度。

③ 腿臀围：指自然姿势下由兔左膝关节前缘绕经尾根至右膝关节前缘的长度。

④ 耳长：指兔耳根到耳尖的距离。

⑤ 耳宽：指兔耳朵的最大宽度。

2. 繁殖性能测定

（1）受胎率　通常指一个发情期配种受胎数占参加配种母兔的百分比。

（2）总产仔数　指母兔胎产仔总数，含死胎，不包括木乃伊。

（3）产活仔数　指产后12小时内测初生重时的活仔兔数。种母兔生产成绩以第一胎外的连续三胎平均数计。

（4）断奶成活率　指断奶仔兔占产活仔兔数的百分比。

（5）泌乳力　指21日龄全窝仔兔的总重量，包括寄养的仔兔在内，用来衡量母兔的哺育性能。

3. 生长育肥测定

（1）日增重　指统计期内兔每天的平均增重，一般用克/天表示。肉兔的育肥期日增重通常指4周龄或5周龄断奶至10周龄或13周龄出栏期间的平均日增重。

（2）料重比　也称饲料转化率或饲料报酬，是指育肥期内消耗的饲料量与增加的体重之比。

（3）屠宰率　为胴体重占屠前空腹活重的百分率。胴体重是指屠宰放血后去除头、脚、皮和内脏的屠体重。全净膛胴体去除全部内脏，半净膛胴体保留心、肝、肾等器官。

（4）净肉率　胴体去骨后的肉重占屠前空腹体重的比率；胴体去骨后的肉重占胴体重的比率称为胴体产肉率；胴体中肉

与骨的比率称为肉骨比。

（5）后腿比　由最后腰椎处切下的后腿臀重量占胴体的比例。

4. 产毛性能测定

（1）产毛量　通常是指毛用兔一年中的产毛总量。成年兔的年产毛量由当年1月1日至12月31日采毛总量计算；青年兔的年产毛量是由第一次剪毛至满一年后的产毛总量。也可用第三刀毛推算，养毛期73天的采毛量乘以5或养毛期91天的采毛量乘以4即为年产毛量。

（2）产毛率　是指产毛量与体重的比率，它反映了单位体重的产毛效率，是评价产毛性能的重要指标，通常用年产毛量与当年采毛时所测的平均体重计算。

（3）毛料比　表示每生产1千克兔毛所耗饲料的重量，该指标与兔毛生产成本密切相关，是衡量毛兔生产性能的主要指标之一。

（4）兔毛品质　表示兔毛品质的主要指标有长度、细度、强度、粗毛率等，通常以十字部毛样为代表进行测定。

① 长度：包括兔体毛丛自然长度和剪下后毛纤维的自然长度（以厘米为单位），精确到0.1厘米。毛纤维长度测定不少于100根，毛丛长度为所测3～5个毛丛的平均长度。

② 细度：以单根兔毛纤维中端直径来表示（以微米为单位），精确到0.1微米，细度为测量100根兔毛的平均数。

③ 强度：也称拉力，指单根兔毛拉断时的应力（用克表示），强度为测量100根兔毛的平均数。

④ 粗毛率：粗毛（含两型毛）重量或根数占全部毛样重量或根数的比率。毛样要求1厘米^{2}皮肤面积，我国多采用重量比的形式。

⑤ 块毛率：结块毛重量占采毛量的比率。

⑥ 优质毛率：特级、一级兔毛总重量占采毛量的比率。

5. 皮用性能测定

（1）皮张面积　一般由前肩（或颈中部）至尾根量取皮张长度，由中腰或两肋处量取宽度，长度乘以宽度得出面积（以平方厘米计），皮张面积是决定其价值的重要因素。

（2）皮张厚度　一般以两体侧中部的厚度作为皮张厚度的代表。

（3）皮板质地　皮板质地要洁白、致密、均匀、厚薄适中。

（4）毛被品质　毛的长度、密度、均匀度与兔皮外观和价值有密切关系，要求被毛密度大，毛长适中，表面整齐，粗细毛比例适中，绒毛丰厚，毛被弹性好。

（5）毛被颜色　颜色要求统一美观，光泽好但不刺眼。有花斑及杂色毛者降低商品等级。要求要么有独特美观的自然花色，要么为纯白色，方便染成各种颜色而具有广泛用途。

三、测定方法

1. 性能测定的方式

（1）测定站测定和场内测定　测定站测定是指将所有待测个体集中在一个专门的性能测定站或某一特定的兔场中，按照性能测定规程在一定时间内和相对一致的环境条件下测定兔的核心生产性状，其目的是为了创造相对标准的、统一的、稳定的环境条件，使供测兔能充分发挥其遗传潜力，对其性能作出公正的评价，为品种审定、生产者选购种兔和育种选择提供可靠的依据和指导。

（2）个体测定、同胞测定和后裔测定　个体测定是指测定对象就是需要进行遗传评定的个体本身，在兔育种中是最为常用和最为主要的方式；同胞测定是指测定对象是被评定个体的全同胞或半同胞；后裔测定是指测定对象是被评定个体的后裔，兔由于可以产生较大数量的同胞和后裔，因此可以增加遗传评定的信息来源，增加选种的准确性。在实际育种中应尽量将这三种方式结合起来使用。

（3）大群测定 大群测定是对兔群中所有符合条件的个体进行测定，以获得每只兔的性能成绩，其目的主要是为个体遗传评定提供信息。

2. 性能测定的技术要求

制订兔性能测定过程中各项技术操作规范，不仅需要科学的理论依据，而且要结合中国兔生产和育种实际，既要获得准确可靠的测定结果，又要便于实践中操作执行。我国兔性能测定技术规范尚在制订中，为了便于育种实施和推广，参照相关规定，建议兔性能测定的程序和技术要求如下。

（1）送测条件与要求

① 送测品种要求：测定站测定品种应为培育品种、遗传资源、引进品种、品系或配套系。通常每个品系应有15个以上家系和150只以上的核心群种兔，每个品种应不少于3个品系，配套系有3个或以上的专门化品系。

② 送测个体要求：a. 送测兔应品种特征明显，来源清楚，有个体识别标记，并附有系谱档案记录，须有2代以上系谱可查，有出生日期、初生重、断奶日龄和断奶重等数据资料。b. 送测兔应生长发育正常，同一批送测兔出生日期应尽量接近，前后不超过7天。c. 提供测定兔的兔场，必须在近两年内没有发生过重大传染性疾病，送测个体运送测定站之前必须进行常规免疫注射。运输车辆必须洗净、彻底消毒。d. 送测兔必须持有所在兔场主管兽医签发的健康证书，经中心测定站派出的技术人员核实签字后，方能发往中心测定站。

③ 测定数量要求：a. 种兔繁殖性能测定。随机抽取总数不少于母兔60只，来源于尽量多的家系。b. 商品兔性能测定。随机抽取商品兔不少于120只，公母各半。

（2）测定前的隔离观察与预试 被测定兔送到中心测定站后，应先行隔离观察和预试5～7天，在此期间，饲喂测定前期料，以适应饲养条件与环境条件。同时观察被测兔的健康状况，若有发病应立即治疗，经多次治疗无效，应予以淘汰。若发生烈性传染病，应全群捕杀，损失由送测单位负责。

（3）测定方法

① 测定时间：送测肉兔应于4周龄断奶，经预试到5周龄时转入测定舍进行正式测定，12周龄时结束测定，日龄误差不超过3天。

送测兔应于5周龄断奶，经预试到6周龄时转入测定舍进行正式测定，22周龄时结束测定，日龄误差不超过3天。

送测毛兔到5月龄时剪毛称重，转入测定舍进行正式测定，8月龄时剪毛结束测定，养毛期91天，日龄误差不超过3天。

入测体重和结束体重均应早晨空腹称重。

② 测定性状：a. 肉兔测定。10周龄体重、12周龄体重、5～10周龄日增重和料重比、5～12周龄日增重和料重比、育肥期成活率、宰前活重、胴体重、全净膛屠宰率、净肉率、肉骨比。根据需要可以测定肉色、pH值、失水率、嫩度、熟肉率等肉质指标。b. 毛兔测定。5月龄剪毛后体重、8月龄剪毛前体重、测定期剪毛量、料毛比、产毛率、粗毛率、估测年产毛量，根据需要测定毛长度、细度、强度、伸度、吸湿度等毛品质指标。c. 皮兔测定。13周龄体重、13周龄体长、13周龄胸围、22周龄体重、22周龄体长、22周龄胸围、6～13周龄料重比、6～22周龄料重比、13周龄和22周龄育成率、皮张面积、绒毛长度、枪毛长度、枪毛比例、被毛密度、色型、等级等。

四、记录体系

1. 测定信息的记录

做好性能测定记录是性能测定工作的最后环节，系统规范的记录对于保证测定结果的有效利用有重要意义。

（1）记录内容　要求清楚完整，统一规范，包含育种和生产管理所需要的全部信息，而且简明易懂，易于查询分析。完整的性能测定记录应包括以下几个方面。

① 个体和种群识别信息：如品种品系、来源去向、场名舍号、群组、兔号，以及相应的管理责任人、记录人等。

② 系谱测定信息：如个体的父母号、祖父母和外祖父母号、曾祖代或更高的祖先名号，个体的出生日期、评定等级、各种重要生产和评定记录，各代祖先的生产成绩和评定记录等。

③ 性能测定和生产记录：主要包括繁殖性能测定记录、生长发育测定、肉/毛/皮用性能测定和生产记录。

④ 其他信息：包括饲养管理、防疫接种、疾病、转群淘汰、环境改变等，既要包括系统性的可识别的生产管理信息，也要尽量及时记录一些偶发的对个体或种群有特别影响的因素和事件，以便进行准确全面的性能分析和评定。

（2）记录形式

① 临时性记录和永久性记录：前者是在测定现场对测定结果所做的记录，后者是在前者基础上通过整理形成的，临时性记录需要及时处理转化为永久性记录，以便长期保存和分析利用。

② 纸张记录和无纸记录系统：前者是传统的将测定结果记录在纸上的手工方式，为了规范操作提高效率，应事先设计印制统一的记录表格；后者是随计算机信息技术发展而出现的新的自动记录方式，通常由计算机、电子标签、阅读器和计算机软件组成，可实现记录的自动化。

（3）种兔卡片　种兔卡片是根据育种和生产需要而设计制作的，将系谱信息、性能测定和生产记录等集成在一起的生产管理卡片，主要用于生产现场的种兔测定、成绩登记、信息查询和技术管理。以肉兔为例，种公兔、种母兔生产登记卡和后备兔生长发育测定与选留汇总表的内容和形式见表5-1～表5-3。

2. 测定信息的管理

现代兔育种的重要特点和趋势是育种群规模越来越大，测定产生的信息越来越多，需要长期保存育种测定记录，随着

表 5-1 肉兔种公兔生产登记卡

种公兔生产登记卡

兔号：

舍号：	品系：	来源：	出生日期：	毛色特征：	种兔等级：

父： 父父：
　　　母母：
母： 母父：
　　　母母：

70日龄体重	70日龄体形评分	70日龄鉴定
90日龄体重	90日龄体形评分	90日龄鉴定
120日龄体重	120日龄体形评分	生殖发育鉴定
周岁/成年体重	精液品质评分1	精液品质评分2
备注：		

配种记录

序号	配种日期	与配母兔	公兔性欲	是否妊娠	备注
1					
2					
3					
4					
5					
6					
7					
8					
9					
10					
11					
12					
13					
14					
15					
16					
17					
18					
19					
20					

记录人：

表5-2 肉兔种母兔生产登记卡

种母兔生产登记卡

兔号：

舍号	品系	来源	出生日期	毛色特征	父亲	母亲

序号	配种情况			产仔情况				寄养	21日龄窝重	哺乳情况			备注/防疫
	配种日期	公兔号	备注	产仔日期	产仔数	活仔数	窝重			断奶日期	断奶数	断奶窝重	
1													
2													
3													
4													
5													
6													
7													
8													
9													
10													
11													
12													
13													
14													
15													
16													

表5-3 肉兔后备兔生长发育测定与选留汇总表

后备兔生长发育测定与选留汇总表

兔号	父亲	母亲	出生日期	断奶测定		70日龄/90日龄测定						120日龄/150日龄测定					去向
				断奶日期	断奶体重	测定日期	体重	胸围	体长	体形评分	备注	测定日期	体重	生殖发育	体形评分	备注	
1																	
2																	
3																	
4																	
5																	
6																	
7																	
8																	
9																	
10																	

生产技术发展可能还需要进行跨场、跨区域的品种登记、联合育种和遗传评估，因此测定信息的管理越来越依赖现代信息技术，应用数据库、计算机记录分析软件和计算机网络系统，目前国内外已开始这方面软件的开发应用。在大中型的育种场需要专人负责数据工作，及时完成数据采集、录入、编辑和整理工作，通过报表系统、计算机网络等途径传递到相应的技术、生产和财务管理部门，及时对测定信息进行综合分析，实现科学育种和高效生产管理。

第二节　兔的选种

一、兔的选种要求

1. 肉兔的选种要求

（1）体质外形　整体上看，被选个体应具有该品种或品系特征，体质结实，健康无病，无严重缺陷，体形大小适中，体躯呈圆柱形或方砖形。局部来看，头要求粗短紧凑，眼大有神，胸宽深，背腰宽广平直，臀部宽广，中躯紧凑，后躯丰满，四肢端正，强壮有力。公兔要求雄性特征明显，性格活泼，睾丸发育良好，大小对称；母兔要求中后躯发育好，性情温顺，无恶习，正常乳头4对以上。凡驼背、凹腰、瘦小、尖臀、"八"字腿、牛眼者不宜留作种用。

（2）生长育肥　被选个体要求体重、体长、胸围、腿臀围达到或超过本品种标准。良种肉用兔一般要求75日龄体重达2.5千克，育肥期日增重35克以上，饲料报酬3.5∶1之内。按照品种标准，以下肉用兔各品种体尺、体重的最低要求见表5-4，可作为参考。现代肉兔种群追求更快的早期增重速度、育肥出栏周期和更高的饲料转化效率，通常以群体平均数加上一定的标准差作为选取标准。

表5-4　肉用兔各品种体重、体尺的最低要求

品种	成年兔体长/厘米	成年兔胸围/厘米	4月龄体重/千克	成年兔体重/千克
新西兰白兔	48	34	2.5	4.5
加利福尼亚兔	50	34	2.7	4.5
比利时兔	55	36	3.6	6.0
法国公羊兔	52	34	3.1	5.2
日本大耳白兔	57	37	3.3	5.5
中国白兔	38	24	1.1	2.3
喜马拉雅兔	39	24	1.8	3.1
德国花巨兔	57	36	3.6	6.0

（3）繁殖性能　肉用兔每个基础母兔要求年提供商品兔30只以上，凡在9月至翌年6月连续7次拒配或连续空怀3次者不宜留种；连续4胎产仔不足20只的母兔也不宜留种；泌乳能力差、断奶窝重小、母性差的应予淘汰。公兔要求配种能力强，精液品质好，受胎率高，性欲旺盛。凡隐睾、单睾、阴茎或包皮糜烂，射精量少，精子活力差的公兔不宜留种。

（4）胴体品质　肉兔良种要求屠宰率高、胴体质量好、肉质好。全净膛屠宰率一般要在50%以上，胴体净肉率82%以上，脂肪率低于3%，后腿比例约占胴体的1/3。

2. 毛兔的选种要求

（1）体质外形　毛用种兔要求体形匀称，体质结实，发育良好，四肢强健。头形清秀，双眼灵活有神，耳大，门牙洁白短小，排列整齐，体大颈粗，胸背宽阔，中躯长，臀部宽而丰厚，皮肤薄而致密，骨骼细而结实，肌肉匀称但不发达，绒毛浓密但不缠结，毛品质优良，生长快。参见法系安格拉兔协会的安哥拉兔鉴定标准（表5-5）。种公兔要求性欲旺盛，精液质

量好；种母兔要求乳房发达，乳头4对以上，排列均匀，粗大柔软，后裆宽，性情温顺。凡"八"字腿、牛眼、剪毛后3个月内被毛有结块者不宜留种。

表5-5　法系安格拉兔协会的安哥拉兔鉴定标准

项目	要求	评分
体形外貌	呈圆柱形，双耳直立，耳尖毛丛整齐	10
体重	平均体重不低于3.75千克，理想体重为4.25千克	10
毛品质	根据毛长和枪毛数量予以评定	30
产毛量	另定，根据群体水平和分布特性制订选留标准	40
被毛	全身色、毛同质，毛密	10

（2）产毛性能　被选个体要求剪毛量高，优质毛百分率高，粗毛比例适中，料毛比小，毛的生长速度快。凡年剪毛量低于群体均值或毛品质差者不宜留种。

3. 皮用兔的选种要求

（1）体形外貌　被选个体要求体形大，发育匀称，体质健康结实，头小眼大，耳长中等呈"V"字形，眼球颜色符合本品种特性，后胯丰满，中躯紧凑，四肢强壮，行动灵活，被毛柔软、细致、浓密，富有光泽和弹性，毛面平整，毛色纯，符合品种特征，皮质好，毛长1.3～2.5厘米，针毛全身分布均匀，长度与绒毛相同，公兔要求睾丸匀称，性欲旺盛；母兔要求阴户和乳头发育良好，性功能旺盛。英国、美国、德国曾制订的獭兔体形评分标准如表5-6。

（2）生产性能　要求生长速度快，成年兔体重3.5～4.5千克，体长45～55厘米，胸围28～35厘米。繁殖力强，无遗传缺陷，兔皮质量好。力克斯兔（獭兔）兔皮商业分级标准如下。

特等：绒毛丰厚、平整、细洁、富有弹性，毛色纯正，光泽油润，无突出的针毛，无旋毛，无损伤，板质良好，厚薄适中，全皮面积在1400厘米²以上。

表5-6　3个欧美国家獭兔体形评分标准

国别	品系	毛色	被毛	体形	四肢	眼睛	耳朵	体重	体质	合计
英国	海狸色獭兔	25	40	12	11	7	5	—	—	100
	青紫蓝獭兔	35	30	5	5	5	5	—	15	100
	其他獭兔	25	30	25	5	5	5	5	—	100
美国	海狸色獭兔	20	50	5	—	3	2	10	10	100
	其他獭兔	10	40	35	5	2	3	—	5	100
德国	海狸色獭兔	20	40	20	5	—	—	5	10	100
平均	獭兔	22.5	38.3	17	5	3.7	3.3	3.3	6.7	100

一等：绒毛丰厚、平整、细洁、富有弹性、毛色纯正、光泽油润，无突出的针毛，无旋毛，无损伤，板质良好，厚薄适中，全皮面积在1200厘米²以上。

二等：绒毛较丰厚、平整、细洁、有油性，毛色较纯正，板质和面积与一等皮相同，在次要部位可带少量突出的针毛；或绒毛与板质与一等皮相同，全皮面积在1000厘米²以上；或具有一等皮质量，在次要部位带有小的损伤。

三等：绒毛略稀疏，欠平整，板质面积符合一等皮要求；绒毛与板质符合一等皮要求，全皮面积在800厘米²以上；或绒毛与板质符合一等皮要求，在主要部位带小的损伤；或具有二等皮的质量，在次要部位带小的损伤。

另外，等级规格还规定：等内皮的绒毛长度均应达到1.3～2.5厘米。色型之间无比差。老板皮和不符合等内皮要求的，列为等外皮。

二、兔的选种方法

1. 基本选种方法

选种方法多种多样，不同的性状适用不同的选种方法，用不同的标准和方法则选种效果各异，在实践中要具体情况具体分析，采取适当的选种方法。

（1）性能测定　性能测定也叫成绩测验，是根据个体本身成绩的优劣决定选留与淘汰。

（2）系谱测定　系谱是系统地记载个体及其祖先情况的一种文件。完整的系谱中除了记载种兔的名字、编号外，还应记录种兔的生产成绩、外形评分、发育情况、有无遗传缺陷及鉴定结果。系谱测定多用于幼兔和青年兔选择，此时种兔本身尚缺乏生产记录，因而是早期选种必不可少的手段。系谱测定的可靠性较差，因而通常作为选种的一种辅助手段。

（3）同胞测定　同胞测定是根据其同胞的平均表型值（不包括被选个体本身成绩）来对该个体做出选留或淘汰的决定。同胞测定的优点是不延长世代间隔，又具有较高的准确度，其效果受同胞数量影响，同胞越多，同胞间变异越小，则选种效果越好。

（4）后裔测定　后裔测定是根据后代的品质来鉴定亲代遗传性能的一种选种方法。

（5）合并选择　一个个体数量性状的表型值可以分为两部分：一个是它所有家系的均值；另一个是该个体表型值与家系均值的偏差，不同选种方法对于这两部分的重视程度不同。

2. 选种时间和阶段

（1）毛兔选种

① 第一次选种：一般在仔兔断奶时进行，主要依据断奶体重、同窝仔兔数量及发育均匀度等情况，结合系谱信息进行选种。第一次选种要适当多选多留。

② 第二次选种：一般在第一次剪毛（2月龄）时进行，主

要检查头刀毛中有无结块毛，结合体尺、体重评定生长发育状况，有结块毛及生长发育不良者淘汰或转群。

③ 第三次选种：一般在第二次剪毛（4.5～5月龄）时进行，主要根据剪毛情况进行产毛性能初选。二刀毛与年产毛量为中等正相关。

④ 第四次选种：一般在第三次剪毛（7～8月龄）时进行，主要根据产毛性能、生长发育和外貌鉴定进行复选。该次选种是毛兔选种的关键一次，选择强度较大，选中者用作种兔参加繁殖。三刀毛与年产毛量通常呈较高的正相关。

⑤ 第五次选种：一般在1岁以后进行。主要根据繁殖性能和产毛性能进行选择。注意母兔的初产成绩不宜作为选种依据，通常以2～3胎的受胎率和产仔哺育情况评定其繁殖性能。繁殖性能差、有恶癖及产毛性能不高者应予淘汰。

⑥ 第六次选种：当种兔的后代已有生产记录时，就可根据后代的生产性能对种兔的遗传品质进行鉴定，即后裔测定，根据种兔的综合育种价值进行终选。

在实际选种中可以灵活地确定选种时间和次数，一般宜以断奶、三刀毛和后裔测定作为选种的关键阶段。

（2）肉兔选种

① 断奶阶段：生产上一般采取28～42日龄断奶，育种兔群以35日龄断奶居多。主要采取家系与个体合并选择。结合系谱信息在产仔多、断奶个体数多、窝重大的窝中挑选发育良好的公母兔。要求：a. 健壮活泼，断奶体重大；b. 无"八"字腿等遗传缺陷；c. 毛色和体形符合品系要求。入选的种兔要参加性能测定。

② 70～90日龄阶段：主要选择其早期育肥能力强的，主要应用选择指数选择，并注意结合体形外貌和同胞成绩。如强调产肉性能的选择指数可由70日龄体重、70日龄腿臀围、35～70日龄料重比三项或前两项构成；兼顾繁殖性能的选择指数可由所在家系产仔数、断奶体重、70日龄体重三者构建。

③ 120～150日龄阶段：初配前选择。结合品系的选育目标和体尺、体重、体形外貌进行选择，符合品系要求，并具有典型的肉用兔体形。公兔雄性特征明显，性欲旺盛，精液品质优良；母兔性情温顺，乳头及外阴发育良好，无恶癖，后躯丰满。

（3）獭兔选种

① 第一次选种：一般在断奶时进行，主要以系谱成绩和断奶体重作为选择依据，此外应配合同窝仔兔的发育均匀度进行选择，将断奶仔兔分作育种群和生产群。

② 第二次选种：一般在3月龄进行，选择重点是生长速度和被毛品质，可由3月龄体重和外貌（被毛品质）评分构建选择指数。将体形大、毛质品质好、抗病力强、生殖系统无异常的个体留作种用，淘汰体小、体弱的个体。

③ 第三次选种：一般在5～6月龄进行，这是獭兔一生中毛质、毛色表现最充分、最标准的时期，也是种兔初配和商品兔取皮的时期。以生产性能和外形鉴定为主，合格的进入后备种兔群，不合格的作商品兔取皮，对公兔进行性欲和精液品质检查，对母兔进行发情、生殖器官检查，不合要求的不作种用。

④ 第四次选种：一般在1岁左右进行，主要鉴定种兔的繁殖性能，淘汰屡配不孕、繁殖性能不良的母兔及性欲、精液品质低下、配种能力不强的公兔。

⑤ 第五次选种：即进行后裔测定，把优秀种兔列入核心群，一般者为繁殖兔群。

三、选择指数的设计

应用选择指数法选种是兔育种实践中最常用的手段，这一工作包括，首先根据生产和市场需求的调查分析，结合育种规划研究制订选育目标，根据选育目标要求和群体遗传特点设计制订相应种群的选择指数，通过性能测定获得育种群各项生产性能成绩，代入计算相应的指数值，根据指数高低进行选种。

下面以某肉兔专门化品系选种为例，分析简单选择指数的制订和应用方法，供作参考。

1. 性能测定和留种比例

肉兔的性能测定一般可以分为分娩/出生、21日龄、35日龄、70日龄、90日龄、120日龄、成年共7个阶段（图5-1），分别实施相应的生产记录、体重体尺测定和体形评分，获取系统规范的生产性能成绩。

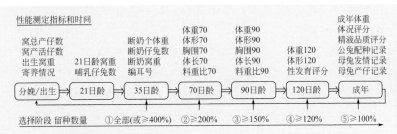

图5-1 肉兔选种性能测定记录和各阶段参考留种比例

测定指标按照性能测定规程进行，评分指标均采用5分制。所有数据应用于指数计算均采取减去群体均值除以标准差的标准化处理，以消除单位和分布不同带来的偏差。

选择分别在35日龄、70日龄、90日龄、120日龄和成年共5个阶段实施，留种数量分别为需要量的400%、200%、150%、120%、100%或略多。

2. 各阶段的选择指数

（1）断奶时的选择指数 断奶时后备兔的选择应主要依据系谱信息、父母的生长繁殖成绩、个体的断奶体重和所在窝的断奶窝重，此处设定父母成绩和子代成绩同等重要，在构建指数时权重各占50%，其中生长指数使用70日龄选择指数，亲代的繁殖和生长性能用综合指数表示。

（2）70日龄/90日龄后备兔的选择指数 70日龄/90日龄是肉兔选择的关键阶段，选择重点在于早期增重能力和饲料转化效率。

（3）120日龄后备兔的选择指数 多数品种肉兔在120～150日龄发育成熟，因此常在120～150日龄阶段进行最后一次后备种兔选择，选中的个体进入繁殖群，这个阶段我们除了关心肉兔的体重与体形之外，还需要鉴定选择公母兔外生殖器官的发育以确定它是否有正常的繁殖能力。

（4）成年繁殖阶段兔的选择指数 多数的育种者往往只是重视后备兔阶段的选择，入选种兔一旦用于繁殖就不再继续对它进行主动考评和选择。

第三节 兔的选配

兔的育种和生产实践证明，后代的优劣不仅取决于交配双方的遗传品质，还取决于双亲基因型间的遗传亲和，也就是说，要获得理想的后代，不仅要选择好种兔，还要选择好种兔间的配对方式。选配就是有目的、有计划地组织公母兔的交配。

一、选配的方式和效应

根据选配的作用对象，可分为种群选配和个体选配。种群选配包括纯种繁育和杂交繁育，将在后面结合繁育方面叙述；个体选配分表型选配和亲缘选配两类。

1. 表型选配

表型选配又称品质选配，它是根据交配双方的体形外貌、生产性能等表型品质对比进行的选配方式，它分为以下两种情况。

（1）同型选配 又称同质选配，是指将性状相同、性能表现一致或育种值相似的优秀公母兔交配，以期获得与其父母相似的优秀后代。

（2）异型选配 又称异质选配，是指交配双方表型品质不相似的选配方式，分两种情况：一种是互补型，即将具有不同优异性状的公母兔配对，以期获得兼备双亲优点的效果；另一种是改良型，即将同一性状而优劣程度不同的公母兔交配，使后代在此性状上有较大的改进和提高。

2. 亲缘选配

亲缘选配是根据交配双方亲缘关系的远近而决定的选配方式，若交配的公母兔有较近的亲缘关系，它们在共同祖先的总代数小于6，所生子女的近交系数大于0.78%称为近交；反之，交配双方无密切亲缘关系，6代以内找不到共同祖先的，称为远交。

（1）近交的效应　近交的效应包括表型效应和遗传效应。表型效应表现在兔的质量性状（如体形外貌）上，能够增加其表型的一致性；表现在数量性状上，主要使生产性能下降，出现近交衰退现象。近交的表型效应是由遗传效应造成的，遗传效应主要是近交使基因纯合的机会增加，这在育种上有很大的用途。

近交衰退现象是指由于近交而使兔的繁殖力、生活力以及生产性能降低，随着近交程度的加深，几乎所有性状均发生不同程度的衰退。近交后代中不同性状的衰退程度是不同的，低遗传力性状衰退明显，如繁殖力各性状，出现产仔数减少、畸形、弱仔增多和生活力下降等现象；遗传力较高的性状如体形外貌、胴体品质则很少发生衰退。另外，不同的近交方式、不同种群、个体间以及不同的环境条件下，近交衰退程度都有差别。

（2）近交衰退的预防　主要应注意以下几点。

① 搞好选配：这是预防近交的主要手段。在做好群体血统分析的基础上细致选配，尽量避免高度的近交，对中亲以内的近交要谨慎采用，以避免造成近交累积。

② 搞好血缘更新：一个群体繁育若干代后，个体间难免有程度不同的亲缘关系，很容易造成近交，此时要及时引入具备原群优点但无亲缘关系的优秀种公兔或精液，以进行血统更新。通常的做法"异地选公、本地选母""三年一换种（公）"就是这个道理。

③ 正确运用近交：当有必要采用近交时，近交程度、形式和速度都将是微妙的问题，需要适度、灵活、合理运用近交，将近交的作用充分发挥出来而将衰退降到较低程度。

④ 严格淘汰：严格淘汰是运用近交中公认的必须坚决遵循的一条原则。事前要严格选种，仅选用最优秀的公母兔近交，事后应严格淘汰出现衰退的个体，通过严格淘汰清除群体中近交暴露出的不良基因，才能使近交获得成功。

⑤ 加强饲养管理：近交后代通常生活力较差，对环境条件比较敏感，良好的饲养管理能够有效地缓解和防止近交衰退的发生，否则会使近交衰退变得更加严重。

（3）近交的育种作用　尽管近交在表型上导致近交衰退，但其基本遗传效应是使基因纯合，这在育种上又有特殊的价值，应辩证地看待。近交的利弊，并不全在近交本身，关键是如何正确运用。近交的育种作用归纳起来有以下几个方面。

① 固定优良性状：近交的基本遗传效应是使基因纯合，因而可以用来固定优良性状。

② 揭露有害基因：大多数有害性状的基因是隐性的，多呈杂合状态而隐蔽不显，但一旦纯合便造成生产中的损失，近交使有害基因纯合而暴露出来，可供选种时淘汰，因而近交常作为测交的主要方式。

③ 保持优异血统：任何优异个性，无论它的基因纯合程度多么高，如果不能选配与之具备同样优点的配偶，它的优异血统都可能随着世代的进展而逐渐冲淡乃至消失。

④ 促进兔群同质：近交使基因纯合的同时，使群体基因型分化。

（4）近交的运用

① 近交的应用范围：近交通常是作为一种特殊的育种手段来应用的，主要在新品种、品系培育过程中应用近交来加快理想个体的遗传稳定速度，建立品系、杂交亲本的提纯、不良个体和不良基因的甄别和淘汰等。

②控制近交程度和速度：连续的高度近交显然有利于加快基因纯合，但有大幅度衰退的风险，而轻缓的近交收效较小，只有适度才能尽利避害。在育种实践中要具体分析，分别确定。

二、选配方案的制订与实施

1. 选配前的准备工作

包括明确选配的目标，分析群体的结构、生产水平和遗传水平、需要保持的优点和需要改进提高之处，对兔群进行整体鉴定。

2. 分析交配双方的优缺点

将待配母兔列表，包括兔号、需要保留的优点、需要改进提高的性状、要克服的缺点逐一列出，以便根据这些优缺点选配最适当的公兔。

3. 绘制群体系谱

使整个兔群的亲缘关系一目了然，以便分析个体间的亲缘关系，避免盲目的近交，同时了解整个兔群的遗传结构和各个家系的发展状况。

4. 分析不同品系、个体间的亲和力

根据以往选配结果结合群体系谱，可以分析比较不同品系、家系和个体间的选配效果，优化设计配种方案。

5. 编制配种方案

对核心群的种兔或特点突出的种兔一般进行个体选配，为其选择最适当的配偶；对繁殖群和一般种兔可以实施群体选配，按等级类型选择相应的公兔进行随机交配，既要充分利用优秀种兔，又要合理安排种公兔的配种频率，避免受胎率下降。配种方案一般以表格形式列出，表格内容包括：母兔号、品质等级、选配目的、拟配公兔号、品质等级、与母兔亲缘关系、候补公兔号、配种时间、妊检时间、预产期等（表5-7）。

表 5-7　种兔配种方案

配种母兔		配种公兔				选配目的	配种时间	妊检时间	预产期
母兔号	品质等级	拟配公兔号	品质等级	与母兔亲缘关系	候补公兔号				

第四节　兔品系的培育

一、兔育种的方向和目标

1. 毛兔育种

目前主要是以选育高产品系为主，以后可注意开展品系间杂交，以充分利用杂种优势。从产量上看，良种毛兔的年产毛量已达到1.5千克，优秀群体已达2.0千克以上，产毛率已达30%左右，山东省赛兔会获奖个体73天养毛期单次剪毛量已超过1.0千克，这表明我国长毛兔产毛量已居国际先进水平。从体形上看，不少地区毛兔向大型化方向发展，成年兔体重已达5千克左右，已可以满足毛兔生产要求。从被毛品质上由过去的全部为细毛型向粗毛型占较大比例发展。结合以上情况，我国毛兔的育种方向应为：①继续提高产毛性能，使群体年产毛量普遍达到2.0千克以上，追求高产更高产；②协调好产毛性能与其他性状的关系，尤其是较好的体质和繁殖力是生产的基础，应予重视并注意选育提高；③注意毛兔生产的效率特征，由大体形高产毛量的个体高产模式向体形适中、高产毛率、性能均衡的群体高效模式转变；④产品类型上，应根据毛纺业和消费市场要求，培育细毛型、半粗毛型、粗毛型等专用型毛兔新品系，不能盲目追求高粗毛率以及全面粗毛化。

2. 肉兔育种

以培育肉兔品种、实行品种间杂交为目前的主要形式，今后应向培育专门化肉兔品系、建立配套杂交繁育体系方向发展。体形上，应由过去偏爱大型兔向以生产效率较高的中型兔方向发展，或因地制宜，大、中、小型并举。从生产性能方面，主要提高其早期增重速度，使其育肥期日增重达到35克以上或40克以上；提高饲料利用效率，达到育肥期料重比3.0以内；提高母兔繁殖能力和幼兔成活率，使每胎提供商品兔8只以上，每只繁殖母兔年提供商品兔50只以上，同时要求肉兔生活力强、屠宰率高、后腿比例大、肉质好。可分专门化父系和专门化母系两类进行选择：父系应突出选择育肥性能和胴体品质，以中型或大中型兔较适宜；母系应突出产仔哺育能力，要求在繁殖性能、屠体品质、适应性和育肥性能方面的平衡协调，以中型或中小型兔较适宜。

3. 皮用兔育种

主要以纯繁和有针对的经济杂交形式进行繁育和兔皮生产，因而育种方向是选育色型美观、皮张价值大的品种或品系，由单一的短密平齐为特征的短毛类型獭兔，向毛长适中、密平健齐、多种毛长的獭兔方向发展；皮张的质量和等级是皮兔选育的首要性状；其次要有较快的早期增重能力、好的饲料转化能力、繁殖力和生活力。从生产角度看，皮兔实质是皮肉兼用兔，它生产皮、肉两种产品，皮用兔育种应在保证皮张品质的前提下参照肉兔育种模式。

二、兔品系的培育

1. 品系培育方法

兔品系的培育方法主要有系祖建系法、近交建系法和群体继代选育法三种。

（1）系祖建系法　该品系培育方法主要是选定系祖后以系祖为中心繁殖亲缘群，经过连续几代繁育，形成与系祖有血统联系、性能与系祖相似的高产品系群。这一建系方法相对简单快捷，比较适合育种爱好者进行小群体的兔育种，例如我国的长毛兔育种实践中，有许多优秀兔群就是群众育种者通过系祖建系法培育的。这一方法的要点是，首先发现或引进1只或少数几只卓越种兔，把它们作为系祖，然后围绕它们进行针对性的选种选配，最终育成高产品系。但是这种方法育成的品系，遗传基础较狭窄，群体规模和持续时间有限，通常不能满足现代大规模商业生产要求。

（2）近交建系法　该品系培育方法主要是利用高度近交包括亲子和同胞交配，使优良基因迅速纯合扩大，形成近交系数在37.5%以上的性能优良一致的品系群。这一方法由于近交建系过程中容易带来近交衰退，需要大量的淘汰，育种成本高、风险大，而且往往导致所建立品系的繁殖力和生活力较低，在育种实践中已使用不多。但是近交建系形成的品系遗传纯度大，在杂交利用中可以获得明显的杂种优势，而且可以保障后代较高的整齐度，因此可以借鉴该方法，在商业育种中把专门化父系培育为近交系或准近交系。另外近交建系是培育实验动物品系的常用方法。

（3）群体继代选育法　群体继代选育又称为世代选育，在现代育种实践中最常用，其原理是先选集多个血统的优秀公母兔组建基础群，然后封闭起来在群体内按照生产性能、体形外貌、血统来源进行选种选配，以培育出符合品系标准、遗传稳定、整齐度好的种兔群。

2. 配套系的生产特点和育种

配套系是指由多个专门化品系按照特定杂交生产模式组成的繁育体系。它是养兔业在集约化进程中借鉴玉米、家禽、肉猪业的成功经验而采取的育种措施，其最大特点是育种效率和生产性能高，能够充分利用杂种优势，适应多变的市场需求，便于育种公司控制种源。配套系育种追求生产效率和商业利益的最大化，是商业育种的产物，近年来特别在肉兔育种中成为主要发展方向。

（1）配套系的生产特点　配套系育种和生产的特点是按照统一的育种计划进行科学的分工，采用分化选择的方法建立品系，并将它们配置在完整繁育体系内的专门阶层，承担专门的任务，发挥各自的特长，使育种改良和杂交制种构成一个分工协作、密切配合、严格有序的统一过程。按照育种目标进行分化选择具备某方面突出优点、配置在完整繁育体系内不同阶层的指定位置、承担专门任务的品系称为专门化品系，以区别于近交系和所谓的"全能系"。由专门化品系配套繁育生产的系间杂种后裔称为杂优兔，以区别于一般品种间杂交的杂种兔。

（2）配套系的育种　配套系育种过程可以分为规划确定配套系育种目标、多个专门化品系选育、配合力测定筛选最佳繁育模式、配套繁育体系建立与推广等阶段，其中专门化品系选育是配套系育种的核心。

第五节　兔良种繁育体系

建立健全良种繁育体系是现代兔育种生产的客观要求和组织保证，良种繁育体系的核心作用是实现育种、扩繁和生产的合理分工，通过良种扩繁手段将育种群的遗传优势高效率地传递到生产群，从而取得高的育种收益和生产效益。

一、纯种繁育体系

纯种繁育体系主要适用于长毛兔、皮用兔和肉兔纯种的繁育，其一般结构包括以遗传改良为核心的育种场（群），以良种扩繁为中介的繁殖场（群）和以商品生产为基础的生产场（群）。一个三层次的纯种繁育体系如图5-2的金字塔形。

1. 育种群

育种群（场）处于繁育体系的最高层，主要进行纯种（系）

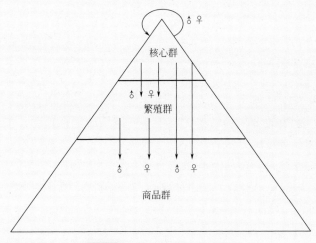

图5-2　纯种繁育体系示意图

的选育提高和新品系的培育，其纯繁的后代除部分选留更新纯种（系）外，主要向繁殖群（场）提供优良种源，用于扩繁生产，并可按繁育体系的需要直接向生产群提供商品生产所需的种兔。因此，育种群（场）是整个繁育体系的关键，起核心作用，故又称为核心场（群）。

2. 繁殖群

繁殖群（场）处于繁育体系的第二层，主要进行来自核心场（群）种兔的扩繁，特别是纯种母兔的扩繁，为商品群（场）提供纯种（系）后备母兔，同时提供相应的种公兔，保证一定规模商品兔的生产需要。

3. 商品群（场）

商品场（群）处于繁育体系的底层，主要进行优质商品兔生产，保证商品群的数量和质量，为人们提供最终的优质兔产品。育种核心群选育的成果经过繁殖群到商品群才能表现出来。商品场的生产水平取决于育种场的选育水平。三者是一个有机联系、相互依赖、相互促进的统一整体，在实践中需要平衡三者的利益关系，以加强育种场建设提高核心群的选育质量为基础，同时搞好繁殖场和扩繁群的管理，保障商品生产群的遗传品质。

二、杂交繁育体系

杂交繁育体系主要适用于肉兔生产，同样是由育种、扩繁和生产组成的金字塔结构。位于金字塔顶的是育种群，主要选育措施都在这部分进行，其工作成效决定了整个系统的遗传进展和经济效益。在这里同时进行多个专门化品系/纯系的选育，经配合力测定选出生产性能最好的杂交组合，纯系配套进入扩繁阶段推广应用。

纯系以固定的配套组合形成曾祖代（GGP）、祖代（GP）和父母代（PS），最后经过父母代杂交产生商品代（CS），在纯系内获得的遗传进展依次传递下来，最终体现在商品代，并通过系间杂种优势利用，使商品代获得很高的生产性能。通过逐级扩繁，很小的育种群可以形成很大的商品代群体。商品代是整个繁育体系的终点，不再作为种用。

杂交繁育体系根据参与杂交配套的纯系数目分为二系配套、三系配套、四系配套，五系以上配套没有多少生产实用价值。

1. 二系配套

二系配套是最简单的杂交繁育体系，好处是育种群到商品代的距离短，遗传进展传递快，杂种整齐。不利之处是不能在父母代利用杂种优势来提高繁殖性能，而且扩繁层次少，制种效率低，供种量少，对育种公司不利，因此商业配套系很少采用二系配套杂交（图5-3）。

2. 三系配套

三系配套是比较实用的杂交繁育模式，三系配套体系中父母代的母本是二元杂种，可以获得繁殖性能的杂种优势，再与父系杂交在商

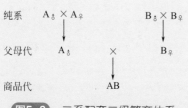

图5-3　二系配套二级繁育体系

品代产生杂种优势。母本通过祖代和父母代两级扩繁，供种量大幅增加，父本由于用量少，虽然只有一级扩繁通常也能满足要求（图5-4）。

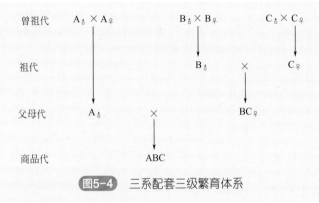

图5-4 三系配套三级繁育体系

3. 四系配套

四系配套是比较完善的杂交繁育模式，四系配套系的主要优点是父母代的公母兔都是二元杂种，可以充分利用父母代繁殖性能的杂种优势，从商品代生产性能方面来看，四系杂种一般并不优于三系杂种和两系杂种。但从育种公司的商业角度来看，采用四系配套有利于控制种源，保持供种的连续性。实际上有不少四系配套系，两个父系非常近似甚至是同一个纯系，实质为三系配套系（图5-5）。

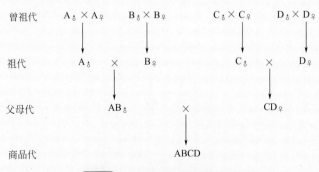

图5-5 四系配套三级繁育体系

三、繁育体系设计

繁育体系设计的目的是合理确定的兔群结构，主要是指繁育体系各层次中种兔的数量，特别是种母兔的规模，以便确定相应的种公兔的规模以及最终能生产出的商品兔的规模，合理分配安排相应的笼位，组织繁育计划的实施。对此，要确定生产商品兔的最佳繁育方案，如采用纯繁还是二系、三系或四系配套杂交方法，这需根据已有的品种资源，不同繁育模式的生产性能、兔舍设备条件以及市场需求等来综合分析判断。一个有效的判定方式是看哪种繁育方案的经济效益最佳。

第六章

兔的科学繁殖

兔的繁殖是通过公、母兔交配后两性细胞结合的受精作用而进行的。公、母兔的繁殖性能有很大不同，如公兔常年可交配，母兔四季常发情，这与它们不同的生殖器官及其功能有很大关系。

第一节　兔的人工授精

兔的人工授精技术的优越性在于：①最大限度地提高良种公兔的繁殖效能和种用价值。本交时射1次精只能配1只母兔，人工授精时射1次精可配6～8只母兔。②加快品种改良速度，促进育种进程。由于人工授精可极大地提高种公兔的配种能力，短时间内迅速扩大含有种公兔优秀遗传基因的后代数量，因此促进了品种改良的步伐。③减少种公兔的饲养量。公兔配种效率提高了，自然不需要饲养那么多的种公兔，从而降低了种公兔的饲养成本，可选择最好的种公兔使用。④由于人工授精需要预先检查精液的品质，保证了最低活精子数，加之输精于阴道深部、子宫颈附近，注意消毒，减少了交配时造成的各种污染，因此可以提高受胎率和产仔数。⑤避免疾病传染，特别是对于患生殖道疾病的兔子往往于交配过程发生相互传染，人工授精避免了公母兔的接触，因此也减少了这种传染的机会。⑥人工授精是更进一步的人工控制繁殖，对兔繁殖性能的研究更加有利。⑦兔人工授精设备简单，操作方便，适于推广。

兔人工授精的基本技术环节包括采精前的准备、精液品质检查、精液稀释和输精等。

一、采精前的准备

1.器械清洗、消毒

要求人工授精所用器械（如假阴道、输精管、集精杯）均无菌。每次使用后必须洗刷干净。可用洗衣粉或2%～3%碳酸氢钠清洗，但每次洗后要用清水冲干净，然后消毒。一般情况下，玻璃器械可用高压蒸汽消毒或干烤消毒；橡胶制品用75%酒精棉球擦拭，或煮沸消毒；金属器械用新洁尔灭浸泡消毒，而毛巾、棉花等常用高压蒸汽消毒。

2.假阴道的安装（图6-1）

采精前假阴道的各部件均需检查破损情况，并严格消毒（图6-2）。安装好以后，先用70%酒精擦内胎、集精管，然后

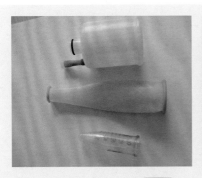

图6-1　假阴道的安装

图6-2　假阴道的清洗与消毒

再用生理盐水冲洗2～3遍，再从小孔灌进50～55℃的热水15～20毫升，使胎内温度达40～42℃便可采精。

3. 采精方法

台兔用普通发情母兔即可，公兔稍经训练便可用假阴道采精（图6-3）。训练时须注意预先将公、母兔隔离，并先用母兔调情，具体采精方法与其他家畜相同。采精时，一手抓住母兔双耳和颈部皮毛，保定母兔，另一手持假阴道伸入母兔腹下，假阴道开口端紧贴于兔阴户，

图6-3　采精

使假阴道与水平呈30°角，当公兔爬在母兔背上时，采精者及时调整假阴道的角度，使公兔阴茎顺利进入假阴道，当公兔臀部猛地向前一挺瞬间，立即发出"咕咕"的叫声，表明已经射精，射精后将假阴道缩回并使开口端向上，防止精液倒流，然后放掉假阴道内气和水，取下集精管送人工授精室检验。采精后将用具及时清洗，撒滑石粉，干燥储藏。

二、精液品质检查

1. 射精量

指一次射出的精液数量（以毫升表示），可用带刻度的小注射器或吸管测量，兔射精量通常为0.5 ～ 2.0毫升。

2. 颜色和气味

兔精液一般呈乳白色，混浊而不透明，精子密度越大，颜色越白，精液颜色发红或发黄，发绿均不正常，兔精液嗅之略带腥味，无臭。

3. pH值

正常兔精液接近中性，pH值为6.8 ～ 7.5。

4. 精子活力

精子活力强弱是评定精液品质好坏的重要指标，指精液中呈直线前进运动的精子占总精子数的百分率。正常精子呈直线运动，凡呈绕圆周运动、原地摆动或倒退等都不是正常运动。常用十进制评定法评定精子活力，即1.0、0.9、0.8、0.7……，以此类推为10个等级，若无前进运动精子，则以"0"表示。

精子活力检查时取一干燥、清洁载玻片，用消毒玻棒蘸取精液少许，滴于玻片上，加盖玻片后，显微镜下放大200 ～ 400倍观察，然后以十进制进行评定。精子活力受测试温度影响很大，温度过高，精子运动加快，代谢加强，很快死亡；温度过低，精子受冷刺激也会死亡，所以检查精子活力必须在37 ～ 38℃环境条件下，一般要求每个样品看三个视野，求其平均数（图6-4）。

5. 精子密度检查

指每毫升精液中所含精子数。精子密度是稀释的依

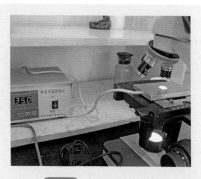

图6-4　精子活力检查

据，越密精液越好，主要有估测法和计数法两种。估测法是直接于显微镜下观察精子稠密程度，分为密、中、稀三个等级，如果精子之间距离几乎看不出来，这种精液浓度每毫升中有10亿以上的精子，定为"密"；如果精子之间的距离约为1个精子的长度，则每毫升精液有5亿～10亿个精子，定为"中"；精子间距离超过2个以上精子长度，每毫升精子数在5亿以下，定为"稀"。

计数法通常采用血细胞计数器来计算精子数，这种方法相对较为准确，具体计数方法可参照血细胞计数测定法。

6. 精子畸形率检查

形态和结构不正常的精子通称为畸形精子。精子畸形率即畸形精子占精子总数的百分率。正常精液中不可能没有畸形精子，但一般不会超过10%～20%。畸形精子主要表现为头部畸形，如头部巨大、瘦小、细长和轮廓不明显；颈部畸形，如颈部膨大、纤细、屈折等；中段畸形，如中段膨大、纤细、弯曲等；主段畸形，如主段弯曲、屈折、短小、缺陷等。检查方法：做一精液抹片，自然干燥后，用10%台盼兰或5%伊红溶液染色3～5分钟，再用清水轻轻冲洗并晾干，置于400～600倍显微镜下，随机数出不同视野200个精子中的畸形精子数。

7. 精子顶体异常率

精子顶体异常率是指精液中顶体异常的精子占精子总数的百分率。正常精子顶体内含有多种与受精有关的酶类，在受精过程中起着重要的作用，当精子顶体异常率显著增加时会直接影响受胎率。精子顶体异常一般表现为顶体膨胀、顶体缺损、顶体部分脱落、顶体完全脱落等。顶体异常发生的原因可能与精子生成过程和副性腺分泌物异常有关，也与精子在体外保存不当有关。

检查方法：将精液样本制成抹片，自然干燥后在固定液中固定片刻，水洗后使用姬姆萨染液染色90～120分钟，再经水洗、干燥后用树脂封装，置于高倍显微镜或相差显微镜下观察

图6-5 精液的稀释

200个以上精子，计算出顶体异常率。

三、精液稀释

是指在精液里添加一定量的，按特定配方配制的，适宜精子存活并保持受精能力的液体。其目的是为了扩大精液容量、延长精子寿命（图6-5）。

1.稀释液的配方

（1）常用兔精液液态保存稀释液配方（表6-1）

表6-1　常用兔精液液态保存稀释液配方

精液类型	成分	葡萄糖-柠檬酸钠液	葡萄糖-卵黄液	牛奶液	蔗糖液	葡萄糖-柠檬酸钠-卵黄液	生理盐水
基础液	二水柠檬酸钠/克	0.5				0.5	
	葡萄糖/克	5	7			5	
	牛奶/毫升			100			
	蔗糖/克				11		
	氯化钠/克						0.9
	蒸馏水/毫升	100	100		100	100	100
稀释液	基础液（容量）/%	100	99	100	100	95	100
	卵黄（容量）/%	10	1	10	10	5	10
	青霉素/万单位	10	10	10	10	10	10
	链霉素/万单位		10			10	

（2）冷冻保存稀释液　适用于精液超低温冷冻保存，具有含甘油、二甲基亚砜（DMSO）等为主体的抗冻特点。

彩色图解科学养兔技术

配方1：每100毫升稀释液中，磷酸缓冲液（0.025摩尔/升，pH值7.0）79毫升，葡萄糖5.76克，Tris0.48克，柠檬酸0.25克，甘油2.0克，DMSO4.0克，卵黄15毫升，青霉素、链霉素各10万单位，制成混合液浓度为1.227摩尔/升，pH值6.95～7.1。

配方2：二水柠檬酸钠1.74克，氨基乙酸0.5克，卵黄30毫升，甘油6毫升，DMSO 4毫升，青霉素、链霉素各10万单位，加蒸馏水至100毫升。

配方3：Tris 3.028克，葡萄糖1.250克，柠檬酸1.675克，DMSO 5毫升，蒸馏水加至100毫升，配成基础液，再取基础液79毫升，再加卵黄20毫升，甘油1毫升，青霉素、链霉素各10万单位。

2. 精液保存

是指精液经过稀释处理后，存放在特定环境中，保存一定时间后为母兔输精，仍能保持正常的受胎率。

（1）常温保存 适宜温度15～25℃，为提高常温稀释液的保存效果，应尽可能在15～25℃的允许温度范围内降低保存温度和设法保持温度恒定，以及隔绝空气造成的缺氧环境。为延长精子寿命，常在精液中加入少量甘油，甘油还具有防止精液冻结的作用，降低保存温度时，应注意降温的速度，一般以每分钟降低1℃为宜。

（2）低温保存 将稀释后的精液置于0～5℃的低温条件下保存。低温保存稀释液具有含卵黄或奶液为主体的抗冷休克的特点。在这种低温条件下，精子运动完全消失而处于一种休眠状态，代谢降低到极低水平，而且混入精液中的微生物的滋生与危害也受到限制，故其精子的保存时间一般较长。在整个保存期间，应尽量维持温度的恒定，防止升温。一般是放在冰箱内或装有冰块的广口瓶中，在南方也有放在自制的旱井中以求达到长期保存的目的。

（3）冷冻保存 利用液氮（-196℃）、干冰（-79℃）作为冷源，将精液经过处理后，保存在超低温下，可以长期保存精液。

四、输精

输精技术直接关系到受胎率的高低，因此输精前必须做好准备工作。

1. 输精器的准备

简易输精器（图6-6）用一种前端延长8～10厘米的2毫升玻璃注射器较好，也可用2毫升的玻璃注射器接一根13～15厘米长的人用导尿管。连续注射器由集精瓶、注射器和隔离套管构成（图6-7）。

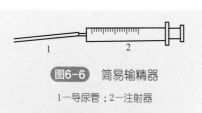

图6-6　简易输精器

1—导尿管；2—注射器

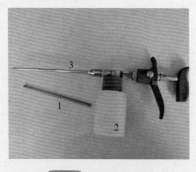

图6-7　连续注射器

1—隔离套管；2—集精瓶；3—注射器

母兔进行人工输精前应先进行人工刺激排卵处理，因为未经公兔爬跨的母兔，即使发情也不排卵，所以输精前必须进行排卵处理。刺激母兔排卵的方法有以下3种。

（1）公兔爬跨　但公兔不能进行本交，做法是把公兔的阴茎用布兜起来，或干脆找一个性欲旺盛的公兔进行输精管结扎，这样用起来就放心多了。

（2）激素刺激　①人绒毛膜促性腺激素耳静脉注射50单位。②促性腺激素释放激素3～4千克体重母兔，每只静脉注射或肌内注射0.2毫升；4～5千克体重母兔，每只注射0.22～0.25毫升。③促排卵素3号，规格为25微克/支，溶解在10毫升生理盐水中，0.2毫升/只，肌内注射（0.5微克/只）。刺激排卵后0～6小时，便可输精。

（3）注射铜盐　母兔静脉注射1%硫酸铜溶液10～15毫升，

也有明显刺激排卵作用。

2. 输精方法

助手的左手固定母兔的两耳及颈皮于平台或平地上，右手食指和中指夹住尾根，同时抓住臀部，并向上稍稍抬起，把肛门和阴门露出来等待输精。输精人员首先将输精器（1～5毫升注射器和人用胶皮导尿管一段）用冲洗液冲洗2～3次后，吸取定量的解冻精液（0.5毫升／支），外面用棉花擦拭；然后用右手拇指、食指、中指固定输精器和胶管。左手用棉花擦拭兔外阴部，并用拇指、食指和中指固定阴门下的联合处，使阴门裂开。此时右手将胶皮管慢慢插入母兔阴道8～13厘米深处，即阴道底部、子宫颈口附近，左手捏住阴门和固定胶管，右手将输精器垂直竖起，迅速注入阴道内。左手继续捏住阴门，右手抽出输精胶管，防止精液外流。这时输精已经完毕，母兔停留片刻，即可放回原笼。

第二节　受精、妊娠及分娩

一、受精过程

卵子在输卵管上1/3处的壶腹部与精子相遇受精为合子，合子形成后立即进行分裂，第一次分裂在交配后21～25小时发生，随后在输卵管内继续卵裂发育到桑葚胚，在输卵管的蠕动及激素的共同作用下早期受精卵到达子宫，并在子宫内附植。

二、母兔的妊娠、妊娠期及妊娠检查

精卵结合形成受精卵后，在母兔子宫内，受精卵逐渐发育成一个胎儿，胎儿发育至产出前所经历的一系列复杂生理过程，称为妊娠。完成这一发育过程的整个时期就叫妊娠期。交配后

72～75小时，胚胎进入子宫，这时胚胎呈游离状态，经1～2周胚胎中的尿囊膜发育，并和绒毛膜愈合为一处，产生许多分支的绒毛，此绒毛突出，与母体子宫壁疏松的特殊组织相连，共同形成胎盘，胎盘形成后，胚胎即完全依靠胎盘吸收母体的养料和氧气，胚胎的代谢产物也通过胎盘传到母体。

母兔交配后是否妊娠可用以下方法检查。

1. 外部观察法

母兔妊娠后，表现为发情周期停止，食欲增强，采食量增加。由于营养改善，毛色润泽光亮，性情温顺，行为谨慎安稳，到一定时期腹围增大。此法妊娠前期较难从肉眼看出，后期才易于辨认。

2. 复配法

母兔配种后1周左右，再把母兔送入公兔笼内，如果母兔已经妊娠，则会拒绝公兔的接近，反之亦然。由于此法在第一次交配后1周再复配，所以应谨防流产。

3. 摸胎法

一般可在配种后第10～12天进行。此法简便易行，准确率高。具体方法是（图6-8）：将母兔放在桌上或平地上，兔头朝向检查者，左手抓住兔颈皮，右手大拇指与四指分开作"八"字形，由前向后沿腹壁后部两旁轻轻探摸，配种后8～10天，可摸到像黄豆粒样的肉球，光滑而有弹性，触摸时滑来滑去，不易捉住；12天左右，胚胎大小状似樱桃；14～15天，胚胎大小状似杏核；15天以后，可摸到好几个连在一起的小肉球；20天之后，可摸到花生角似的长形胎儿，可感触到胎儿的头部，手感较硬，并有胎动的感觉。若

图6-8 摸胎

触摸时发现整个腹部柔软如棉花状，则是没有妊娠的表现。

必须注意的是摸胎检查时，动作要轻，严防挤破胚胎，造成死胎或流产。另外，初学者易把胚胎与粪球相混淆，粪球一般无弹性，表面不光滑，在腹腔占据面积很大，无固定位置，而胚胎的位置则比较固定，用手轻轻按压时，光滑而有弹性。

4. 假孕检查

假孕也称假妊娠，是指母兔交配后或被其他兔子爬跨刺激后排卵而未受精，卵巢形成黄体，母兔表现出妊娠的现象。在这期间配种，一般不易受胎。假妊娠母兔是由于孕酮的不断分泌促使其乳房系统发育，子宫增大，有的可持续至20天左右。母兔临床上表现为临产行为、乳房发育并分泌乳汁，衔草做窝，拉毛营巢。但由于子宫内无胎儿的存在，黄体在子宫分泌的前列腺素的作用下溶解，从而使假妊娠中止，母兔最终因空怀并无小兔产出。为了防止假妊娠现象的发生，配种期可采用重复配种的方法。若早期发现假妊娠，可注射前列腺素消除黄体，使母兔再发情再配种。因此，未孕母兔的复配时间在前一次配种后16～17天为佳，此时受胎率往往很高。

三、母兔分娩

胎儿发育成熟，伴随着胎儿附属物一起由母体内排出体外的生理过程，称为分娩。母兔分娩一般只需20～30分钟，少数需1小时以上。

1. 分娩预兆

母兔分娩前数天通常在外观上表现为乳房肿胀，有的可挤出乳汁，食欲减退，有时绝食；腹部凹陷，尾根和坐骨间韧带松弛；坐卧不安，临产前数小时，拉毛做窝；外阴部肿胀湿润，阴道黏膜潮红充血。肉兔拉毛与泌乳有一定关系，一般拉毛早泌乳也早，拉毛多泌乳也多，因此，对不会拉毛的母兔，需在产前或产后采用人工拉毛。

2. 分娩过程

开始时子宫收缩和阵缩，使母兔精神不安，脚爪刨地，顿足拱背，排出胎水，此时母兔呈犬卧姿势，然后排出仔兔，母兔分娩时一边产仔，一边咬断脐带，同时吃掉胎衣，舔干仔兔身上的血迹和黏液。分娩持续时间约为半小时，也有母兔产出一批仔兔后间隔数小时甚至数十小时再产出第二批仔兔。为加快分娩，将最早产下的仔兔即行哺乳，增加哺乳刺激可引起催产素的进一步释放。

3. 母兔产后护理

母兔在分娩和产后期中，生殖器官发生了很大变化。分娩时子宫颈开张松弛，子宫收缩，在排出胎儿的过程中产道黏膜表层有可能受损伤，分娩后子宫内沉积大量恶露，这些都为病原微生物的侵入和繁衍创造了良好条件，降低了母兔机体的抵抗力，因此对产后的母兔必须加强护理，以使母兔尽快恢复正常。在产后，如发现尾根、外阴周围黏附恶露，要及时清洗和消毒，并防止蚊蝇叮咬。

第七章
兔的营养与饲料

　　和其他家畜相比，兔消化系统的主要特点是相对发达的盲肠和结肠，盲肠中的微生物活性对于消化和营养物质的利用具有重要作用，此外对来自盲肠中软粪的消化行为使兔盲肠中微生物对所有营养成分的消化利用具有重要的意义；另外，兔的采食量高（65～80克/千克体重），还可以迅速地通过消化系统将饲料转化以满足营养需要。

第一节　兔的营养需要

　　兔的营养需要是科学养兔的重要环节，是合理配合兔饲粮的依据。兔在维持生命和生产过程中所需要的营养物质可以分为蛋白质（氨基酸或寡肽）、碳水化合物、脂肪、矿物质、维生素和水等。

一、能量

　　影响兔能量代谢和需要的因素最重要的有体形大小（与品

种、年龄、性别有关）、生命和生产性能（如维持、生长、泌乳、妊娠）、环境（温度、湿度、空气流速）。

国内外都趋向于用消化能表示兔的能量需要和饲料的能量价值。兔能量的利用分为维持和生产两个部分，所以兔的能量需要可表达为：兔每日消化能需要量=维持消化能需要量+生产消化能需要量。

1. 自由采食量和能量采食量

兔的能量需要常以日粮比例形式列出（如以兆焦/千克饲料的形式），还可用饲料采食量或饲料的数量/质量来表示。

兔每日能量消化量基本恒定。自由采食量与代谢体重成比例，生长兔的自由采食量消化能为每天900～1000兆焦/千克代谢体重，每日能量消化量的调节只在日粮消化能高于9～9.5兆焦/千克代谢体重时起作用，在此水平以下，物理性调节为主并且还与肠填充程度有关。繁殖兔的自由采食量研究较少，一些研究证实：在正常值10～10.5兆焦/千克代谢体重以上的每日能量采食中消化能浓度的增加可使泌乳母兔的每日能量采食量增加。

2. 维持能量需要

同其他动物一样，兔用于维持的能量损失（基础代谢、随意活动）与代谢体重和生理状态有关。生长兔维持的消化能需要量（DEm）可从每天381千焦/千克代谢体重（Partridge等，1986）到每天552千焦/千克代谢体重（De Blas等，1995）之间变化。如此大的变化是由于兔品种和测定方法不同造成的（测热法的消化能需要量常比屠宰法所得消化能需要量低）。另一个应该考虑的重要因素是能量平衡时（RE=0）维持能量需要与维持活体重（LWG=0）时能量需要的差异。Parigi-Bini 和 Xiccato 发现，RE=0时消化能需要量为每天425千焦/千克代谢体重，LWG=0时消化能需要量为每天273千焦/千克代谢体重。

对于繁殖兔，试验得出的消化能需要量常不稳定。对于成年兔，消化能需要量为每天326～398千焦/千克代谢体重（Partridge等，1986；Parigi-Bini等，1991）。

对于妊娠母兔，估测的消化能需要量从每天352千焦/千克代谢体重（Partridge等，1986）到每天452千焦/千克代谢体重（Fraga等，1989），而Parigi-Bini等（1991）给出了一个中间值，每天431千焦/千克代谢体重。

对于泌乳母兔，消化能需要量从每天413千焦/千克代谢体重（Partridge等，1986）到每天473千焦/千克代谢体重（Fraga等，1989）之间变化。妊娠母兔和泌乳母兔的消化能需要量较大差别，可归因于这些研究没有考虑到泌乳期的任何体能变化。Parigi-Bini等（1991）证实，初产母兔也总处于能量亏空状态，并动用体成分（蛋白质，特别是脂肪）作为能源来补偿采食能量的不足。后来的研究估测出泌乳母兔消化能需要量为每天432千焦/千克代谢体重，妊娠且泌乳母兔的消化能需要量为每天468千焦/千克代谢体重。Xiccato等（1992）证实，高度频密繁殖的母兔消化能需要量较高（每天470千焦/千克代谢体重）。

Lebas（1989）在综述中建议非繁殖母兔和泌乳母兔的消化能需要量分别为每天400千焦/千克代谢体重和460千焦/千克代谢体重，Xiccato（1996）建议非繁殖母兔的消化能需要量为每天400千焦/千克代谢体重，妊娠母兔或泌乳母兔的消化能需要量为每天430千焦/千克代谢体重，妊娠且泌乳母兔消化能需要量为每天460千焦/千克代谢体重。

3. 生产能量需要

兔生产的能量需要又分为生长能量需要、妊娠和哺乳能量需要、产毛能量需要等。

（1）生长能量需要 当日粮可消化蛋白质与可消化能之比维持不变，且蛋白质所含主要氨基酸平衡时，日粮消化能浓度在10～10.5兆焦/千克时可获得最大平均日增重。低于此浓度，消化能摄入量不足，兔的生长速度变慢，超过12兆焦/千克时，生长速度也下降。兔体组织中有机物质主要是蛋白质和脂肪，所以，生长过程中兔体内能量沉积的主要形式也是蛋白质和脂肪。估测以蛋白质和脂肪沉积的消化能利用效率分别为

0.38～0.44和0.60～0.70，使用析因法及以上所提及的能量利用系数和消化能需要量值，就能估测生长兔的消化能需要。生长过程中饲料消化能用于兔生长的利用效率为0.525（De Blas等，1985）。

（2）妊娠能量需要　妊娠能量需要指胎儿、子宫、胎衣等沉积的能量以及母体本身沉积的能量。妊娠母兔组织消化能的利用效率估计为49%，用于胎儿生长的日粮消化能利用率较低，妊娠未产母兔为31%，泌乳且妊娠母兔为27%。

Parigi-Bini等（1990）用屠宰试验测定了新西兰白兔初产母兔妊娠期间的体内组织成分变化和胎产物中沉积的营养物质。在妊娠的前20天，平均每天沉积蛋白质0.9克，脂肪0.46克，能量37.66千焦；后10天，平均每天沉积蛋白质5.4克，脂肪2.4克，能量213.38千焦。母体全期平均每日沉积蛋白质1.3克，能量66.94千焦。可见，妊娠前期主要是母体增重沉积营养成分，胎产物的沉积量可忽略不计。妊娠后期胎儿发育迅速，营养需要量急剧上升，饲料的供应量已不能满足胎儿的需要，母体动用营养储备以满足胎儿的生长。

（3）哺乳能量需要　哺乳的能量需要指母兔分泌的乳汁所含的能量。哺乳的营养需要量取决于哺乳量的高低和哺乳仔兔的数量，哺乳仔兔越多，母兔的哺乳量相应会提高（Lebas，1988），当然也有一定限度。每日哺乳量乘以乳成分含量即为每日产乳的营养需要量。兔乳含能量大约7.53千焦/克，若每日哺乳量为200克，每日产乳所需能量为7.53千焦/克×200克＝1506千焦。

用于产奶的消化能利用率，Parigi-Bini等（1991，1992）对泌乳非妊娠母兔和泌乳且妊娠母兔的估测值为63%与Lebas（1989）所估测值相符；Partridge等（1986）建议常规日粮的消化能利用率为61%～62%。泌乳母兔和泌乳且妊娠母兔用于产乳的体储存能的利用效率为76%。刘世民等（1989）根据对安哥拉毛兔妊娠期的屠宰试验，计算出消化能用于胎儿生长的利用效率为0.278，用于母体内能量沉积的效率为0.747。与估测生长兔相似，也可计算繁殖母兔的能量需要和体平衡。

现已证实，母兔繁殖力的限制因素是采食量而不是产奶量。许多研究发现，从第一次泌乳到第二次泌乳，母兔饲料采食量增加10%～20%，从第二次到第三次泌乳增加7%～15%，第三次到第四次泌乳增加3%～7%，最后到达一个稳定的水平。

（4）产毛能量需要　据刘世民等（1989）报道，每克兔毛含能量约21.13千焦，消化能用于毛中能量沉积的效率为0.19，所以，每产1克毛需要供应大约111.21千焦的消化能。

二、蛋白质

兔需要的蛋白质因氨基酸组成、蛋白质消化程度和采食量不同而不同，而采食量又取决于日粮中消化能的含量。因此，可消化必需氨基酸水平与日粮中消化能的关系是很重要的。有关日粮可消化蛋白质/消化能的资料很有价值，又因为不同饲料的蛋白质消化率差别很大，所以用可消化蛋白质来表达蛋白质的需要量显然更合适。

1. 蛋白质需要量

（1）蛋白质的维持需要　有关兔维持氨基酸需要量的资料不多，生长兔和母兔粗蛋白质维持需要量分别为2.9克可消化粗蛋白/（千克代谢体重·天）和3.7克可消化粗蛋白质/（千克代谢体重·天）。Greppi（1984）测定了成年新西兰兔的蛋白质维持需要量，认为每天最少摄入1.02克氮，即6.4克粗蛋白质，即可满足成年兔的维持需要。这相当于每千克代谢体重2.5克粗蛋白质；另外的两个试验测出的数值为3.7～3.8克（De Blas，1985；Parigi-Bini，1988）。所以，肉兔蛋白质的维持需要量为每日8～12克粗蛋白质。刘世民等（1990）根据氮平衡结果计算出成年毛兔每日维持粗蛋白质的需要量约为18克，可消化粗蛋白质为12克。

（2）蛋白质的生长需要　根据目前绝大多数试验结果，生长兔（无论是肉兔还是毛兔）饲料中比较适宜的粗蛋白质水平为15%～16%，但同时要求赖氨酸和其他几种必需氨基酸的含量满足要求。低于这个水平，兔的生长潜力便得不到最大限度发挥（表7-1）。

表7-1 饲粮粗蛋白质水平对生长兔增重的影响

饲粮粗蛋白质/%	日增重和最适蛋白质水平	资料来源
16～20	日增重26.7～27.7克，无组间显著差异	Abdella等，1988
14.6～21.3	日增重30.8～41.3克，最适水平17.3%	De Blas等，1980
14.3～21.4	蛋白质含量上升，日增重下降	Carregal等，1980
12.5～19.0	安哥拉幼兔日增重17.6～29.9克，最适水平16%	刘世民等，1989
13～17·	日增重24.3～29.9克，最适水平15%	李宏，1990
12.5～21.0	皮肉兔增重14.5～16.3克，无组间显著差异	丁晓明等，1984
15.2～18.2	生长獭兔日增重19.3～22克，最适水平16.5%	李福昌等，2002
14～22	生长肉兔日增重26.8～34.9克，最适水平16%	李福昌等，2004，2006

（3）产毛兔的蛋白质需要 关于产毛兔蛋白质需要量的资料极少。刘世民等（1989）的测定结果为，每克兔毛中含有0.86克的蛋白质，可消化粗蛋白质用于产毛的效率（产毛的效率=兔毛中蛋白质÷用于产毛的可消化粗蛋白质）约为0.43，即每产1克毛，需要2克的可消化粗蛋白质。

2. 兔日粮的可消化蛋白质/消化能

如果知道兔每天的实际采食量和蛋白质的需要量，就可得出蛋白质在日粮中的含量，用以日粮配合。因为从可消化能的角度来看，兔每天摄入的能量是不变的，所以兔的采食量可以用日粮中的能量水平来预测。因此用可消化蛋白质/消化能来表达蛋白质的需要量是比较合理的。

按照可消化蛋白质/消化能维持需要量接近6.8克/兆焦，表明对蛋白质而言，维持能量需要较高。生长的蛋白质需要较高，幼兔出生后3周内体重增加6倍，在这期间仅靠哺乳来满足自身的需要（乳中蛋白质与能量之比为13～14克/兆焦）。21日龄到断奶期间要逐渐由哺乳饲料向采食饲料转变，然后体重增加的速率会降低（到8周龄时为30～45克/天）。在许多国家，兔体重达2.0～2.5千克时出栏，并且用两种或三种不同的生长饲料，在后期日粮中蛋白质水平应有所下降。

哺乳母兔对蛋白质的需要量比生长兔高。因为考虑到高产母兔在泌乳期间获得高采食量有一定困难，因此可消化蛋白质/消化能比生长兔要高，在11.0～12.5克/兆焦。

3. 氨基酸需要量

在生产中研究较多的是赖氨酸、精氨酸和含硫氨基酸（蛋氨酸和胱氨酸）。对色氨酸和苏氨酸方面的研究工作也有人开始进行。

用肉兔进行的大部分试验表明，生长兔日粮中赖氨酸和含硫氨基酸的最佳水平应为0.60%～0.85%。过量的赖氨酸供应造成的不良影响并不严重，但含硫氨基酸一旦添加过量，很容易引起生产性能下降。我国饲养长毛兔数量很多，生产对添加含硫氨基酸也非常重视，一些试验结果表明，饲粮中高赖氨酸（超过0.7%）对繁殖兔的生产性能并没有改善作用；在低蛋白质含量的饲粮中添加赖氨酸和含硫氨基酸可提高生长兔的生产性能；安哥拉毛兔饲粮中的含硫氨基酸含量不宜超过0.8%。实际上，在我国的饲养条件下，常用饲料配制的毛兔饲粮中的含硫氨基酸含量一般为0.4%～0.5%，为此需要常规性地添加0.2%～0.3%，现已证实了添加含硫氨基酸对提高产毛量的有效性。

现已证实，在兔体内可合成精氨酸，关于精氨酸在生长兔饲粮中的适宜含量，一些试验结果表明，精氨酸含量达0.56%以上，即可获得良好的增重。

三、碳水化合物

饲料中的碳水化合物按营养功能分为两类：一是可被动物肠道分泌的酶水解的碳水化合物（主要是位于植物细胞内的多糖）；二是只能被微生物产生的酶水解的碳水化合物（主要是组成细胞壁的多糖）。前者又可分为单糖和寡糖（在兔饲料中存在的水平低，即小于50克/千克），以及以淀粉为代表的多糖（兔饲料中占100～250克/千克）两大类。

1. 淀粉

和其他家畜一样，淀粉在兔的消化道中也可被完全消化，因此，除在某些特定情况下粪中所含淀粉可达采食量的10%～12%外，一般情况下兔粪中淀粉含量极少。淀粉的消化主要随兔年龄和淀粉来源不同而不同。

2. 纤维

日粮纤维是商品兔饲粮的主要成分，用量为150～500克/千克干物质（表7-2）。

表7-2　生长兔全价日粮中的纤维水平（干物质为基础）

（资料来源：De Blas 和 Julian Wiseman，1998，The Nutrition of The Rabbit，CABI Publishing）

粗纤维/（克/千克）	140～180
酸性洗涤纤维（ADF）/（克/千克）	160～210
中性洗涤纤维（NDF）/（克/千克）	270～420
水不溶性细胞壁（WICW）/（克/千克）	280～470
总日粮纤维（TDF）/（克/千克）	320～510

粗纤维对兔的饲料消化率存在负效应。纤维水平增加时，

饲料消化率会下降，这主要是因为饲料中增加了纤维成分，每增加一单位的粗纤维会导致干物质消化率下降1.2% ～ 1.5%；而中性洗涤纤维水平（包含半纤维素）对干物质消化率仅有稀释效应，每增加10克酸性洗涤纤维可使干物质消化率降低1%。其他的木质化纤维因含有木质素、苯酚化合物（如鞣酸）可降低回肠内蛋白质的利用率。

四、脂肪

1. 兔饲料中的脂肪

兔饲料中通常含有甘油三酯，动物性、植物性脂肪主要含有中链或长链脂肪酸（C14 ～ C20），其中以C16和C18脂肪酸最为常见。兔除少量必需脂肪酸外，对脂肪无特殊需要（Lang，1981；INRA，1989；Lebas，1989），因此在配制兔全价饲料时，常用的原料中所含的脂类可以满足兔的脂肪需要。另外，兔饲养通常基于低能日粮，故日粮中不添加纯脂肪或油，日粮脂肪含量一般不超过30 ～ 35克/千克。兔日粮所含脂肪只有一部分属于真脂肪（甘油三酯），其余为其他化合物，如糖脂、磷脂、蜡、类胡萝卜素、皂角苷等。真脂肪外的脂类消化率、利用率都相当低，因此常不考虑其营养价值。

2. 甘油三酯的消化和利用

甘油三酯在日粮中被兔采食，先被乳化，然后由水解酶水解，最终在小肠内吸收。当饲喂兔固体饲料时，甘油三酯须先经乳化，所以脂肪只在小肠中消化。乳糜中的甘油三酯所酯化的长链脂肪酸作为能源而代谢，或者直接合成脂肪组织（Wood，1990），或者无变化的转移入乳中（Seerley，1984）。因此，日粮脂肪组成极大地影响兔胴体脂肪特性（Raimondi等，1975；Ouhayoun等1986；Cavani等，1996）或乳脂的脂肪酸组成（Fraga等，1989；Christ等，1996；Lebas等，1996）。不被消化的脂肪酸通过肠道最后部分，在盲肠中被盲肠微生物氢化，或者以脂肪酸盐的形式以粪的形式排出体外。盲肠微生物还可重新合成脂肪酸，从而增加短链、中链脂肪酸的比例，降低C18：2和C18：3的水平。

五、矿物质

1. 常量元素

常量元素包括钙、磷、镁、钠、钾、氯、硫等，目前兔日粮中只对钙、磷、钠的需要量做过明确的表述。

根据文献记录和生产经验，全价日粮中钙、磷的营养需要见表7-3。

表7-3　兔对钙、磷的营养需要（基础日粮）

（资料来源：De Blas 和 Julian Wiseman，1998，The Nutrition of The Rabbit，CABI Publishing）

兔的类型	添加类型	钙/（克/千克）	磷/（克/千克）
繁育母兔	建议添加量	12.0	6.0
	商业范围	10.0～15.0	4.5～7.5
育肥兔（1～2月龄）	建议添加量	6.0	4.0
	商业范围	4.0～10.0	3.5～7.0
育肥兔（>2月龄）	建议添加量	4.5	3.2
	商业范围	3.0～8.0	3.0～6.0

目前兔对镁的代谢机理还不清楚，由钙代谢可推测出过量的镁也是由尿排出的。对生长兔来讲，日粮中镁的需要量在0.3～3克/千克。大多数干草料中镁的真消化率和表观消化率都很高，商品兔日粮中镁的添加量还没有确定（表7-4）。

2. 微量元素

微量元素包括铁、铜、锰、锌、硒、碘、钴。兔必需的但生产实际中不能供给的元素是钼、氟、铬。上面提到的所有这些元素一般是通过预混料添加到兔日粮中的（表7-5）。

表 7-4　集约化规模养兔常量元素的添加量

（资料来源：De Blas 和 Julian Wiseman，1998，The Nutrition of The Rabbit，CABI Publishing）

兔的类型	资料来源	钙/（克/千克）	磷/（克/千克）	钠/（克/千克）	氯/（克/千克）	钾/（克/千克）
生长育肥兔	NRC（1977）	4.0	2.2	2.0	3.0	6.0
	AEC（1987）	8.0	5.0	3.0	—	—
	Schlolatr（1987）[a]	10.0	5.0	—	—	10.0
	Lebas（1990）	8.0	5.0	2.0	3.5	6.0
	Burgi（1993）	5.0	3.0	—	—	—
	Mateos 等（1994）	5.5	3.5	2.5	—	—
	Vandelli（1995）	4.0~8.0	3.0~5.0	—	—	—
	Maertens（1996）	8.0	5.0	—	3.0	—
	Xiccato（1996）[b]	8.0~9.0	5.0~6.0	2.0	3.0	—
泌乳母兔	NRC（1977）	7.5	5.0	2.0	3.0	6.0
	AEC（1987）	11.0	8.0	3.0	—	—
	Schlolatr（1987）[a]	10.0	5.0	—	—	10.0
	Lebas（1990）	12.0	7.0	2.0	3.5	9.0
	Mateos 等（1994）	11.5	7.0	—	—	—
	Vandelli（1995）	11~13.5	6.0~8.0	—	—	—
	Maertens（1996）	12.0	5.5	—	3.0	—
	Xiccato（1996）[b]	13~13.5	6.0~6.5	2.5	3.5	—

注：a. 安哥拉兔；b. 青年母兔。

表7-5　兔的微量元素需要量　　　　　单位：毫克/千克

（资料来源：De Blas 和 Julian Wiseman，1998，The Nutrition of The Rabbit，CABI Publishing）

兔的类型	微量元素	NRC（1977）	Schlolaut（1987）[a]	Labas（1990）	Mateos 等（1994）[b]	Xiccato（1996）[c]	Maertens（1995）
生长育肥兔	铜	3	20	15	5	10	10
	碘	0.2	—	0.2	1.1	0.2	0.2
	铁	—	100	50	3.5	50	50
	锰	8.5	30	8.5	25	5	8.5
	锌	—	40	25	60	25	25
	钴	0	—	0.1	0.25	0.1	0.1
	硒	0	—	—	0.01	0.15	—
泌乳母兔	铜	5	10	15	5	10	10
	碘	1	—	0.2	1.1	0.2	0.2
	铁	30	50	100	35	100	100
	锰	15	30	2.5	258	5	2.5
	锌	30	40	5.0	60	50	50
	钴	1	—	0.1	0.25	0.1	0.1
	硒	0.08	—	0	0.01	0.15	0

注：a. 安哥拉兔；b.母兔和生长兔；c.青年母兔。

六、维生素

对兔而言，水溶性维生素的持续供应比脂溶性维生素显得更重要。因为兔后肠发达，它们对脂溶性维生素的需要量超过对水溶性维生素的需要量。实际生产中除了对商品兔添加B族维生素以外，其他维生素的需要量还没有被试验证明。

1.脂溶性维生素

（1）维生素A　兔血浆中维生素A的水平大约为150微克/100毫升，比其他家畜要稍高些，这个水平很不稳定，因为维生素A储存在肝中，当需要时则从肝中释放出来。兔常见的维生素A缺乏症有流产频繁、胎儿发育不良、产奶量下降等。

母兔对维生素A过量尤其敏感，表现出类似于维生素A缺乏的中毒症状。NRC（1977）公布的兔日粮中维生素A的添加量16000国际单位作为安全用量的上限。对生长繁殖的母兔来说，维生素A的添加量没有明确规定，文献中规定的使用量一般为6000～10000国际单位（表7-6），实际生产中，育肥兔一般为6000国际单位，繁殖兔为10000国际单位。

表7-6　兔的维生素需要

（资料来源：De Blas 和 Julian Wiseman，1998，The Nutrition of The Rabbit，CABI Publishing）

兔的类型	维生素	NRC（1977）	Schlolaut（1987）[a]	Labas（1990）	Mateos 等（1994）[b]	Xiccato（1996）[c]	Maertens（1995）
生长育肥兔	维生素A/（国际单位/1000）	0.58	8	6	10	6	6
	维生素D/（国际单位/1000）	—	1	1	1	1	0.8
	维生素E/（毫克/千克）	40	40	50	20	30	30
	维生素K₃/（微克/千克）	1	1	0	1	0	2
	尼可酸/（毫克/千克）	180	50	50	31	50	50
	维生素B₆/（毫克/千克）	39	400	2	0.5	2	2
	硫胺素/（毫克/千克）	—	—	2	0.8	2	2
	核黄素/（毫克/千克）	—	—	6	3	6	6

兔的类型	维生素	NRC（1977）	Schlolaut（1987）[a]	Labas（1990）	Mateos 等（1994）[b]	Xiccato（1996）[c]	Maertens（1995）
生长育肥兔	叶酸/（毫克/千克）	—	—	5	0.1	5	5
	泛酸/（毫克/千克）	—	—	20	10	20	20
	胆碱/毫克	1200	1500	0	300	50[d]	50[d]
	生物素（ppb）	—	—	200	10	200	200
泌乳母兔	维生素A/（国际单位/1000）	10	8	10	10	10	10
	维生素D/（国际单位/1000）	1	0.8	1	1	1	1
	维生素E/（毫克/千克）	30	40	50	20e	50	50
	维生素K₃/（微克/千克）	1	2	2	1	2	2
	尼可酸/（毫克/千克）	50	50	—	31	50	—
	维生素B₆/（毫克/千克）	2	300	—	0.5	2	—
	硫胺素/（毫克/千克）	1	—	—	0.8	2	—
	核黄素/（毫克/千克）	3.5	—	—	3	6	—
	叶酸/（毫克/千克）	0.3	—	—	0.1	5	—
	泛酸/（毫克/千克）	10	—	—	10	20	—

兔的类型	维生素	NRC（1977）	Schlolaut（1987）[a]	Labas（1990）	Mateos等（1994）[b]	Xiccato（1996）[c]	Maertens（1995）
泌乳母兔	胆碱/毫克	1000	1500	—	300	100[d]	100[d]
	生物素（ppb）	—	—	—	10	200	—

注：a. 安哥拉兔；b. 母兔和生长兔；c. 青年母兔；d. 氯化胆碱。

（2）维生素D　兔对维生素D的需要量很低，不应高于1300国际单位。在实际生产中维生素D过量比缺乏更可能出现问题。

（3）维生素E　对育肥兔和母兔建议维生素E添加量分别为15毫克/千克和50毫克/千克，免疫力低或球虫病感染的兔群应加大用量。最近在牛、猪、家禽和其他动物上的研究表明：动物大量食入维生素E（大于200毫克/千克）对屠宰后肉质有好处。含200毫克/千克维生素E的日粮喂肉兔也得到了相似的结果。

（4）维生素K　瘤胃和后肠中有大量的微生物能合成大量的维生素K，动物粪便中含有大量的维生素K代替物，这些代替物有的甚至是饲粮中所没有的。因此，兔对维生素K可部分由食粪过程得到满足。

大多数商品兔日粮中维生素K的水平在1～2毫克/千克，多数情况下，这些量足够满足兔的营养需要。如果母兔服用治疗球虫病的药物、磺胺药和其他的抗代谢物质的药物时，母兔对维生素K的需要量增加。

2. 水溶性维生素

（1）维生素C　大多数哺乳动物包括兔，维生素C在肝脏中由D-葡萄糖转化而来，因此这些动物对维生素C的要求不那么严格。供给一定量的维生素C可以降低应激带来的影响，在一些不利情况下，像酷暑、集约化生产、密度过高、运输、断奶、轻症状病时，由葡萄糖合成的抗坏血酸不能满足动物的营养需要，血浆中维生素C的含量减少，这时候饲料中提供抗坏血酸对动物可能有利。在热应激条件下，兔血浆中维生素C的含量降低。Ismail等（1992年）发现在高温环境下，日粮中添加维生素C可提高兔的繁殖性能。兔饲料中维生素C添加量为50～100毫克/千克，维生素C的任何添加量必须以一种保护形式加到混合料中，因为抗坏血酸在潮湿环境或与氧、铜、铁和其他矿物质接触条件下，很容易被氧化破坏。

（2）B族维生素　兔后肠的微生物合成大量的水溶性维生素，通过食粪行为被利用。快速生长的肉兔和高产母兔，可能需额外添加B族维生素，包括硫胺素（B_1）、吡哆醇（B_6）、核黄素（B_2）和尼克酸（维生素PP）。兔日粮成分像苜蓿粉、小麦粉、豆粕都富含B族维生素，因此即使喂半纯养分日粮，兔也很少出现典型的B族维生素的缺乏症。建议B族维生素的添加量为：胆碱200毫克/千克；叶酸生长育肥兔为0.1毫克/千克，母兔为1.5毫克/千克；生物素育肥兔为10微克/千克，母兔、小兔为80微克/千克；硫胺素0.6～0.8毫克/千克；核黄素生长肉兔为3毫克/千克，母兔为5毫克/千克；尼克酸0～180毫克/千克；吡哆醇育肥兔为0.5毫克/千克，母兔为1毫克/千克；泛酸生长兔为8毫克/千克，母兔为10毫克/千克。

七、水

幼兔生长发育旺盛，饮水量要高于成年兔；妊娠母兔需水量增加，母兔在产前产后易感口渴，饮水不足易发生蚕食仔兔现象，应及时供给充足的饮水。兔不同生理时期每天适宜的饮水量见表7-7。

饲粮中粗蛋白质的含量会影响兔对水的需要量，蛋白质含量越高，需水量越大。采食含高纤维饲粮的兔需水量比采食高能量饲粮时多，因为兔对干物质采食量大。

表7-7　兔不同生理时期每天适宜的饮水量

（资料来源：杨正，现代养兔，1999年，中国农业出版社）

生理时期	饮水量/升	生理时期	饮水量/升
妊娠或妊娠初期母兔	0.25	9周龄	0.21
成年公兔	0.28	11周龄	0.23
妊娠后期母兔	0.57	13～14周龄	0.27
哺乳母兔	0.60	17～18周龄	0.31
母兔+7只仔兔（6周龄）	2.30	23～24周龄	0.31
母兔+7只仔兔（8周龄）	4.50	25～26周龄	0.34

　　水温不同，饮水量也有差异。在一定范围内，水温越高，饮水量越多。

第二节　兔的常用饲料

　　能用于喂兔的饲料很多。从来源可分为植物性、动物性、矿物质和人工合成或提纯的产品；从形态上可分为固体、液体、胶体、粉状、颗粒及块状等类型；从饲用价值可分为粗饲料、青绿饲料、青贮饲料、能量饲料、蛋白质饲料、矿物质饲料、维生素饲料、营养添加剂及非营养添加剂等。随着动物营养学在饲料工业及养殖业上的普及与应用，又分化出国际饲料分类法和中国饲料分类法。现结合兔生产实际对常用饲料分述如下。

一、能量饲料

　　能量饲料是指饲料干物质中粗纤维含量低于18%、粗蛋白质含量低于20%的一类饲料，在饲粮中的主要作用是供给兔能量。包括谷实类籽实及其加工副产品、块根块茎类饲料及制糖副产品等。

1. 谷实类籽实

常用的有玉米、高粱、小麦、稻谷、大麦、黑麦、燕麦、荞麦、粟（谷子）、甘薯、草籽等，这类饲料淀粉含量高，粗纤维、粗蛋白质含量较低，钙、磷比例不平衡。

2. 谷物加工副产品

常用的有小麦麸、米糠等，这类饲料含淀粉少于谷实类籽实，粗纤维含量较高，能值也比谷实类籽实低。

3. 块根、块茎和瓜类饲料

这类饲料常用的有胡萝卜、马铃薯、甘薯、饲用甜菜等，主要特点是含水率较高，干物质中消化能含量很高，粗纤维和粗蛋白质较低，淀粉含量高，富含钾而缺钙、磷，喂时要注意矿物质平衡。这类饲料产量高，适口性好，是兔的优良饲料。

4. 制糖副产品

糖蜜和甜菜渣等由于具有一定的甜味，均是兔的优质饲料。

二、蛋白质饲料

蛋白质饲料指在饲料干物质中粗蛋白质含量高于20%、粗纤维含量低于18%的饲料，有植物性、动物性和单细胞蛋白质等。

1. 植物性蛋白质饲料

（1）饼粕类　包括多种饼粕类，是兔常用的蛋白质饲料。

（2）豆科籽实　主要包括大豆、黑豆、豌豆、蚕豆等。

2. 动物性蛋白质饲料

鱼粉、蚕蛹粉、肉骨粉、血粉、羽毛粉等动物性蛋白质饲料在兔饲粮中使用得并不广泛，主要是用来调整和补充某些必需氨基酸。

3. 单细胞蛋白质饲料

目前可供饲料用的单细胞蛋白质微生物有酵母、真菌、藻类及非病原性细菌4大类。

三、青绿饲料

凡兔可食的绿色植物均包含在这类饲料中，是指天然水分含量高于60%的一类饲料。这类饲料的种类很多，主要包括牧草类、青刈作物、蔬菜类、树叶、水生饲料等。青绿饲料的突出特点是水分含量高，适口性好，含有丰富的维生素，但其体积大，营养不平衡。在规模化养兔生产中由于颗粒饲料的推广应用，青绿饲料的应用在逐渐减少；但在广大的农户养兔生产中，青绿饲料仍是春、夏、秋三季的主要饲料。

1. 牧草类

牧草类可分为人工栽培牧草和野生牧草，其种类很多，几乎都可用作兔饲料。

（1）人工栽培牧草　用于兔饲料的人工栽培豆科牧草很多，主要有苜蓿（包括紫花苜蓿、杂花苜蓿和黄花苜蓿）、草木樨（白花草木樨、黄花草木樨和细齿草木樨）、小冠花、沙打旺、紫云英、三叶草（红三叶、白三叶等）、苕子（毛叶苕子、光叶苕子）、鸡脚草等，按干物质基础计算，其粗蛋白质可满足兔对蛋白质的需要，但生物学价值较低，而且能量含量不足，钙的含量较高。禾本科栽培牧草主要有冰草、羊草、披碱草、黑麦草、苏丹草、墨西哥类玉米等，同豆科牧草相比，禾本科牧草的粗蛋白质相对不足，粗纤维含量相对较高，在干物质基础上可达20%以上，营养价值虽不及豆科牧草，但也是兔常用饲料。其他科属的栽培牧草有串叶松香草、聚合草、紫粒苋等。

（2）野生牧草　田间野生牧草也是我国目前农村养兔的主要饲料，可以利用的种类很多，有禾本科、豆科、菊科、藜科、蓼科、莎草科、十字花科、蔷薇科等野生牧草，兔喜欢采食的也有许多，其品质差异很大。

2. 蔬菜类

人类可食的蔬菜几乎都可以作为兔饲料，主要有白菜、萝卜、菠菜、甘蓝叶、胡萝卜及胡萝卜叶等，这类饲料因水分过高，易使兔患消化道疾病，故应限制其用量。

3.青刈作物

青刈作物是将玉米、高粱、麦类、豆类等进行密植，在籽实未成熟前收割下来饲喂兔。青刈玉米青嫩多汁，适口性好，含有丰富的碳水化合物，一般玉米苗长到50厘米高时即可刈割喂兔。青刈大麦苗是兔很好的青饲料来源，再生性强，叶茂盛，适口性好。青刈大豆苗营养丰富，多叶，适口性好，兔爱吃。另外，还有葵花叶、鲜甘薯藤、鲜花生秧等。

4.树叶

有些青绿树叶蛋白质含量高，营养价值高，是兔的好饲料，主要有槐树叶、桑叶、榆树叶、茶树叶等。槐树叶不仅适口性好，而且营养价值高。

5.水生饲料

水生饲料在南方各省十分丰富，主要有水浮莲、水葫芦、水花生和绿萍等，因此类饲料含水率特别高，干物质含量低，适合在气温高的夏天饲喂。用此类饲料喂兔易患寄生虫病和腹泻，喂前应注意洗净、晾干表面的水分后，再喂为佳。

四、粗饲料

粗饲料是指干物质中粗纤维含量超过18%的一类饲料，包括农作物的秸秆、秕壳、各种饲草的干草、干树叶等，营养价值受收获时期、晾晒、运输和储存等因素的影响。消化能、蛋白质和维生素含量一般都非常低，粗纤维含量高，所以，在饲粮中的营养作用不是很大，主要作用是为兔提供适量难消化的粗纤维和参与构成合理的饲粮结构。在我国的饲养条件下，特别是在冬、春季，粗饲料往往是养兔场、户的主要饲料来源，同时也是全价颗粒饲料的重要组成部分。

五、矿物质饲料

矿物质饲料主要用来补充钙、磷、镁、钠、钾、氯、硫等常量元素。

石粉、贝壳粉、蛋壳粉等均为补钙的主要物质。方解石、白垩石等也是以碳酸钙为主要成分的矿石，也可作为钙的来源。

骨粉和磷酸盐类为补充磷和钙的优质饲料。磷酸钙和其他磷酸盐类均可作磷的来源，磷矿石中含氟量高，应进行脱氟处理。常用的磷酸盐类饲料有磷酸氢二钠、磷酸二氢钠、磷酸氢钙、磷酸钙和过磷酸钙等。

食盐为钠和氯的来源，用量为0.5% ～ 1%，以碘化食盐为好，可同时补充碘。

氯化钾可为兔提供钾元素和氯元素，硫酸钾可为兔提供钾元素和硫元素。硫酸镁、碳酸镁和氧化镁为兔提供镁元素。

第三节 兔的饲养标准和饲粮配合

随着规模化、集约化养兔生产的发展，许多兔场开始采用全价颗粒饲料喂兔，并且按不同兔的生理状态分别配制颗粒饲料；养兔生产中专用添加剂、预混料、浓缩料、精料混合料也在大量应用。这些不同饲料类型的配方设计及应用均应考虑两个主要问题：饲养标准或营养需要量，饲料营养成分表。

一、兔的饲养标准

随着规模化高效养兔技术的推广与普及，国内外对兔营养需要量的研究积累了大量资料。自1977年美国国家研究委员会（NRC）公布兔饲养标准以后，德国、法国、中国等许多国家也相继公布了兔饲养标准或兔营养需要量，这为兔饲料生产的标准化奠定了基础。

1. 国外有关饲养标准

国外对兔营养需要量研究比较多，积累了不少的数据。现列出供参考（表7-8 ～表7-10）。

表7-8 美国NRC（1977）建议的兔的营养需要量

（资料来源：张宏福、张子仪，动物营养参数与饲养标准，

1998年，中国农业出版社）

生长阶段	生长	维持	妊娠	泌乳
消化能/兆焦	10.46	8.79	10.46	10.46
总消化养分/%	65	55	58	70
粗纤维/%	10～12	14	10～12	10～12
脂肪/%	2	2	2	2
粗蛋白质/%	16	12	15	17
钙/%	0.4	—	0.45	0.75
磷/%	0.22	—	0.37	0.5
镁/毫克	300～400	300～400	300～400	300～400
钾/%	0.6	0.6	0.6	0.6
钠/%	0.2	0.0	0.2	0.2
氯/%	0.3	0.3	0.3	0.3
铜/毫克	3	3	3	3
碘/毫克	0.2	0.2	0.2	0.2
锰/毫克	8.5	2.5	2.5	2.5
维生素A/国际单位	580	—	>1160	—
胡萝卜素/毫克	0.83	—	0.83	—
维生素E/毫克	40	—	40	40
维生素K/毫克	—	—	0.2	—
烟酸/毫克	180	—	—	—
维生素B_6/毫克	39	—	—	—
胆碱/克	1.2	—	—	—

生长阶段	生长	维持	妊娠	泌乳
赖氨酸/%	0.65	—	—	—
蛋氨酸+胱氨酸/%	0.6	—	—	—
精氨酸/%	0.6	—	—	—
组氨酸/%	0.3	—	—	—
亮氨酸/%	1.1	—	—	—
异亮氨酸/%	0.6	—	—	—
苯丙氨酸+酪氨酸/%	1.1	—	—	—
苏氨酸/%	0.6	—	—	—
色氨酸/%	0.2	—	—	—
缬氨酸/%	0.7	—	—	—

表7-9 法国AEC（1993）建议的兔的营养需要量

（资料来源：张宏福、张子仪，动物营养参数与饲养标准，

1998年，中国农业出版社）

生长阶段	泌乳兔及乳兔	生长兔（4～11周龄）
能量/（兆焦/千克）	10.46	10.46～11.30
纤维/%	12	13
粗蛋白质/%	17	15
赖氨酸/（毫克/天）	0.75	0.70
蛋氨酸+胱氨酸/（毫克/天）	0.65	0.60
苏氨酸/（毫克/天）	0.90	0.90
色氨酸/（毫克/天）	0.65	0.60
精氨酸/（毫克/天）	0.22	0.20
组氨酸/（毫克/天）	0.40	0.30

生长阶段	泌乳兔及乳兔	生长兔（4～11周龄）
异亮氨酸/（毫克/天）	0.65	0.60
亮氨酸/（毫克/天）	1.30	1.10
苯丙氨酸+酪氨酸/（毫克/天）	1.30	1.10
缬氨酸/（毫克/天）	0.85	0.70
钙/（克/天）	1.10	0.80
有效磷/（克/天）	0.80	0.50
钠/（克/天）	0.30	0.30

表7-10 法国AEC（1993）建议的兔的日粮维生素、微量元素营养需要量

（资料来源：张宏福、张子仪，动物营养参数与饲养标准，

1998年，中国农业出版社）

维生素	需要量	微量元素	需要量
维生素A/（国际单位/千克）	10000	钴/（毫克/千克）	1
维生素D_3/（国际单位/千克）	1000	铜/（毫克/千克）	5
维生素E/（毫克/千克）	30	铁/（毫克/千克）	30
维生素K_3/（毫克/千克）	1	碘/（毫克/千克）	1
维生素B_1/（毫克/千克）	1	锰/（毫克/千克）	15
维生素B_2/（毫克/千克）	3.5	硒/（毫克/千克）	0.08
泛酸/（毫克/千克）	10	锌/（毫克/千克）	30
维生素B_6/（毫克/千克）	2		
维生素B_{12}/（毫克/千克）	0.01		
尼克酸/（毫克/千克）	50		
叶酸/（毫克/千克）	0.3		
胆碱/（毫克/千克）	1000		

考虑到氨基酸的影响，研究（Taboada等，1994，1996；De Blas等，1996）已经确定以可消化氨基酸代替粗蛋白质的赖氨

酸、含硫氨基酸和蛋氨酸的需要量（表7-11）。因为缺乏日粮中氨基酸消化率的研究，所以在实际饲料配制中使用可消化氨基酸仍有限。

表7-11　兔表观可消化氨基酸的需要量

（资料来源：De Blas 和 Julian Wiseman，1998，

The Nutrition of The Rabbit，CABI Publishing）

氨基酸	繁殖母兔 /（克/千克）	育肥兔 /（克/千克）	作者
赖氨酸	6.4[a]	6.0	Taboada（1994）
蛋氨酸+半胱氨酸	4.9	4.0	Taboada（1996）
苏氨酸	4.4	4.0	De Blas 等（1996）

注：a为达最大产奶量。5.2克/千克以上，繁殖性能不变。

2. 中国安哥拉毛用兔饲养标准

中国农业科学院兰州畜牧研究所和江苏省农业科学院饲料食品研究所研究制订出了我国安哥拉毛兔（长毛兔）饲养标准（表7-12）。

表7-12　我国安哥拉毛兔饲养标准

（资料来源：张宏福、张子仪，动物营养参数与饲养标准，

1998年，中国农业出版社）

| 生长阶段\营养指标 | 生长兔 | | 妊娠母兔 | 哺乳母兔 | 产毛兔 | 种公兔 |
	断奶~3月龄	4~6月龄				
消化能/（兆焦/千克）	10.50	10.30	10.30	11.00	10~11.3	10.00
粗蛋白质/%	16~17	15~16	16	18	15~16	17
可消化粗蛋白质/%	12~13	10~11	11.5	13.5	11	13
粗纤维/%	14	16	14~15	12~13	13~17	16~17
粗脂肪/%	3	3	3	3	3	3

彩色图解科学养兔技术

生长阶段 营养指标	生长兔		妊娠 母兔	哺乳 母兔	产毛兔	种公兔
	断奶～ 3月龄	4～6 月龄				
蛋能比/（克/兆焦）	11.95	10.76	11.47	12.43	10.99	12.91
蛋氨酸+胱氨酸/%	0.7	0.7	0.8	0.8	0.7	0.7
赖氨酸/%	0.8	0.8	0.8	0.9	0.7	0.8
精氨酸/%	0.8	0.8	0.8	0.9	0.7	0.9
钙/%	1.0	1.0	1.0	1.2	1.0	1.0
磷/%	0.5	0.5	0.5	0.8	0.5	0.5
食盐/%	0.3	0.3	0.3	0.3	0.3	0.2
铜/（毫克/千克）	3～5	10	10	10	20	10
锌/（毫克/千克）	50	50	70	70	70	70
铁/（毫克/千克）	50～100	50	50	50	50	50
锰/（毫克/千克）	30	30	50	50	50	50
钴/（毫克/千克）	0.1	0.1	0.1	0.1	0.1	0.1
维生素A/国际单位	8000	8000	8000	10000	6000	12000
维生素D/国际单位	900	900	900	1000	900	1000
维生素E /（毫克/千克）	50	50	60	60	50	60
胆碱/（毫克/千克）	1500	1500	—	—	1500	1500
尼克酸 /（毫克/千克）	50	50	—	—	50	50
吡哆醇 /（毫克/千克）	400	400	—	—	300	300
生物素 /（毫克/千克）	—	—	—	—	25	20

3. 我国肉兔饲养标准

迄今为止，我国尚无肉兔的饲养标准，为研究我国兔的营养需要，南京农业大学和扬州大学农学院参照国外有关饲养标准（美国、法国和德国等），结合我国养兔生产实际情况，制订出"我国各类兔的建议营养供给量"和"精料补充料建议养分浓度"（表7-13、表7-14），2011年山东农业大学在系统研究的基础上，提出了肉兔不同生理阶段的营养需要量（表7-15），供养兔生产者参考。

表7-13　我国各类兔建议营养供给量（每千克风干饲料含量）

（资料来源：杨正，现代养兔，1999年，中国农业出版社）

生长阶段 营养指标	生长兔		妊娠兔	哺乳兔	成年产毛兔	生长育肥兔
	3～12周龄	12周龄后				
消化能/兆焦	12.12	10.45～11.29	10.45	10.87～11.29	10.03～10.87	12.12
粗蛋白质/%	18	16	15	18	14～16	16～18
粗纤维/%	8～10	10～14	10～14	10～12	10～14	8～10
粗脂肪/%	2～3	2～3	2～3	2～3	2～3	3～5
钙/%	0.9～1.1	0.5～0.7	0.5～0.7	0.8～1.1	0.5～0.7	1
磷/%	0.5～0.7	0.3～0.5	0.3～0.5	0.5～0.8	0.3～0.5	0.5
赖氨酸/%	0.9～1.0	0.7～0.9	0.7～0.9	0.8～1.0	0.5～0.7	1.0
蛋氨酸+胱氨酸/%	0.7	0.6～0.7	0.6～0.7	0.6～0.7	0.6～0.7	0.4～0.6
精氨酸/%	0.8～0.9	0.6～0.8	0.6～0.8	0.6～0.8	0.6	0.6
食盐/%	0.5	0.5	0.5	0.5～0.7	0.5	0.5
铜/毫克	15	15	15	10	10	20
铁/毫克	100	50	50	100	50	100
锰/毫克	15	10	10	10	10	15
锌/毫克	70	40	40	40	40	40
镁/毫克	300～400	300～400	300～400	300～400	300～400	300～400
碘/毫克	0.2	0.2	0.2	0.2	0.2	0.2

营养指标＼生长阶段	生长兔		妊娠兔	哺乳兔	成年产毛兔	生长育肥兔
	3～12周龄	12周龄后				
维生素A/1000国际单位	6～10	6～10	8～10	8～10	6	8
维生素D/1000国际单位	1	1	1	1	1	1

表7-14　精料补充料建议养分浓度（每千克风干饲料含量）

（资料来源：杨正，现代养兔，1999年，中国农业出版社）

营养指标＼生长阶段	生长兔		妊娠兔	哺乳兔	成年产毛兔	生长育肥兔
	3～12周龄	12周龄后				
消化能/兆焦	12.96	12.54	11.29	12.54	11.70	12.96
粗蛋白质/%	19	18	17	20	18	19→18
粗纤维/%	3～5	3～5	3～5	3～5	3～5	3～5
粗脂肪/%	6～8	6～8	8～10	6～8	7～9	6～8
钙/%	1.0～1.2	0.8～0.9	0.5～0.7	1.0～1.2	0.6～0.8	1.1
磷/%	0.6～0.8	0.5～0.7	0.4～0.6	0.9～1.0	0.5～0.7	0.8
赖氨酸/%	1.1	1.0	0.95	1.1	0.8	1.1
蛋氨酸+胱氨酸/%	0.8	0.8	0.75	0.8		0.7
精氨酸/%	1.0	1.0	1.0	1.0	1.0	1.0
食盐/%	0.5～0.6	0.5～0.6	0.5～0.6	0.6～0.7	0.5～0.6	0.5～0.6

　　为达到建议营养供给量的要求，精料补充料中应添加微量元素和维生素预混料。精料补充料日喂量应根据兔体重和生产

情况而定，为50～150克。此外，每天还应喂给一定量的青绿多汁饲料或与其相当的干草。

表7-15 肉兔不同生理阶段的营养需要量

（资料来源：李福昌等，2011年，山东省质量技术监督局）

生长阶段 营养指标	生长肉兔		妊娠母兔	泌乳母兔	空怀母兔	种公兔
	断奶～2月龄	2月龄～出栏				
消化能/（兆焦/千克）	10.5	10.5	10.5	10.8	10.5	10.5
粗蛋白质/%	16.0	16.0	16.5	17.5	16.0	16.0
总赖氨酸/%	0.85	0.75	0.8	0.85	0.7	0.7
总含硫氨基酸/%	0.60	0.55	0.60	0.65	0.55	0.55
精氨酸/%	0.80	0.80	0.80	0.90	0.80	0.80
粗纤维/%	14.0	14.0	13.5	13.5	14.0	14.0
中性洗涤纤维/%	30.0～33.0	27.0～30.0	27.0～30.0	27.0～30.0	30.0～33.0	30.0～33.0
酸性洗涤纤维/%	19.0～22.0	16.0～19.0	16.0～19.0	16.0～19.0	19.0～22.0	19.0～22.0
酸性洗涤木质素/%	5.5	5.5	5.0	5.0	5.5	5.5
淀粉/%	≤14	≤20	≤20	≤20	≤16	≤16
粗脂肪/%	2.0	3.0	2.5	2.5	2.5	2.5
钙/%	0.60	0.60	1.0	1.1	0.60	0.60
磷/%	0.40	0.40	0.60	0.60	0.40	0.40
钠/%	0.22	0.22	0.22	0.22	0.22	0.22
氯/%	0.25	0.25	0.25	0.25	0.25	0.25
钾/%	0.80	0.80	0.80	0.80	0.80	0.80
镁/%	0.03	0.03	0.04	0.04	0.04	0.04
铜/（毫克/千克）	10.0	10.0	20.0	20.0	20.0	20.0

营养指标 \\ 生长阶段	生长肉兔 断奶～2月龄	生长肉兔 2月龄～出栏	妊娠母兔	泌乳母兔	空怀母兔	种公兔
锌/（毫克/千克）	50.0	50.0	60.0	60.0	60.0	60.0
铁/（毫克/千克）	50.0	50.0	100.0	100.0	70.0	70.0
锰/（毫克/千克）	8.0	8.0	10.0	10.0	10.0	10.0
硒/（毫克/千克）	0.05	0.05	0.1	0.1	0.05	0.05
碘/（毫克/千克）	1.0	1.0	1.1	1.1	1.0	1.0
钴/（毫克/千克）	0.25	0.25	0.25	0.25	0.25	0.25
维生素 A/（国际单位/千克）	6000	12000	12000	12000	12000	12000
维生素 E/（毫克/千克）	50.0	50.0	100.0	100.0	100.0	100.0
维生素 D/（国际单位/千克）	900	900	1000	1000	1000	1000
维生素 K_3/（毫克/千克）	1.0	1.0	2.0	2.0	2.0	2.0
维生素 B_1/（毫克/千克）	1.0	1.0	1.2	1.2	1.0	1.0
维生素 B_2/（毫克/千克）	3.0	3.0	5.0	5.0	3.0	3.0
维生素 B_6/（毫克/千克）	1.0	1.0	1.5	1.5	1.0	1.0
维生素 B_{12}/（微克/千克）	10.0	10.0	12.0	12.0	10.0	10.0
叶酸/（毫克/千克）	0.2	0.2	1.5	1.5	0.5	0.5
尼克酸/（毫克/千克）	30.0	30.0	50.0	50.0	30.0	30.0
泛酸/（毫克/千克）	8.0	8.0	12.0	12.0	8.0	8.0

生长阶段\营养指标	生长肉兔		妊娠母兔	泌乳母兔	空怀母兔	种公兔
	断奶～2月龄	2月龄～出栏				
生物素/（微克/千克）	80.0	80.0	80.0	80.0	80.0	80.0
胆碱/（毫克/千克）	100.0	100.0	200.0	200.0	100.0	100.0

应用饲养标准可最经济有效地利用饲料，需要特别指出的是，兔营养需要量并非一成不变，由于它反映的是兔的生理活动或生产水平与营养素供应之间的定量关系，是一个群体平均指标，特别是对日粮中养分含量的规定更依赖于畜群生产水平和饲料条件而定，所以，饲养者应注意总结生产效果，根据兔群的具体生产水平以及特定的饲养条件，及时调整营养供应量。

二、兔的常用饲料营养成分及营养价值

常用饲料的营养成分及营养价值是配制兔饲料的另一个重要依据（表7-16、表7-17）。

表7-16　兔常用饲料的营养成分及营养价值

（资料来源：杨正，现代养兔，1999年，中国农业出版社）

饲料类型	饲料名称	干物质/%	粗蛋白质/%	粗脂肪/%	粗纤维/%	钙/%	磷/%	可消化粗蛋白质/%	消化能/（兆焦/千克）
蛋白质饲料	大豆籽实	91.7	35.5	16.2	4.9	0.22	0.63	24.7	17.68
	大豆籽实	93.2	40.9	17.1	5.6	—	—	32.4	18.02
	黑豆籽实	91.6	31.1	12.9	5.7	0.19	0.57	20.2	17.00
	豌豆籽实	91.4	20.5	1.0	4.9	0.09	0.28	18.0	13.82
	豌豆籽实	89.9	23.4	0.8	4.9	—	—	18.7	14.21

饲料类型	饲料名称	干物质/%	粗蛋白质/%	粗脂肪/%	粗纤维/%	钙/%	磷/%	可消化粗蛋白质/%	消化能/（兆焦/千克）
蛋白质饲料	青豌豆籽实	91.1	24.3	0.9	5.3	—	—	20.8	15.06
	蚕豆籽实	88.9	24.0	1.2	7.8	0.11	0.44	17.2	13.53
	菜豆籽实	89.0	27.0	—	8.2	0.14	0.54	—	13.81
	羽扇豆籽实	94.0	31.7	—	13.0	0.24	0.43	—	14.56
	羽扇豆籽实	87.0	32.0	3.7	16.0	—	—	28.2	11.67
	花生籽实	92.0	49.9	2.4	10.5	—	—	45.2	16.57
	豆饼浸提	86.1	43.5	6.9	4.5	0.28	0.57	32.6	14.37
	豆饼热榨	85.8	42.3	6.9	3.6	0.28	0.57	31.5	13.54
	豆饼热榨	—	42.4	5.3	6.6	0.27	0.42	—	17.79
	豆饼热榨	90.7	43.5	4.6	6.0	—	—	38.1	14.77
	菜籽饼热榨	91.0	36.0	10.2	11.0	0.76	0.88	31.0	13.33
	菜籽饼热榨	—	39.0	7.4	12.9	0.75	0.89	—	12.51
	菜籽饼热榨	90.0	30.2	8.6	12.0	—	—	20.7	12.70
	亚麻饼热榨	89.6	33.9	6.6	9.4	0.55	0.83	18.6	10.92
	亚麻饼热榨	88.3	33.3	6.8	8.2	—	—	28.5	13.36
	大麻饼热榨	80.0	29.2	6.4	23.8	0.23	0.13	22.0	11.02
	大麻饼热榨	87.0	29.3	9.3	27.7	—	—	21.7	6.31
	苴饼热榨	93.1	35.3	8.3	16.2	0.63	0.86	27.8	12.64
	花生饼热榨浸提	86.8	39.6	3.3	11.1	1.01	0.55	24.1	10.18
	花生饼热榨浸提	90.0	42.8	7.7	5.5	—	—	37.6	15.79
	棉籽饼热榨浸提	86.5	29.9	3.9	20.7	0.32	0.66	18.0	10.10
	棉籽饼热榨浸提	—	34.4	5.6	14.3	0.32	1.08	—	11.56
	棉籽饼热榨浸提	93.3	39.7	6.6	13.3	—	—	32.1	12.43
	葵花饼热榨浸提	89.0	30.2	2.9	23.3	0.34	0.95	27.1	8.79

饲料类型	饲料名称	干物质/%	粗蛋白质/%	粗脂肪/%	粗纤维/%	钙/%	磷/%	可消化粗蛋白质/%	消化能/（兆焦/千克）
蛋白质饲料	葵花饼热榨浸提	91.5	30.7	9.5	19.4	—	—	26.3	10.66
	芝麻饼热榨浸提	—	41.2	3.1	8.4	0.72	1.07	—	12.65
	芝麻饼热榨浸提	94.5	39.4	8.7	6.7	—	—	33.0	14.93
	豆腐渣	97.2	27.5	8.7	13.6	0.22	0.26	19.3	16.32
动物性饲料	鱼粉进口	91.7	58.5	9.7	—	3.91	2.9	49.5	15.79
	鱼粉进口	—	60.5	8.6	—	3.93	2.84	—	8.59
	鱼粉国产	—	46.9	7.3	2.9	5.53	1.45	—	10.57
	鱼粉	92.0	65.8	—	0.8	3.7	2.6	—	15.25
	肉骨粉	94.0	51.0	—	2.3	9.1	4.5	—	12.97
	蚕蛹粉	95.4	45.3	3.2	5.3	0.29	0.58	37.7	23.10
	蚕蛹粉	—	57.7	19.2	—	0.27	0.61	—	16.81
	血粉蒸煮烘干	89.7	86.4	1.1	1.8	0.14	0.32	61.0	0
	干酵母	89.5	44.8	1.4	4.8	—	—	32.9	11.18
	全脂奶	12.2	3.1	3.7	—	—	—	3.1	2.85
	脱脂奶	9.7	4.0	0.2	—	—	—	3.9	1.67
	干脱脂奶	94.8	33.8	0.8	—	—	—	33.1	15.85
	全脂奶粉	76.0	25.2	26.7	0.2	—	—	25.0	21.72
能量饲料	玉米籽实	89.5	8.9	4.3	3.2	0.02	0.25	7.6	14.48
	玉米籽实	—	8.6	4.4	2.0	0.01	0.24	—	15.44
	玉米籽实	86.8	10.1	3.9	2.1	—	—	7.6	14.91
	大麦籽实	90.2	10.2	1.4	4.3	0.10	0.46	6.8	14.07
	大麦籽实	—	11.7	2.2	5.6	0.11	0.32	—	13.99
	大麦籽实	86.1	9.9	2.1	5.0	—	—	7.1	13.55
	燕麦籽实	92.4	8.8	4.0	10.0	0.20	0.43	4.0	12.55

饲料类型	饲料名称	干物质/%	粗蛋白质/%	粗脂肪/%	粗纤维/%	钙/%	磷/%	可消化粗蛋白质/%	消化能/（兆焦/千克）
能量饲料	燕麦籽实	87.9	10.9	4.2	10.6	—	—	8.6	11.89
	小麦籽实	90.4	14.6	1.6	2.3	0.09	0.29	12.8	12.91
	小麦籽实	—	13.1	1.9	2.3	0.01	0.21		15.00
	小麦籽实	85.3	12.1	1.9	2.0	—	—	9.1	14.51
	小麦粗粉	89.0	17.4	—	6.5	0.10	0.89	—	13.39
	四号粉	—	14.7	3.2	3.1	0.08	0.31	—	13.26
	小麦麸	89.5	15.6	3.8	9.2	0.14	0.96	10.0	11.92
	小麦麸	—	15.4	3.9	8.5	0.09	0.81	—	10.77
	小麦麸	89.6	16.7	3.9	10.5	—	—	13.9	10.49
	黑麦籽实	85.9	9.7	1.4	2.1	—	—	7.7	14.25
	黑麦麸	88.0	14.1	3.7	6.3	—	—	10.2	12.17
	荞麦籽实	85.2	10.4	2.3	10.8	—	—	7.5	12.50
	元麦籽实	88.3	14.8	1.9	2.6	0.09	0.40	8.2	10.32
	高粱籽实	89.0	10.6	3.1	3.0	0.05	0.30	6.3	12.97
	高粱籽实	93.5	12.1	2.8	1.9	—	—	8.7	15.61
	青稞籽实	89.4	11.6	1.4	3.2	0.07	0.40	6.1	15.25
	谷子籽实	88.4	10.6	3.4	4.9	0.17	0.29	8.4	14.90
	糜子籽实	89.4	9.5	2.9	10.4	0.14	0.92	6.2	11.31
	稻谷籼稻	88.6	7.7	2.2	11.4	0.14	0.28	6.4	11.65
	稻谷籼稻	—	8.4	2.0	10.4	0.08	0.31	—	12.63
	糙米	87.0	6.1	2.9	0.9	0.05	0.91	3.9	15.13
	碎米	89.2	7.9	3.0	1.7	0.09	0.30	5.3	12.33
	米糠	—	12.5	15.3	9.4	0.13	1.02	—	12.61
	米糠	90.0	11.5	—	14.1	0.14	1.31		12.43

饲料类型	饲料名称	干物质/%	粗蛋白质/%	粗脂肪/%	粗纤维/%	钙/%	磷/%	可消化粗蛋白质/%	消化能/（兆焦/千克）
能量饲料	米糠饼	88.5	18.7	4.6	9.3	0.29	1.71	10.4	9.82
	田菁籽粉	—	37.4	4.0	11.1	0.14	0.69	—	13.11
	葵花籽	92.0	17.1	—	22.3	0.20	0.63	—	13.81
	饲用甜菜	14.6	1.0	0.1	0.9	—	—	0.4	2.38
	饲用甜菜	11.0	1.3	—	0.8	0.02	0.02	—	1.56
	糖蜜甜菜蜜	78.0	8.0	—	—	0.02	0.02	—	10.77
	糖蜜甜菜蜜	74.0	4.2	0.1	—	0.08	0.08	2.2	10.21
	甜菜渣糖甜菜	91.9	9.7	0.5	10.3	0.09	0.09	4.6	12.11
	甜菜渣糖甜菜	88.5	8.3	0.3	21.8	—	—	4.0	13.05
	萝卜根	8.2	1.0	0.1	1.1	—	—	0.4	1.31
	胡萝卜根	8.7	0.7	0.3	0.8	0.11	0.07	0.4	1.47
	胡萝卜根	12.3	1.4	0.1	1.2	—	—	0.6	1.95
	马铃薯	39.0	2.3	0.1	0.5	0.06	0.24	1.1	5.82
	马铃薯蒸煮	25.0	2.3	0.1	0.8	—	—	1.1	4.10
	马铃薯渣	89.1	4.3	0.7	6.5	0.20	0.20	2.3	11.51
	甘薯	29.9	1.1	0.1	1.2	0.13	0.05	0.1	4.65
	甘薯	41.9	1.8	0.3	1.0	—	—	0.8	7.00
	木薯	32.0	1.2	—	1.0	—	—	—	4.55
	啤酒糟	94.3	25.5	7.0	16.2	—	—	20.4	10.86
	烧酒糟谷物酿制	93.0	27.4	—	12.8	0.16	1.06	—	15.06
	脂肪	100.0	—	—	—	—	—	—	33.47
	植物油	100.0	—	—	—	—	—	—	35.56
	牛、羊脂肪	100.0	—	—	—	—	—	—	27.20

饲料类型	饲料名称	干物质/%	粗蛋白质/%	粗脂肪/%	粗纤维/%	钙/%	磷/%	可消化粗蛋白质/%	消化能/（兆焦/千克）
青绿饲料	苜蓿（盛花期）	26.6	4.4	0.5	8.7	1.57	0.18	2.8	1.94
	苜蓿（花前期）	21.5	4.5	0.9	5.3	—	—	2.8	2.79
	苜蓿	17.0	3.4	1.4	4.6	—	—	2.0	1.73
	红三叶	19.7	2.8	0.8	3.3	—	—	2.1	2.46
	白三叶	19.0	3.8	—	3.2	0.27	0.09	—	1.83
	聚合草叶子	11.0	2.2	—	1.5	—	0.06	—	0.98
	鸭茅	27.0	3.8	—	6.9	0.07	0.11	—	2.15
	红豆草，再生草	27.3	4.9	0.6	7.2	1.32	0.23	2.7	2.54
	黑麦草营养期	22.8	4.1	0.9	4.7	0.14	0.06	2.8	1.88
	野豌豆结荚期	27.4	4.3	0.7	8.6	0.23	0.18	1.8	1.69
	紫云英再生草	24.2	5.0	1.3	12.3	0.34	0.13	3.9	2.72
	地肤开花期	14.3	2.9	0.4	2.8	0.29	0.10	2.2	1.16
	甘蓝	5.2	1.1	0.4	0.6	0.08	0.29	1.0	0.87
	甘蓝	8.5	1.7	0.1	0.9	—	—	1.7	1.46
	饲用甘蓝	13.6	2.2	0.5	2.1	—	—	1.5	2.10
	芹菜	5.6	0.9	0.1	0.8	—	—	0.7	0.75
	油菜	16.0	2.8	—	2.4	0.24	0.07	—	1.46
	莴苣叶	5.0	1.2	—	0.6	0.05	0.02	—	0.50
	南瓜藤	12.9	2.1	0.4	2.3	—	—	1.3	1.80
	糖甜菜叶	20.4	1.8	0.5	2.5	—	—	1.5	2.41
	蒲公英叶	15.0	2.8	—	1.7	0.20	0.07	—	1.19
	花生叶	19.0	4.0	—	4.5	0.32	0.06	—	1.59
	木薯叶	21.0	5.0	—	2.0	0.08	0.08	—	1.99

饲料类型	饲料名称	干物质/%	粗蛋白质/%	粗脂肪/%	粗纤维/%	钙/%	磷/%	可消化粗蛋白质/%	消化能/（兆焦/千克）
青绿饲料	玉米茎叶	24.3	2.0	0.5	7.6	—	—	1.3	2.45
	田间刺儿菜	8.8	1.2	0.3	1.2	—	—	0.9	1.20
粗饲料	苜蓿干草粉	90.8	11.8	1.4	41.5	1.67	0.16	7.9	4.59
	苜蓿干草粉	91.4	11.5	1.4	30.5	1.65	0.17	6.4	5.82
	苜蓿干草粉	91.0	20.3	1.5	25.0	1.71	0.17	13.4	7.47
	苜蓿花前期	90.2	16.1	2.3	25.2			10.5	8.49
	红三叶结荚期	91.3	9.5	2.3	28.3	1.21	0.28	6.2	9.36
	红三叶干草	86.7	13.5	3.0	24.3	—	—	7.0	8.73
	白三叶干草	92.0	21.4		20.9	1.75	0.28	—	8.47
	白三叶	86.6	16.0	3.8	17.2	—	—	10.9	10.84
	杂三叶秸秆	93.5	10.6	1.5	26.0	1.84	0.43	6.2	3.59
	红豆草结荚期	90.2	11.8	2.2	26.3	1.71	0.22	4.7	7.74
	狗牙根干草	92.0	11.0	1.8	27.6	0.38	0.56	5.9	6.93
	猫尾草干草	89.8	6.2	2.2	30.7	—	—	3.1	6.18
	苏丹草干草	89.0	15.8	3.7	20.2	—	—	10.8	8.52
	燕麦草干草	93.2	7.1	3.1	35.4	—	—	3.7	5.89
	燕麦草秸秆	86.0	3.8	1.8	39.7	—	—	0.9	4.62
	燕麦草秸秆	92.2	5.5	1.4	22.5	0.37	0.31	2.6	7.82
	紫云英成熟期	92.4	10.8	1.2	34.0	0.71	0.20	6.5	2.05
	小冠花秸秆	88.3	5.2	3.0	44.1	2.04	0.27	2.5	4.32
	箭舌豌豆盛花期	94.1	19.0	2.5	12.1	0.06	0.27	11.3	7.28
	箭舌豌豆秸秆	93.3	8.2	2.5	43.0	0.06	0.27	4.0	1.62
	野豌豆干草	87.2	17.4	3.0	23.9	—	—	10.1	8.51
	草木樨盛花期	92.1	18.5	1.7	30.0	1.30	0.19	12.2	6.64

饲料类型	饲料名称	干物质/%	粗蛋白质/%	粗脂肪/%	粗纤维/%	钙/%	磷/%	可消化粗蛋白质/%	消化能/（兆焦/千克）
粗饲料	沙打旺盛花期	90.9	16.1	1.7	22.7	1.98	0.21	8.8	6.84
	野麦草秸秆	90.3	12.3	2.9	29.0	0.39	0.22	9.6	4.63
	草地羊茅营养期	90.1	11.7	4.4	18.7	1.00	0.29	7.4	8.26
	百麦根营养期	92.3	10.0	3.2	18.9	1.51	0.19	7.2	9.82
	鸭茅秸秆	93.3	9.3	3.8	26.7	0.51	0.24	8.1	6.87
	鸭茅干草	88.2	10.2	2.8	28.1	—	—	6.9	7.44
	无芒雀麦籽实期	91.0	5.2	3.1	13.6	0.49	0.20	3.2	7.59
	无芒雀麦秸秆	90.6	10.5	3.1	28.5	0.49	0.20	4.0	4.21
	胡枝子干草	92.0	12.7	—	28.1	0.92	0.23	—	5.40
	青草粉	88.5	7.5	—	29.4	—	—	4.2	7.04
	松针粉	—	8.5	5.7	26.7	0.20	0.98	—	7.54
	麦芽根干草粉	84.8	17.0	1.9	13.6	0.28	0.34	13.3	6.60
	苦荬菜干草粉	86.0	17.7	5.8	11.6	1.46	0.54	8.7	10.08
	大豆秸秆	87.7	4.6	2.1	40.1	0.74	0.12	2.5	8.28
	玉米秸秆	66.7	6.5	1.9	18.9	0.39	0.23	5.3	8.16
	马铃薯藤干草粉	88.7	19.7	3.2	13.6	2.12	0.28	15.6	8.90
	南瓜粉晒干	96.5	7.8	2.9	32.9	0.19	0.19	4.4	12.83
	葵花盘收籽后晒干	88.5	6.7	5.6	16.2	0.83	0.12	3.5	9.31
	小麦秸秆	89.0	30.0	—	42.5	—	—	1.3	3.18
	谷糠	91.7	4.2	2.8	39.6	0.48	0.16	1.3	4.05
	糜糠	90.3	6.4	4.4	46.4	0.09	0.29	3.9	3.74
	稻草粉	—	5.4	1.7	32.7	0.28	0.08	—	5.52
	清糠	—	3.9	0.3	47.2	0.08	0.07	—	2.77
	槐树叶干树叶	89.5	18.9	4.0	18.0	1.21	0.19	6.5	7.10

表 7-17 兔饲料主要氨基酸、微量元素含量（风干饲料）

（资料来源：杨正，现代养兔，1999年，中国农业出版社）

饲料名称	赖氨酸/%	含硫氨基酸/%	铜/（毫克/千克）	锌/（毫克/千克）	锰/（毫克/千克）
大豆	2.03	1.00	25.1	36.7	33.1
黑豆	1.93	0.87	24.0	52.3	38.9
豌豆	1.23	0.67	3.7	24.7	14.9
蚕豆	1.52	0.52	11.1	17.5	16.7
菜豆	1.70	0.40	—	—	—
豆饼	2.07	1.09	13.3	40.6	32.9
羽扇豆	1.90	0.75	—	—	—
菜籽饼	1.70	1.23	7.7	41.1	61.1
亚麻饼	1.22	1.22	23.9	52.3	51.0
大麻饼	1.25	1.13	18.3	90.9	98.4
荏饼	1.69	1.45	20.2	52.2	62.8
棉籽饼	1.38	0.91	10.0	46.4	12.0
花生饼	1.70	0.97	12.3	32.9	36.4
芝麻饼	0.51	1.51	37.0	94.8	51.6
豆腐渣	1.45	0.70	6.6	24.9	20.5
鱼粉	5.32	2.65	6.8	79.8	13.5
肉骨粉	2.00	0.80	—	—	—
血粉	8.08	1.74	7.4	23.4	6.1
蚕蛹粉	3.96	1.18	21.0	212.5	14.5
全脂奶粉	2.26	0.96	0.91	—	0.5
脱脂奶粉	2.48	1.35	11.7	41.0	2.2
玉米	0.22	0.20	4.7	16.5	4.9
大麦	0.33	0.25	8.7	22.7	30.7
燕麦	0.32	0.29	15.9	31.7	36.4

饲料名称	赖氨酸/%	含硫氨基酸/%	铜/（毫克/千克）	锌/（毫克/千克）	锰/（毫克/千克）
小麦	0.32	0.36	8.7	22.7	30.7
麦麸	0.56	0.75	17.6	60.4	107.8
黑麦	0.42	0.36	6.8	31.8	55.0
荞麦	0.69	0.33	5.8	22.9	19.8
元麦	0.58	0.56	5.8	19.6	8.6
高粱	0.20	0.21	1.3	11.9	15.7
青稞	0.26	0.16	10.4	35.8	18.3
谷子	0.22	0.42	17.6	32.7	29.1
糜子	0.15	0.28	11.2	57.7	117.4
稻谷	0.37	0.36	3.9	19.2	42.0
碎米	0.42	0.44	4.7	15.9	22.2
米糠	0.68	0.60	8.5	40.5	57.4
米糠饼	0.98	0.78	10.7	60.8	115.0
田菁粉	1.36	0.55	13.0	34.0	21.4
苜蓿粉（优质）	0.90	0.51	10.3	21.1	32.1
苜蓿粉（差）	0.60	0.44	18.5	17.0	29.0
红三叶草	0.35	0.24	21.0	46.0	69.0
红豆草	0.45	0.23	4.0	20.0	22.5
狗牙草	0.74	0.18	—	—	—
燕麦秸	0.18	0.26	9.8	—	29.3
小冠花	0.30	0.09	4.1	4.7	162.5
箭舌豌豆	0.54	0.15	1.2	22.7	14.9
草木樨	0.54	0.25	8.8	27.5	38.5
沙打旺	0.70	0.09	6.7	14.6	66.2
无芒雀麦	0.35	0.23	4.3	12.1	131.3

饲料名称	赖氨酸/%	含硫氨基酸/%	铜/（毫克/千克）	锌/（毫克/千克）	锰/（毫克/千克）
青草粉	0.32	0.13	13.6	60.2	52.3
松针粉	0.39	0.16	—	—	—
麦芽根	0.71	0.43	20.0	971	256.0
大豆秸	0.33	0.13	9.6	23.4	32.5
玉米秸	0.21	0.24	8.6	20.0	33.5
南瓜粉	0.26	0.12	—	—	—
葵花盘	0.27	0.18	2.5	7.3	26.3
谷糠	0.13	0.14	7.6	36.5	70.5
糜糠	0.26	0.27	3.1	14.6	23.1
蚕沙	0.36	0.19	8.6	29.7	79.1
槐树叶	0.69	0.18	9.2	15.9	65.5

第八章

兔的科学饲养管理

饲养管理是否得当，往往对兔产品的数量和质量以及兔的繁殖都有很大影响。即使有良好的兔种、全价的营养、适宜的兔舍，如果饲养管理不当，不仅造成饲料浪费、仔兔生长发育不良、抗病力差，还会引起品种退化。因此，科学的饲养管理技术是取得兔群优质高产的关键技术之一。不同性别、年龄、不同季节、不同饲养目的，在饲养和管理上均有不同的特点。所以，要养好兔，就应依据兔的生物学特性、生长发育各阶段的生理要求、外界环境条件及人们饲养兔的目的，制订出科学合理的饲养管理方法。这样才能使兔群体质好，产仔多，产品数量增加且质量优良。

第一节　兔的科学饲养管理的一般原则

一、兔科学饲养的一般原则

1. 合理搭配多样化青粗饲料和精料

兔是草食性动物，具有草食性动物的消化生理结构和消化生理特点，故青粗饲料是必不可少的。兔能很好地利用多种植物性饲料，每天能采食占自身重量10%～30%的青饲料，并能利用植物中的部分粗纤维。

兔生长发育快，繁殖力强，新陈代谢旺盛，需要供给充足的营养。因此，单一饲料无法满足要求，兔的饲粮应由多种饲料组成，并根据不同饲料所含的养分进行合理搭配，取长补短，使饲粮的营养趋于全面、平衡。在生产实践中配制兔饲粮时，常以青粗饲料、禾本科籽实及其加工副产品和饼粕类饲料为主要成分组成配合饲粮，从而提高整个饲粮中营养物质的利用率。表8-1列出了常用饲料原料在兔精料补充料和全价配合饲料中的适宜范围。

表8-1　常用饲料原料在兔精料补充料和全价配合饲料中的适宜范围

饲料原料	精料补充料	全价配合饲料	饲料原料	精料补充料	全价配合饲料
能量饲料 /%	65～75	40～65	蛋白质饲料	25～30	15～20
玉米 /%	20～25	20～25	豆粕	20～25	15～20
小麦 /%	20～40	20～35	花生粕	10～20	10～15
麸皮 /%	20～40	15～30	棉仁粕	10～15	5～10
大麦 /%	20～40	20～40	菜籽粕	10～15	5～10
高粱 /%	10～15	5～15	鱼粉	3～5	2～3
动植物油 /%	3～5	1～2	饲料酵母	3～5	2～3
粗饲料 /%	—	20～50	矿物质饲料	3～5	2～3
优质苜蓿粉 /%	—	35～50	食盐	0.7～1.0	0.5～0.7
普通苜蓿粉 /%	—	25～45	磷酸氢钙	2～3	1.2～1.5
花生秧 /%	—	25～45	石粉	2～3	1～2
地瓜秧 /%	—	25～40	贝壳粉	2～3	1～2
豆秸 /%	—	20～35	添加剂预混料	1.5～2.0	1
玉米秸（上1/3秆和叶）/%	—	20～30			
青干草 /%	—	25～45			

2. 采用科学的饲喂技术

有了优良种兔和优质饲料，还要讲究饲喂技术，才能获得好的饲养效果。

（1）选择合适的料型　在现代兔生产中，不管采用何种饲喂方法，全价颗粒饲料的使用已越来越普及。兔集约化生产中，干草用于平衡全价日粮，全价日粮一般制成颗粒状，在相同的日粮组成情况下，颗粒料比粉状料有利于提高兔的生产性能，加工颗粒料的费用可以由颗粒料带来的好处补偿。而应用粉状料的日增重、饲料转化效率都比颗粒料低（表8-2）。

表8-2　不同饲料形式对生长兔的影响（占颗粒料的百分比）

资料来源	饲料形式	日增重	每天采食量	饲料转化效率
Lebas（1973）	颗粒料	=100	=100	=100
	粉状料	87	83	106
King（1974）	颗粒料	=100	=100	=100
	粉状料	93	90	103
Machin等（1980）	颗粒料	=100	=100	=100
	粉状料	98	80	123
	湿料（40%水）	75	84	89
Candau等（1986）	颗粒料	=100	=100	=100
	粉状料	60	75	123
Sanchez等（1984）	颗粒料	=100	=100	=100
	粉状料	64	52	279

（2）饲喂次数　兔为频密采食动物，每天采食的次数多而每次采食的时间短。因此，根据兔的采食习性，在饲喂时要做到少给勤添，不要堆草堆料。以喂鲜青料或粗饲料为主适当补喂精料时，每天至少要饲喂5次，即2次精料和3次鲜青饲料或粗饲料，两次精料分上午9～10点和下午4～5点喂给，上午

占40%，下午占60%；三次青料分别为上午7～8点、下午2点和晚间8～9点喂给，晚间一次占总量的40%。

（3）晚上应添足夜草　兔为夜行性动物，夜间的采食量和饮水量大于白天。据统计，兔在一昼夜中，夜间的采食量和饮水量约占70%，因此晚上应给兔多添加草料，以供夜间采食。

（4）调换饲料时要逐渐增减　一年之中，饲草和饲料来源总在发生变化，一般来说，夏、秋季青绿饲料充足，而冬、春季则以干草和块茎饲料为主。在更换饲料时，新用的饲料量要逐渐增加，原来用的饲料量要逐渐减少，过渡5～7天，以便其消化功能逐渐适应新的饲料条件。

3. 调制饲料，保证品质

不同饲料原料具有不同的特点，要按各种饲料的不同特点进行合理调制，做到洗净、切碎、煮熟、调匀、晾干，以提高饲料利用率，增进食欲，促进消化，并达到防病目的。

4. 保证饮水

水是兔机体的重要组成部分，是兔对饲料中营养物质消化、吸收、转化、合成的媒介，缺水将影响代谢活动的正常进行。水还有调节体温的作用，也是治疗疾病与发挥药效的调节剂。假如完全不给水，成年兔只能活4～8天；供水充足不给料，兔可活21～31天。

由于兔有夜食夜饮的习性，夜间饮水量约为一昼夜的60%，故必须注意夜间饮水。表8-3介绍了在正常温度下生长兔的需水量，供参考。

表8-3　正常温度下生长兔的需水量

（资料来源：杨正，现代养兔，1999年，中国农业出版社）

周龄	平均体重/千克	每日需水量/千克	每千克饲料干物质需水量/千克
9周龄	1.7	0.21	2.0
11周龄	2.0	0.23	2.1

周龄	平均体重/千克	每日需水量/千克	每千克饲料干物质需水量/千克
13 ～ 14 周龄	2.5	0.27	2.1
17 ～ 18 周龄	3.0	0.31	2.2
23 ～ 24 周龄	3.8	0.31	2.2
25 ～ 26 周龄	3.9	0.34	2.2

二、兔科学管理的一般原则

1. 环境干燥，清洁卫生

兔是喜清洁爱干燥的动物，其抗病能力较差，因此，搞好兔笼兔舍的环境卫生并保持干燥尤为重要。要每天清扫兔笼、兔舍，及时清除粪便；定期洗刷饲具；常换垫草，定期消毒；防止湿度过大，特别是雨季。湿度以舍内的镜面或玻璃面上无水珠为宜。

2. 保持安静，减少应激

兔的听觉灵敏，胆小怕惊，在日常饲养管理操作时动作要轻，应尽量保持兔舍内外的安静。同时要注意防御狗、猫、鼠、蛇等敌害的侵袭，并防止陌生人突然闯入兔舍。

3. 分笼分群管理

养兔场、户均应根据兔的品种、生产目的及生产方式、年龄和性别等实行分群管理。对种公兔和繁殖母兔，必须单笼饲养，繁殖母兔笼应有专用产仔室或应用产仔箱；幼兔可根据日龄、体重大小分群饲养，青年兔应公、母分笼群养或单笼饲养，而长毛兔必须单笼饲养。肉兔和皮用兔在育肥期可群养，但群不宜过大。

4. 适当运动，增强体质

运动可以增强兔的体质，笼养兔应每周自由运动 1 ～ 2 次，每次运动 0.5 ～ 1 小时。放出运动时，3 月龄以上的公母兔应分开，避免混交乱配。

5. 仔细观察兔群

仔细观察是实现科学养兔的手段，也是选种的重要一环。选优去劣观察可单独进行，也可结合日常管理工作进行。

6. 夏季防暑，冬季防寒，雨季防潮

高温季节应做好防暑工作。方法有：打开门窗通风降温；兔舍周围植树，种植葡萄或其他攀缘类植物遮阴；如兔舍温度超过30℃时，可在屋顶或室内洒凉水降温，同时给兔提供清凉饮水，水内可加一些食盐，以补充兔体的盐分消耗并有利于兔体散热；个别有条件的种兔舍也可采用空调降温。

第二节　兔的常规管理技术

掌握并正确使用生产中常规的操作技术是养好兔的关键。

一、捉兔方法

在饲养管理兔时，常要捕捉兔。在捉兔时要讲究方法，如果方法不当，往往会造成不必要的损失。捉兔的基本要求是不使兔子受惊，不伤人和兔子；先用右手按摩兔子头部、背部，再来抓。

正确捉兔法是：青年兔、成年兔应一手抓住兔耳朵及颈背部皮毛提起，另一手托住臀部；幼兔应一手抓颈背部皮毛，一手托住其腹部，注意保持兔体平衡；小仔兔最好是用手捧起来（图8-1）。

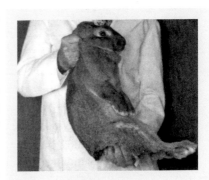

图8-1　捉兔方法

二、公母兔鉴别

公母鉴别的主要目的是为了淘汰公兔，尤其是初生仔兔。

1. 初生仔兔

主要根据阴部孔洞形状及肛门之间的距离进行识别。母兔的阴部孔洞呈扁形而略大于肛门，且距离较近。公兔的阴部孔洞呈圆形而略小于肛门，且距离较远。应注意不要简单地以留大去小作为留母去公的依据，以免造成失误。

2. 开眼后仔兔

主要是直接检查外生殖器。方法是左手抓住仔兔耳颈部，右手食指和中指夹住尾巴，用大拇指轻轻向上推开生殖器孔，发现公兔局部呈"O"字形（图8-2），并可翻起圆筒状突起；母兔局部则呈"V"字形（图8-3），下端裂缝延至肛门，无明显突起。

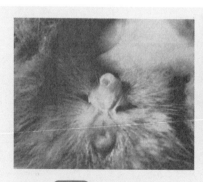 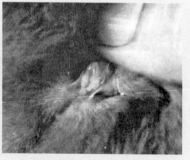

图8-2 "O"字形　　　图8-3 "V"字形

3. 3月龄以上青年兔

轻压阴部皮肤就可翻开生殖孔。公兔可看到有圆柱状突起；母兔则有尖叶状裂缝延至肛门。

4. 成年兔

成年公母兔的性别鉴定很容易，公兔的鼠鼷部有一对明显的阴囊下垂，母兔则无。

三、采毛

采毛是长毛兔饲养过程中的重要技术环节，合理采毛既可促进兔毛生长，又可明显提高兔毛质量。采用的方法主要有梳毛、剪毛。

1. 梳毛

梳毛的目的有两个：一是防止兔毛缠结，提高兔毛质量；二是积少成多收集兔毛。兔绒毛纤维的鳞片层常会互相缠结勾连，如久不梳理，就会结成毡块而降低毛的等级甚至成为等外毛，失去纺织价值和经济价值。梳毛时的毛也可以收集起来加以利用。

2. 剪毛

剪毛是长毛兔采毛的主要方法，最好是专人剪毛（图8-4）。

（1）剪毛次数 幼兔第一次剪毛在8周龄，以后同成年兔。成年兔以每年剪毛4～5次为宜。根据兔毛生产规律，养毛期为90天可获特级毛；70～80天可获一级毛；60天可获二级毛。一般年剪5次毛的时间安排是：3月上旬，养毛期80天；5月中旬，养毛期70天；7月下旬，养毛期60天；10月上旬，养毛期80天；12月下旬，养毛期70天。

（2）剪毛方法 一般用专用剪毛剪，也可用理发剪或裁衣剪。剪毛时，先将兔背脊的毛左右分开，使其呈一条直线。剪

图8-4 剪兔毛

毛顺序为背部中线→体侧→臀部→颈部→颌下→腹部→四肢→头部。剪下的兔毛应毛丝方向一致，按长度、色泽及优劣程度分别装箱。剪下的毛如不能及时出售，应在箱内撒一些樟脑粉或放些樟脑块，以防虫蛀。熟练的技术人员剪毛，每5～10分钟可剪完一只兔子。

四、编号

在给仔兔编号时，要用专门表格做记录，父号、母号、出生日期、同胞数和仔兔本身的号码、体重、特征等要记全，作为以后选种和配种的依据。常用的编号方法有钳刺、针刺和耳标法。编号内容包括出生日期、品种或品系代号、个体号等。

1. 钳刺法

钳刺法是用专用的耳号钳在兔耳上血管最少处刺编号码。耳号钳（图8-5）上有可供装卸字码的槽位，只要将所需的号码按需装入槽位，并以活动挡片固定，即可在兔耳上刺号。每刺一只兔换一次字码号。

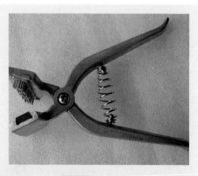

图8-5　耳号钳

2. 针刺法

若无专用耳号钳时，可用注射针头或蘸水笔蘸墨汁在兔耳上血管最少处扎刺，效果相同，只是操作慢些。

3. 耳标法

将金属耳标或塑料耳标镶压在兔耳上，一般公兔挂左耳，母兔挂右耳（图8-6～图8-7）。但耳标有时会

图8-6　耳标

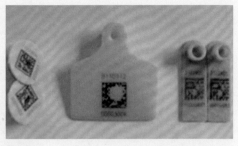

图8-7 塑料耳标

因打斗等而脱落。

第三节 兔的科学饲养方式及饲喂方法

一、兔的科学饲养方式

兔的饲养方式多种多样，但对家庭养兔者来说，饲养方式很难一致，各养兔场、户可根据自己养兔的品种、饲养目的、兔的年龄、管理能力以及自然条件和社会经济条件等选用适宜的饲养方式。但是，无论采用何种饲养方式，都应以符合兔的生活习性、便于日常饲养管理和能获得较高的经济效益为前提。

兔的饲养方式有笼养、放养、栅养和洞养四种，其中以笼养比较理想，放养最为粗放。

1. 笼养

笼养是指将兔子关在笼子里饲养，这是饲养方式中最好的一种（图8-8）。国内外的养兔场大多数采用这种饲养方式，特别是种兔、长毛兔和獭兔。

笼养具有许多优点。由于笼子可以立体架放，能大大节省土地和建筑面积，特别是在强制通风的情况下，可以提高饲养

图8-8 笼养

密度，便于机械化与自动化生产；兔不接触地面，兔舍内空气中灰尘减少；兔的生活环境可人为加以控制，饲喂、繁殖和防疫管理等较为方便，有利于兔种的繁殖改良、生长发育，并能较好地防止疫病传染；有利于提高兔的生产性能和产品质量，并能聚集兔粪。

笼养的缺点是造价较高，饲喂和清扫等较费工。笼养特别是室内笼养的建筑成本和投资较大，饲养管理也较费工。兔一直养在笼子里，运动不足。但由于其优点很多，尤其是经济效果好，应大力提倡和推广。

2. 放养

图8-9 放养

也称群养和散养，即将兔成群地散放在一定范围内饲养，任其自由活动、自由采食和自由交配繁殖（图8-9）。这种饲养方式最为粗放，主要适用于有天然屏障的草地上饲养商品肉兔。最好是选用抵抗力强和繁殖率高的品种。

放养的最大优点是节省

人力和财力，兔能自由采食到新鲜饲草，而且空气新鲜，兔能获得充足的阳光和运动，故对生长和繁殖有利。缺点是交配无法控制，易造成品种退化，传染病较难预防，并会发生咬斗现象。因为兔会打洞穴居，放养场地规模大时，抓兔较困难。

3. 栅养

即小群饲养，是在室外空地或室内用竹片、木棍或铁丝网周围栅圈，将兔群圈在栅内饲养（图8-10）。也可室内外相结合，室内分小圈与室外的圈栅相通。一般每圈占地8～10米²，可养兔20～30只。此方式适用于饲养商品肉兔，不适于养种公兔和繁殖母兔。

4. 洞养

就是将兔放在地下窖里，任其自行打洞或人工挖洞进行饲养，适于高寒、干燥地区使用（图8-11）。其优点是可以大大节省基建材料和费用，而且符合兔打洞穴居的生活习性。因为地下温度一年内变化较小，窑洞冬暖夏凉，环境安静，有利于兔的生长发育和繁殖。但是，在梅雨季节时窑洞内较为潮湿，对兔不利。此外，兔生活在窑洞里，对检查其健康和繁殖情况等也有所不便。窑洞不便于清扫和消毒，容易感染各种疾病。此法不宜于饲养长毛兔和獭兔，原因是被

图8-10 栅养

图8-11 洞养

毛的污染程度高。

二、兔的科学饲喂方法

兔的饲养方式多种多样，饲喂方法也有变化，而且饲喂方法与饲养方式相关联，饲喂方法也难以统一。不论采用何种饲喂方法，都应符合兔的生活习性，便于日常喂养和能获得较高的经济效益。

概括起来，兔的饲喂方法有以下三种。

1. 分次饲喂或限量饲喂

分次饲喂或限量饲喂就是定时定量地喂给兔饲料，适于各种类型的饲养方式，也是目前多数兔场采用的方法。这种方法可使兔养成良好的进食习惯，有规律地分泌消化液，以利于饲料的消化和营养物质的吸收。特别是幼兔，比较贪食，一定要做到定时定量饲喂，防止发生消化道疾病。所以，应根据兔的品种、体形大小、吃食、季节、气候、粪便情况等来定时定量喂料。

2. 自由采食

在兔笼中经常备有饲料，让兔随便吃。自由采食通常采用颗粒饲料，这种方法省工、省料，环境卫生好，饲喂效果也好。在集约化养兔的情况下，多采用自由采食的饲喂方法。

兔是比较贪食的，为了防止贪食，即使在自由采食的情况下，也应当掌握每天大致采食量和最大饲料供给量（表8-4～表8-6）。

表8-4 仔幼兔采食量

（资料来源：杨正，现代养兔，1999年，中国农业出版社）

日龄	采食量/（克/天）
初生～15日龄	0
16～21日龄	0～20
22～35日龄	15～50

日龄	采食量/（克/天）
36～42日龄	40～80
43～49日龄	70～110
50～63日龄	100～160

表8-5　成年兔青饲料、干饲料采食量

（资料来源：杨正，现代养兔，1999年，中国农业出版社）

饲料种类	平均采食量/（克/天）	最大采食量/（克/天）
鲜青草	600	1000
干精料	120	200

表8-6　兔采食青草的数量

（资料来源：杨正，现代养兔，1999年，中国农业出版社）

体重/克	采食青草量/克	采食量占体重/%	体重/克	采食青草量/克	采食量占体重/%	体重/克	采食青草量/克	采食量占体重/%
500	153	31	2000	293	15	3500	380	11
1000	216	22	2500	331	13	4000	411	10
1500	261	17	3000	360	12			

3. 混合饲喂

混合饲喂是将兔的饲粮分成两部分，一部分是基础饲料，包括青饲料、粗饲料等，这部分饲料采用自由采食的方法；另一部分是补充饲料，包括混合精料、颗粒饲料和块根块茎类饲料，这部分饲料采用分次饲喂的方法。我国农村养兔普遍采用混合饲喂的方法。

在现代兔生产中，不管采用何种饲喂方法，必须大力推广和普及全价颗粒饲料。

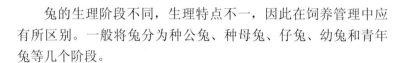

第四节 不同生理阶段兔的饲养管理

兔的生理阶段不同，生理特点不一，因此在饲养管理中应有所区别。一般将兔分为种公兔、种母兔、仔兔、幼兔和青年兔等几个阶段。

一、种公兔的饲养管理

种公兔在兔群中具有主导作用，其优劣影响到整个兔群的质量，俗话讲"公兔好，好一坡；母兔好，好一窝"。饲养种公兔的目的主要是用于配种，并获得数多质优的后代。因此，种公兔质量的好坏对兔群的影响表现在生产性能、母兔的繁殖效率和仔兔的健康及生长发育等方面。种公兔的质量也与饲养管理有着密切的关系，所以种公兔的饲养管理十分重要。生产上要求种公兔体质健壮，发育良好，膘情中等，性欲旺盛，精液品质优良。种公兔的饲养管理还可分为配种期和非配种期，但现代养兔生产中区分不明显。

1. 种公兔的饲养

种公兔的配种授精能力，取决于精液品质，这与营养的供给有密切关系，特别是蛋白质、矿物质和维生素等营养物质，对精液品质有着重要的作用。因此，种公兔的饲料必须营养全面，体积小，适口性好，易于消化吸收。

2. 种公兔的管理

对种公兔的管理应注意以下几点。

（1）对种公兔应自幼进行选育和培养，并加大淘汰强度种公兔应选自优秀亲本后代，选留率一般不超过50%。非留作种用的公兔要去势后育肥，到了屠宰日龄及时出售；留作种用的公兔和母兔要分笼饲养，这一点在管理上应特别注意。

（2）适时配种 3月龄的兔应公母分养，严防早交乱配。青年公兔应适时初配，过早过晚初配都会影响性欲，降低配种能力。一般大型品种兔的初配年龄是8～10月龄，中型兔为5～7月龄，小型兔为4～5月龄。

（3）加强运动　种公兔应每天放出运动1～2小时，以增强体质。经常晒太阳对预防球虫病和软骨症都有良好作用。但在夏季运动时，不要把兔放在直射的阳光下，因为直射阳光会引起兔体过热，体温升高，容易造成昏厥、脑充血、日射病等，严重者会引起死亡。对长毛兔更应注意。

（4）笼舍清洁干燥　种公兔的笼舍应保持清洁干燥，并经常洗刷消毒。公兔笼是配种的场所，在配种时常常由于不清洁而引起一些生殖器官疾病。

（5）搞好初配调教　选择发情正常、性情温顺的母兔与初配公兔配种，使初配顺利完成。

（6）单笼饲养　种公兔应一兔一笼，以防互相斗殴；公兔笼和母兔笼要保持较远的距离，避免由于异性刺激而影响公兔性欲。

（7）保持合理的室温　种公兔舍内最好能保持10～20℃，过热过冷都对公兔性功能有不良影响。

（8）合理利用种公兔　对种公兔的使用要有一定的计划性，兔场应有科学的繁殖配种计划，严禁过度使用种公兔。一般每天使用2次，连续使用2～3天后休息1天。对初次参加配种的公兔，应每隔一天使用一次。如公兔出现消瘦现象，应停止配种，待其体力和精液品质恢复后再参加配种。但长期不使用种公兔配种，也容易造成过肥，引起性欲降低，精液品质变差。

（9）毛用种公兔的采毛间隔时间应缩短　一般可以每隔一定时间采毛一次，以提高精液品质。

（10）做好配种记录　以便观察每只公兔的配种性能和后代品种，利于选种和选配。

（11）下列情况之一时不宜配种

①吃料前后半小时之内，防止影响采食和消化。

② 换毛期内，因为换毛期间特别是秋季的换毛，营养消耗较多，体质较差，此时配种会影响兔体健康和受胎率。

③ 种公兔健康状况欠佳时，如食欲减退、粪便异常、精神萎靡等。

二、种母兔的饲养管理

种母兔是兔群的基础，饲养的目的是提供数量多、品质好的仔兔。母兔的饲养管理是一项细致而复杂的工作。成年母兔在空怀、妊娠和哺乳三个阶段的生理状态有很大的差异。因此，在母兔的饲养管理上，要根据各阶段的特点，采取相应的措施。

1. 空怀母兔的饲养管理

空怀母兔在饲养管理和配种方法上应做好如下工作。

（1）保持适当的膘情　空怀母兔要求七八成膘。如母兔体况过肥，应停止精料补充料的饲喂，只喂给青绿饲料或干草，否则会在卵巢结缔组织中沉积大量脂肪而阻碍卵细胞的正常发育并造成母兔不育；对过瘦母兔，应适当增加精料补充料的喂量，否则也会造成发情和排卵不正常，因为控制卵细胞生长发育的脑垂体在营养不良的情况下内分泌不正常，所以卵泡不能正常生长发育，影响母兔的正常发情和排卵，造成不孕。为了提高空怀母兔的营养供给，在配种前半个月左右就应按妊娠母兔的营养标准进行饲喂。长毛兔在配种前应提前剪毛。

（2）注意青绿饲料或维生素的补充　配种前母兔除补加精料外，应以青饲料为主，冬季和早春淡青季节，每天应供给100克左右的胡萝卜或冬牧70黑麦、大麦芽等，以保证繁殖所需维生素（主要是维生素A、维生素E）的供给，促使母兔正常发情。规模化兔场在日粮中添加复合维生素添加剂。

（3）改善管理条件　注意兔舍的通风透光，冬季适当增加光照时间，使每天的光照时间达14小时左右，光照强度为每平方米2瓦左右，电灯高度2米左右，以利发情受胎。

彩色图解科学养兔技术

2. 妊娠母兔的饲养管理

母兔自配种怀胎到分娩的这一段时期称妊娠期。母兔妊娠后，除维持本身的生命活动外，子宫的增长、胎儿的生长和乳腺的发育等均需消耗大量的营养物质。在饲养管理上要供给全价营养，保证胎儿的正常生长发育。母兔配种后 8～10 天进行妊娠检查，确定妊娠后要加强护理，防止流产。

（1）加强营养　妊娠母兔的妊娠前期（即胚期和胎前期，妊娠后 1～18 天），因母体和胎儿生长速度很慢，故饲养水平稍高于空怀母兔即可；而妊娠后期（即胎儿期，妊娠后 19～30 天），因胎儿生长迅速，需要营养物质较多，故饲养水平应比空怀母兔高 1～1.5 倍。据试验测定，一只活重 3 千克的母兔，在妊娠期间胎儿和胎盘的总重量达 660 克，占活重的 20%，其干物质 78.5%、蛋白质 10.5%、脂肪为 4.3%、矿物质为 2%。新西兰兔 16 天胎儿体重为 0.5～1 克，20 天时不足 5 克，初生重则达 64 克，为 20 天重量的 10 多倍。不同时期胎儿的蛋白质也有很大变化，如在妊娠 21 天为 8.5%，妊娠 27 天为 10.2%，出生时为 12.6%。因此，为妊娠期母兔提供丰富的营养是非常重要的。

（2）加强护理　为了防止母兔流产，在护理上应做到如下几点。

① 不无故捕捉妊娠母兔，特别在妊娠后期更应加倍小心。当捕捉时，一定不要粗暴，要保持安静和温顺，不使兔体受到冲击，轻捉轻放。

② 保持舍内安静和清洁干燥。兔在妊娠期，要保持舍内安静，不惊扰，禁止突然声响。防止由于突然的惊扰而引起母兔恐慌不安，在笼内跑跳，易造成流产。保持舍内清洁干燥，防止潮湿污秽。因为潮湿污秽会引发各种疾病，对妊娠母兔极为不利。

③ 严禁喂给发霉变质饲料和有毒青草等，兔对这些饲料非常敏感，最易造成流产。

④ 冬季最好饮温水，因为水太凉会刺激子宫急剧收缩，易

引起流产。

⑤ 摸胎时动作要轻柔，不能粗暴。已确定受胎后，就不要再触动其腹部。

⑥ 毛用兔在妊娠期特别是妊娠后期，应禁止采毛，以防由此引起流产和影响胎儿发育。

（3）做好产前准备工作　为了便于管理，最好是做到母兔集中配种，然后将母兔集中到相近的笼位产仔。产前3～4天准备好产仔箱，清洗消毒后铺一层晒干柔软的干草，然后将产仔箱放入母兔笼内，让母兔熟悉环境并拉毛做巢（必要时可帮助母兔拉毛）。产仔箱事先要清洗消毒，消除异味。产期要设专人值班，冬季要注意保温，夏季要注意防暑。供水要充足，水中加些食盐和红糖。

3.哺乳母兔的饲养管理

从母兔分娩至仔兔断奶这段时期为哺乳期。哺乳母兔的饲养水平要高于空怀母兔和妊娠母兔，特别是要保证足够的蛋白质、无机盐和维生素。因为此时不仅要满足母兔自身的营养需要，还要分泌足够的乳汁。据测定，母兔每天可分泌乳汁60～150毫升，高产母兔可达200～300毫升。兔乳中除乳糖含量较低外，蛋白质含量、脂肪含量、灰分含量分别比牛乳高3.4倍、3.5倍和2.9倍（表8-7）。母兔的乳汁黏稠，干物质含量为24.6%，相当于牛、羊的两倍；兔乳的能量为6981～7691千焦/千克，比标准牛奶的能量高1倍多。母兔的泌乳有规律性，在产后第一周，泌乳量较低，2周后泌乳量逐渐增加，3周时达到高

表8-7　兔乳与牛乳、山羊乳的组成比较

（资料来源：杨正，现代养兔，1999年，中国农业出版社）

乳品	蛋白质/%	脂肪/%	乳糖/%	灰分/%
兔乳	10.4	12.2	1.8	2.0
牛乳	3.1	3.5	4.9	0.7
山羊乳	3.1	3.5	4.6	0.8

峰，4周后泌乳量又逐渐减少。

（1）饲养方面　哺乳母兔为了维持生命活动和分泌乳汁哺育仔兔，每天都要消耗大量的营养物质，这些营养物质必须通过饲料来获取。因此要给哺乳母兔饲喂营养全面、新鲜优质、适口性好、易于消化吸收的饲料，在充分喂给优质精料的同时，还需喂给优质青饲料。哺乳母兔的饲料喂量要随着仔兔的生长发育不断增加，并充分供给饮水，以满足泌乳的需要。直至仔兔断奶前1周左右，开始逐渐给母兔减料。

（2）管理方面　重点是经常检查母兔的泌乳情况和预防乳腺炎。

首先应做好产后护理工作，包括产后母兔应立即饮水，最好是饮用红糖水、小米粥等；冬季要饮用温水；刚产下仔兔要清点数量，挑出死亡兔和湿污毛兔，并做好记录等。产房应专人负责，并注意冬季保温防寒，夏季防暑防蚊。

引起母兔乳腺炎的主要原因有：①母乳太充盈，仔兔太少而造成乳汁过剩（可采用寄养法）；②母乳不足，仔兔多，采食时咬伤乳头所致（应加强催乳措施）。可采取以下办法催乳：催乳片催乳，每只母兔每天2～4片，但应注意，这种方法仅适用体况良好的母兔；蚯蚓催乳，取活蚯蚓5～10条，剖开洗净，煮熟，连同汤拌入精料补充料中，分1～2天饲喂，一般1～2次即可见效；鱼汤催乳，取鲜活鱼50～100克，煮熟，取汤拌料，连用3～5天；黄豆、豆浆催乳，每天用黄豆20～30克煮熟（或打浆后煮熟），连喂5～7天。此外，饮用红糖水、米汤，经常食用蒲公英、苦荬菜等，均可提高母兔产乳量。

预防乳腺炎的方法有：①及时检查乳房，看是否排空乳汁、有无硬块（按摩可使硬块变软）；②发现乳头有破裂时需及时涂擦碘酊或内服消炎药；③经常检查笼底底板及巢箱的安全状态，以防损伤乳房或乳头。

对已患乳腺炎的母兔应立即停止哺乳，仔兔采取寄养方法；血配的优良母兔，其仔兔亦可采用该办法。在良好的饲养管理下，对泌乳力低、连续3次吞食仔兔的母兔，应淘汰。

另外，母兔产后要及时清理巢箱，清除被污染的垫草和毛以及残剩的胎盘和死胎。以后每天要清理笼舍，每周清理兔笼并更换垫草。每次饲喂前要刷洗饲喂用具，保持其清洁卫生。当母兔哺乳时，应保持安静，不要惊扰和吵嚷，以防产生吊乳和影响哺乳。

三、仔兔的饲养管理

从出生至断奶这段时期的小兔称仔兔。这个时期是兔从胎生期转为独立生活的过渡时期。仔兔生前在母体子宫内生活，营养由母体供应，环境恒定；出生后生活环境发生了急剧变化，此时仔兔的生理功能尚未发育完全，适应外界环境的调节功能还很差，适应能力弱，抵抗力低，但生长发育极为迅速（表8-8），故新生仔兔很容易死亡。加强仔兔的培育，提高成活率，是仔兔饲养管理的目标。按照仔兔的生长发育特点，可将仔兔分为两个不同的时期，即睡眠期和开眼期。在这两个不同的时期内，仔兔的饲养管理不同。

表8-8　仔兔体重的变化情况

（资料来源：杨正，现代养兔，1999年，中国农业出版社）

仔兔年龄	大型品种体重/克	中型品种体重/克
出生	60～65	45～50
6日龄	120～130	90～100
10日龄	170～190	130～150
20日龄	300～400	250～300
30日龄	600～700	400～500

1. 睡眠期仔兔的饲养管理

仔兔从出生至开眼的时期称为睡眠期，即从出生至12日龄左右这段时期（图8-12）。睡眠期仔兔体无毛，眼睛紧闭，耳孔闭塞，体温调节能力差，如果护理不当极易死亡，而且很少活动，除吃奶外几乎整天都在睡觉。这个时期饲养管理的重点如下。

（1）早吃奶，吃足奶在幼畜能产生主动免疫之前，其免疫抗体是缺乏的。因此，保护年幼动物免受多种疾病的侵袭只能靠来自母体的免

图8-12　睡眠期仔兔

疫抗体。免疫抗体或者于出生前通过胎盘获取，或者于出生后从初乳中获取，或者两种过程相结合传递给幼畜。兔和豚鼠的抗体传递是在胎内通过胎盘实现的。因此，初乳对兔来说没有反刍动物、马、猪那样重要。但由于初乳营养丰富，是仔兔初生时生长发育所需营养物质的直接来源，又能帮助排泄胎粪，因此，应保证仔兔早吃奶、吃足奶，尤其要及时吃到初乳，这样才能有利于仔兔的生长发育，确保其体质健壮、生命力强。

仔兔生下后就会吃奶，母性好的母兔，会很快哺喂仔兔。而且仔兔的代谢作用很旺盛，吃下的乳汁大部分被消化吸收，很少有粪便排出来。因此，睡眠期的仔兔只要能吃饱、睡好，就能正常生长发育。但在生产实践中，初生仔兔吃不到奶的现象常会发生。这时，必须查明原因，针对具体情况，采取有效措施。

① 强制哺乳（人工辅助哺乳）：有些母性不强的母兔，特别是初产母兔，产仔后不会照顾自己的仔兔，甚至不给仔兔哺乳，以至仔兔缺奶挨饿，如不及时采取措施，就会导致仔兔死亡。这种情况下，必须进行强制哺乳，具体方法是：将母兔固定在产仔箱内，使其保持安静，将仔兔分别放置在母兔的每个乳头旁，让其嘴顶母兔乳头，自由吮乳，每日强制哺乳4～5次（图8-13），连续3～5天，多数母兔便会自动哺乳。

② 调整寄养仔兔：在生产实践中，有的母兔产仔数多，有的产仔数少。产仔数过多时，母乳供不应求，仔兔营养供给不足，发育迟缓，体质虚弱，易患病死亡；产仔数少时，仔兔吮乳过量，往往引起消化不良，同时母兔也易患乳腺炎。在这种情况下，可采用调整寄养部分仔兔的方法。具体做法是：根据母兔的产仔数和泌乳情况，将产仔过多的仔兔调整给产仔数少的母兔代养，但两窝仔兔的产期要接近，最好不要超过1～2天。即将两窝仔兔的产仔箱从母兔笼中取出，根据要调整的仔兔数和体形大小与强弱等，将其取出移放到带仔母兔的产仔箱内，使其与仔兔充分接触，经0.5～1小时后，再将产仔箱送回至母兔笼内。此时要注意观察，如母兔无咬仔或弃仔情况发生则为成功。此外，还可在被调整的仔兔身上涂些代养母兔的乳汁，令其气味一致，则更能获得满意的效果。调整的数量不宜太多，要依据代养母兔的乳头数和泌乳量确定。

图8-13　强制哺乳

③ 人工哺乳：需调整或寄养的仔兔找不到母兔代养时，可采用人工哺乳的方法（图8-14）。人工哺乳的工具可用玻璃滴管、注射器、塑料眼药水瓶等，在管端接一段乳胶管或自行车气门芯即可。使用前先煮沸消毒。可喂鲜牛奶、羊奶或炼乳（按说明稀释）。奶的浓度不宜过大，以防消化不良。一般最初可加入1～1.5倍的水，1周后

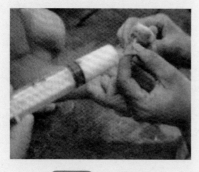

图8-14　人工哺乳

加入1/3的水，半个月后可喂全奶。喂前要煮沸消毒，待奶温降到37～38℃时喂给。每天喂给1～2次。喂时要耐心，滴喂的速度要与仔兔的吸吮动作合拍，不能滴得太快，一般是呈滴流而不是线流，以免误入气管而呛死。喂量以吃饱为限。

④ 防止吊乳：母兔在哺乳时突然跳出产仔箱并将仔兔带出的现象称为吊乳。吊乳在生产中经常发生。其主要原因是母乳不足或者母乳多仔兔也多时，仔兔吃不饱，吸着奶头不放；或者在哺乳时母兔受到惊吓而突然跳出产仔箱。被吊出的仔兔如不及时送回产仔箱内，则很易被冻死、被踩死或被饿死，所以，在管理上应特别小心。发现仔兔被吊出时，要尽快将其送回产仔箱内，同时查明原因，采取措施。如因母乳不足而引起吊乳，应调整母兔的饲粮，提高饲粮的营养水平，适当增加饲料喂量，同时多喂些青绿多汁饲料，以促进母乳的分泌，满足仔兔的营养需要；对于乳多仔兔也多的情况可以调整或寄养仔兔；如因管理不当所致，则应设法为母兔创造适宜的生活环境，确保母兔不受惊扰。

如被吊出的仔兔已受冻发凉，则应尽快为其取暖。可将仔兔握在手中或放入怀里取暖；也可把受冻仔兔放入40～45℃温水中，露出口鼻并慢慢摆动；还可把受冻仔兔放入巢箱，箱顶离兔体10厘米左右吊灯泡（25瓦）或红外线灯，照射取暖。实践证明，只要抢救及时，措施得当，大约10分钟后仔兔即可复活，此时可见仔兔皮肤红润，活动有力、自如。如被吊出的仔兔已出现窒息而还有一定温度时，可尽快进行人工呼吸。人工呼吸的方法是，将仔兔放在手掌上，头向指尖，腹部朝上，约3秒屈伸一次手指，重复七八次后，仔兔就有可能恢复呼吸，此时将其头部略放低，仔兔就能有节律地自行深呼吸。被救活的仔兔，要尽快放回产仔箱内，以便恢复体温。约经半小时后，被救仔兔的肤色转为红润，呼吸亦趋向正常。此时，应尽快使之吃到母乳，以便恢复正常。

（2）认真搞好管理　搞好仔兔的管理工作一般应注意以下

几点。

①夏季防暑，冬季防寒。

②预防鼠害。

③防止发生仔兔黄尿病。

④防止感染球虫病。

⑤防止仔兔窒息或残疾。

⑥保护产仔箱内干燥卫生。

2. 开眼期仔兔的饲养管理

开眼期仔兔要历经出巢、补料、断奶等阶段，是养好仔兔的关键时期。此时期饲养管理的技术要点如下。

（1）及时开眼　仔兔一般在11～12日龄眼睛会自动睁开。如仔兔14日龄仍未开眼，应先用棉花蘸清洁水涂抹软化，抹去眼边分泌物，帮助开眼。切忌用手强行拨开，以免导致仔兔失明。

（2）搞好补料工作　仔兔开眼后，生长发育很快，而母乳分泌先是增加，在20天左右开始逐渐减少，已满足不了仔兔的营养需要，故需要及时补料。

（3）抓好断奶工作　根据目前的养兔生产实际情况来看，仔兔断奶时间和体重有一定差别，范围在30～50天，体重600～750克，因生产方向和品种不同而异。如肉兔30日龄左右，獭兔35～40日龄，长毛兔40～50日龄。

（4）加强管理，预防疾病　仔兔刚开始采食时，味觉很差，常常会误食母兔的粪便，同时饲料中往往也存在各种致病微生物和寄生虫，因此，仔兔很容易感染上球虫病和消化道疾病。所以，最好实行母仔分养的方法，并在仔兔饲料中定期添加氯苯胍。

四、幼兔的饲养管理

幼兔阶段是养兔生产难度最大、问题最多的时期。一般兔场、户，此阶段兔的死亡率为10%～20%，而一些饲养管理条件较差的兔场、户，兔的死亡率可达50%以上。因此，应特别注意加强幼兔饲养管理和疾病防治工作，提高幼兔成活率（图8-15）。

图8-15　幼兔

1. 影响幼兔成活率的因素

（1）断奶时体况差　断奶时体况差，营养不良，抗病力弱，一旦其他配套措施跟不上，很容易感染疾病死亡。

（2）日粮配合不合理　少数养殖场、户为追求幼兔快速生长，盲目配制高能量、高蛋白质日粮，结果适得其反，造成大批幼兔因患魏氏梭菌等疾病而死亡。亦有许多场、户在引进良种后，仍采用传统的饲养方式，单一喂草，或日粮仅经简单配合，但营养达不到要求，导致幼兔营养不良，体弱多病。

（3）饲喂不当　许多场、户没有严格的饲喂制度，不定时定量，使幼兔饥饱不均、贪食过多，造成消化不良等消化道疾病。

（4）防疫制度不健全　某些兔场、户缺乏防疫观念，不注射或不及时注射兔瘟、巴氏杆菌、波氏杆菌、大肠杆菌、魏氏梭菌等疫苗或菌苗，在夏、秋季节，忽视了球虫病的预防。

（5）管理措施不利　如兔舍脏、潮、通风不良等；笼内拥挤，吃食不均，发育受到影响致使体弱者死亡；受鼠、野兽、猫、狗等动物的侵害而死亡。

2. 幼兔的饲养管理要点

（1）加强饲养　喂给幼兔的饲料必须体积要小，营养价值高，易消化，富含蛋白质、维生素和矿物质，而且粗纤维必须达到要求，否则会发生软便和腹泻并导致死亡。饲料一定要清洁、新鲜，一次喂量不宜过大，应掌握少量多次的原则，饲喂量随年龄的增长逐渐增加，防止料量突然增加或饲料突然改变。

（2）搞好管理　幼兔应按体质强弱、日龄大小进行分群，笼养时每笼以4～5只为宜，太多会因拥挤而影响发育，群养时可8～10只组成小群。

（3）做好记录　断奶时要进行第一次鉴定、打耳号、称重、分群等工作，并登记在幼兔生长发育卡上。

（4）加强运动　要加强幼兔的运动。笼养的长毛幼兔每天可放出运动2～3小时；肉皮用幼兔可集群放养，以增强体质。放养的幼兔体形大小应接近，体弱兔可单独饲养。放养时，除刮风下雨天外，春秋季节可早晨放出，傍晚归笼；冬季在中午暖和时放出；夏季在早、晚凉爽时放出，如有凉棚或其他遮阴条件下，也可整天放养，傍晚收回笼中。幼兔放养时，要有专人管理，防止互斗、兽害和逃跑。如有病兔应立即隔离并治疗。如遇天气突变，要尽快收回兔笼。

（5）长毛兔按时剪毛　断奶幼兔在2月龄左右时应进行第一次剪毛（俗称头刀毛），即把乳毛全部剪掉。应注意的事项是：①体质健壮的幼兔剪毛后，采食量增加，生长发育加快；②体质瘦弱的幼兔或刚断奶幼兔不宜剪毛，可以延迟一段时间再剪毛；③幼兔第一次采毛要剪毛，不要拔毛；④幼兔剪毛后应加强护理，特别是冬季和早春剪毛后注意防寒保暖。

（6）预防投药和及时注射疫苗　为了防止感染球虫病，应在断奶转群时，在饲料中投放一些防治球虫病的药物。慎用马杜拉霉素、盐霉素，以防中毒。断奶后检查1次粪便，查到球虫卵囊后，立即采取治疗措施。无化验条件时应加强观察，如发现幼兔粪便不呈粒状，眼球呈淡红色或淡紫色，腹部膨大时，即可疑为球虫病，再进行治疗。

（7）按时定期称重　以便及时掌握兔群的生长情况。如生长发育一直很好，可留作后备兔；如体重增加缓慢，则应单独饲养。发育良好的兔在3月龄可转入种兔群，发育差的兔可转入繁殖群和生产群。

（8）搞好环境卫生　保持兔舍内干燥、通风，定期进行消毒。要经常观察兔群健康情况，发现病兔，应及时采取措施，进行隔离观察和治疗。

五、青年兔（育成兔、后备兔）的饲养管理

青年兔时期采食量增多，生长发育快，对蛋白质、矿物质、维生素需要量多（图8-16）。生产中往往出现对后备兔饲养管理非常粗放的情况，结果是生长缓慢，到了配种年龄发育差，达不到标准体重，勉强配种，所生仔兔发育也差，母兔瘦弱。为此，在生产中不能忽视对青年兔的饲养管理。

图8-16　青年兔

1. 饲养方面

营养上要保证有充足的蛋白质、无机盐和维生素。因为青年兔吃得多，生长快，且以肌肉和骨骼增长为主。饲料应以青绿饲料为主，适当补喂精料。一般在4月龄之内喂料不限量，使之吃饱吃好，5月龄以后，适当控制精料，防止过肥。

2. 管理方面

重点是及时做好公、母分群，以防早配和乱配。

（1）单笼饲养　从3月龄开始要公、母兔分开饲养，尽量做到一兔一笼。据观察，3月龄以后的公、母兔生殖器官开始发育，逐渐有了配种需求，但尚未达到体成熟年龄。若早配则影响其生长发育。

（2）选种鉴定　对4月龄以上的公、母兔进行一次综合鉴定，重点是外形特征、生长发育、产毛性能、健康状况等指标。把鉴定选种后的兔子分别归入不同的群体中，如种兔群应是生长发育优良、健康无病、符合种用要求的兔子。生产群中不留

作种用的一律淘汰，用于产毛或育肥。

（3）适时配种利用　从6月龄开始训练公兔进行配种，一般每周交配1次，以提高早熟性和增强性欲。

第五节　工厂化科学养兔

一、工厂化养兔的概念与发展

工厂化养兔是指养兔企业进行高密度的和批次化的生产管理方式，并形成如工业流水线般的一定周期的批次化商品兔出栏。每次全出之后对兔舍、笼具和工具等设备与设施进行彻底的清理、清洗和消毒，减少了养殖环境中病原的数量和种类，便于卫生控制，提高了兔群的健康水平，使种兔遗传潜能的发挥受疾病的影响较小（表8-9）。

表8-9　工厂化养兔与传统养兔比较

内容	工厂化养兔	传统养兔
繁殖方式	控制发情，人工授精	自然发情，本交授精
生产安排	批次化生产，全进全出	无确定批次，连续进出
卫生管理	兔舍定期空舍消毒	兔舍很少能做到空舍消毒
转群操作	断奶后搬移妊娠母兔	断奶后搬移断奶仔兔
产品质量	批次出栏肉兔均匀度好	"同批出栏"肉兔大小不均
人均劳效	效率500～1000只母兔/人*	效率120～200只母兔/人

注：*是指机械化喂料和机械化清粪，人均劳效可达约1000只母兔。

二、工厂化养兔的核心技术

工厂化养兔是系统工程，是众多技术的集成，其核心技术是"繁殖控制技术"和"人工授精技术"。

工厂化养兔对种公兔和种母兔的生理压力都比传统养兔要大得多。繁殖控制技术主要是针对种母兔采取的一系列生产操作，目标是让种母兔同期发情。所以，繁殖控制技术泛指应用物理和生化的技术手段促进母兔群同期发情的各项技术的集成，主要包括光照控制、饲喂控制、哺乳控制和激素应用等。

1. 光照控制

2006年谷子林教授研究表明，光照对兔的性成熟和发情都有一定的影响，这种影响是通过视网膜感受光照以后调节松果体抑制褪黑素的分泌，从而减少对促性腺激素释放激素的抑制促进发情。在实际生产中，在人工授精之前的6天开始将光照时间从12小时突然提高到16小时，持续到人工授精之后的11天为止。突然增加光照在兔身上产生了有利于卵泡产生的正面应激，并因此产卵。这个光照计划有助于母兔同期发情并有较高的受胎率。

光照程序：如图8-17所示，从授精11天后到下次授精前的6天光照12小时（7点至19点）；从授精前的6天到授精后的11天光照16小时（7点至23点）。密闭兔舍方便进行光照控制，对

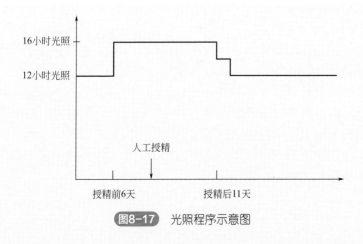

图8-17 光照程序示意图

开放兔舍需要采用遮光的方式以控制自然光照的影响。光照强度在60～90勒克斯，要根据笼具类型灵活掌握，与金属笼具相比，透光较差的水泥笼具需要增加光照强度。

2. 饲喂控制

对后备母兔首次人工授精操作时，在人工授精的前6天开始，从限制饲喂模式转为自由采食模式，加大饲料的供给量，给所有后备母兔产生食物丰富的感觉，同样利于同期发情。对空怀母兔要采取限饲措施，在下一次人工授精之前的6天起再自由采食，既能控制空怀母兔过肥，也能起到促进发情效果。对后备母兔和空怀母兔限制饲喂，范围在160～180克，也要根据饲料营养浓度和季节灵活掌握，以保持母兔最佳生产性能为准。母兔促发情阶段和哺乳期间，采取自由采食的方式。

3. 哺乳控制

哺乳控制是为了增强卵巢活力以提高生殖力和繁殖力。人工授精前的哺乳程序：人工授精之前36～48小时将母兔与仔兔隔离，停止哺乳，在人工授精时开始哺乳可提高受胎率。2002年赵辉玲等研究表明，48小时母仔分离能明显提高哺乳母兔的发情率和繁殖率，且对母兔和仔兔均无副作用。因此，可作为一种生物刺激技术，替代外源性激素的处理，广泛应用于哺乳母兔的同期发情。

4. 激素应用

在人工授精前48～50小时注射25国际单位的孕马血清促性腺激素（PMSG），促进母兔发情。激素质量对促发情效果影响很大，进口激素质量好但成本高，国产激素质量不稳定，很容易产生抗体，造成繁殖障碍。从实践来看，如果光照控制和哺乳控制做得很好的话，可以达到同期发情的目的，孕马血清促性腺激素的应用可以省略，以减少因产生激素抗体对受胎率造成的负面影响。

三、工厂化养兔的工艺流程与主要参数

1. 工厂化养兔的工艺流程

工厂化养兔的工艺流程概括起来就是全进全出循环繁育模式，采用繁殖控制技术和人工授精技术，批次化安排全年生产计划。国际上根据出栏商品兔体重的不同，主要有42天繁殖周期和49天繁殖周期两种生产方式，即两次人工授精之间或两次产仔之间的间隔是42天或49天。要实现全进全出，需要有转舍的空间，兔舍数量是7的倍数或者是成对设置，所有兔舍都具备繁殖和育肥双重功能，每栋舍有相同的笼位数。笼具为上下两层，下层为繁殖笼位，在繁殖笼位外端用隔板区分出一体式产仔箱，撤掉隔板后繁殖笼位有效面积增大，上层笼位可以放置育肥兔或后备种兔。

图8-18是以42天繁殖周期为例的工厂化养兔工艺流程图。以新建养兔场为例，假设将后备母兔转入1号兔舍，放在下层的繁殖笼位，适应环境后可进行同期发情处理，即人工授精前6天由12小时光照增加到16小时光照，由限饲转为自由采食。人工授精后11天内持续16小时光照。人工授精7天后至产前5天限制饲喂。授精12天后做妊娠鉴定（摸胎），空怀母兔集中管理，限制饲喂。产仔前5天将隔板和垫料放好，由限制饲喂转为自由采食。第一批产仔，产仔后进行记录，做仔兔选留和分群工作，淘汰不合格仔兔，将体重相近的仔兔分在一窝。1号舍母兔产后5天开始由12小时光照增加到16小时，产后11天再进行人工授精，人工授精后11天内持续16小时光照。人工授精7天后上批次空怀母兔限饲，授精12天后做妊娠诊断（摸胎），新空怀母兔集中管理，空怀不哺乳的母兔限制饲喂，空怀哺乳的母兔自由采食。在仔兔35日龄断奶后，所有母兔转群到空置的2号兔舍，断奶仔兔留在1号舍原笼位育肥，1周或10天左右可适度分群，部分仔兔分到上层的空笼位中。转群到2号舍的母兔在1周左右开始产仔（第二批），产仔后进行记录，做仔兔选留和分群

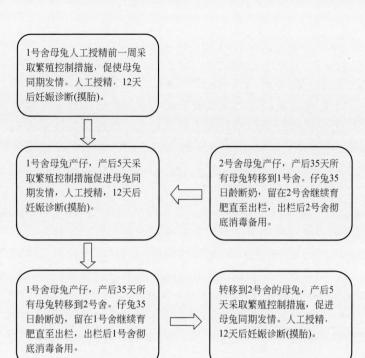

1号舍母兔人工授精前一周采取繁殖控制措施，促使母兔同期发情。人工授精，12天后妊娠诊断(摸胎)。

1号舍母兔产仔，产后5天采取繁殖控制措施促进母兔同期发情，人工授精，12天后妊娠诊断(摸胎)。

2号舍母兔产仔，产后35天所有母兔转移到1号舍。仔兔35日龄断奶，留在2号舍继续育肥直至出栏，出栏后2号舍彻底消毒备用。

1号舍母兔产仔，产后35天所有母兔转移到2号舍。仔兔35日龄断奶，留在1号舍继续育肥直至出栏，出栏后1号舍彻底消毒备用。

转移到2号舍的母兔，产后5天采取繁殖控制措施，促进母兔同期发情。人工授精，12天后妊娠诊断(摸胎)。

图8-18 以42天繁殖周期为例的工厂化养兔工艺流程图

工作，淘汰不合格仔兔，将体重相近的仔兔分在一窝。2号舍母兔产后5天开始由12小时光照增加到16小时，产后11天再进行人工授精，人工授精后11天内持续16小时光照。人工授精7天后上批次空怀母兔限饲，摸胎后，新空怀母兔集中管理，空怀不哺乳的母兔限制饲喂，空怀但哺乳的母兔自由采食。1号舍仔兔70日龄育肥出栏，1号空舍进行清理、清洗、消毒后备用。2号舍35日龄兔断奶，所有母兔转群到已经消毒空置的1号兔舍，断奶仔兔留在2号舍原笼位育肥，1周或10天左右可适度分群，部分仔兔分到上层的空笼位中。如此循环，此流程也称为全进全出42天循环繁育模式。

2. 工厂化养兔的技术参数

工厂化养兔的技术参数很多，主要是通风换气、转群操作和空怀母兔的管理等。

（1）通风换气和环境控制　通风换气是个宝，任何药物替不了。兔舍环境要控制在兔能够保持最佳生产状态。日常空气质量控制指标：二氧化碳浓度要小于0.10%，氨气浓度要小于0.001%，相对湿度控制在55%～75%，各生理阶段的兔对温度控制要求不同，母兔16～20℃，产箱内仔兔28～30℃，生长兔15～18℃；根据温度不同，空气流量每小时1～8米^3，笼内空气流速0.1～0.5米/秒。国内养兔企业普遍存在重视温度而忽视空气质量的问题，通风不足导致的呼吸道疾病已经造成了严重的经济损失。每次全出后的彻底清理、清洗、消毒减少了兔舍中病原种类和数量，有利于提高各阶段的成活率。

（2）转群操作和应激管理　工厂化养兔在仔兔断奶后，将妊娠母兔转移到已经消毒好的空兔舍，为即将出生的仔兔创造了相对卫生的环境，有助于提高仔兔的成活率。断奶仔兔在刚刚断奶时留在原地育肥，断奶2周后可以分群，两层笼具的兔舍可就近将同一窝的仔兔分在一起，避免了重新分群的应激和运输应激，减少了应激的叠加刺激，减少断奶仔兔伤亡，利于饲料的有效转化利用。

（3）种兔更新和空怀母兔的管理　最佳状态是种兔群年龄的金字塔结构（图8-19）：0～3胎龄的种兔占种群的30%左右，4～9胎龄的种兔占50%左右，10胎龄以上的占20%左右。种

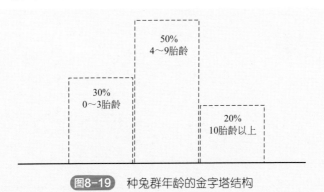

图8-19　种兔群年龄的金字塔结构

兔的淘汰和更新最重要的依据是考核健康状况、繁殖能力和泌乳能力。有呼吸道疾病、传染性皮肤疾病、生殖器官炎症、乳腺疾病等均应淘汰，不明原因的过度消瘦的种兔也应该淘汰。连续三胎产活仔数少于21只的母兔和连续三胎贡献断奶仔兔少于21只的种兔要淘汰。连续2次人工授精不孕的母兔需要淘汰。

3. 工厂化养兔时间轴

工厂化养兔可以根据全年的生产任务设计全年的主要工作安排，可以用时间轴的表达方式指导生产。表8-10是模拟新建兔场工厂化养兔的时间轴，是全年365天养兔的主要工作计划安排，条件是假设新建肉兔养殖场，于1月1日引进17周龄后备母兔（5~12周龄后备种兔自由采食，13~17周龄供给哺乳母兔饲料，限饲160~180克）。全年按照42天繁殖周期全进全出循环繁育模式，可人工授精9个批次，出栏7个批次的商品兔。可根据当地的疾病流行情况在其中加入免疫计划，根据产仔箱类型加入哺乳控制方案等。

表8-10　模拟新建兔场工厂化养兔的时间轴

日期	周龄	种母兔光照计划	生产操作（假设新建场，有两栋兔舍，两层笼具，上层为育肥笼，下层为种兔笼）
1月1日	17周龄	12小时	整群5~17周龄的后备种兔于1月1日转入1号舍，适应环境。2号舍空栏备用。饲喂哺乳母兔料160~180克/只
1月10日	19周龄	16小时	1号舍母兔加光，饲喂哺乳母兔料，自由采食
1月16日		16小时	1号舍母兔第一批人工授精，饲喂哺乳母兔料，自由采食。授精7天后饲喂哺乳母兔料160~180克/只
1月27日		12小时	摸胎，空怀母兔集中管理，限饲160~180克/只

日期	周龄	种母兔光照计划	生产操作（假设新建场，有两栋兔舍，两层笼具，上层为育肥笼，下层为种兔笼）
2月10日		12小时	妊娠母兔自由采食，安装产仔箱，添加垫料
2月14日	24周龄	12小时	1号舍母兔产仔，第一批仔兔
2月19日		16小时	1号舍在繁母兔、空怀母兔和后备母兔同时加光
2月25日		16小时	1号舍母兔第二批人工授精
3月7日	27周龄	16小时	撤产仔箱，准备断奶料，自由采食
3月9日		16小时	1号舍母兔摸胎，空怀母兔集中管理，限饲
3月20日		12小时	1号舍第一批仔兔断奶，换断奶料，留原地育肥；所有母兔转群到2号舍
3月21日	29周龄	12小时	2号舍安装产仔箱，添加垫料，后备母兔补栏
3月27日		12小时	2号舍母兔产仔，第二批仔兔
4月1日		16小时	2号舍所有母兔加光
4月7日		16小时	2号舍母兔第三批人工授精
4月16日		16小时	2号舍母兔撤产仔箱
4月19日		16小时	2号舍母兔摸胎，空怀母兔集中管理，限饲
4月24日		12小时	1号舍第一批仔兔育肥出栏，清理、清洗、消毒、空舍

日期	周龄	种母兔光照计划	生产操作（假设新建场，有两栋兔舍，两层笼具，上层为育肥笼，下层为种兔笼）
5月1日		12小时	2号舍第二批仔兔断奶，留在原地育肥； 所有母兔转群到1号舍，补充后备母兔
5月2日	35周龄	12小时	1号舍安装产仔箱，添加垫料
5月7日		12小时	1号舍母兔产仔，第三批仔兔
5月12日		16小时	1号舍母兔加光
5月18日		16小时	1号舍母兔第四批人工授精
5月28日		16小时	1号舍母兔撤产仔箱
5月30日	39周龄	16小时	1号舍母兔第四批摸胎，空怀母兔集中管理，限制饲喂
6月5日		12小时	2号舍第二批仔兔出栏，彻底清理、清洗、消毒、空舍
6月11日		12小时	1号舍第三批仔兔断奶，留原地育肥； 所有母兔转群到2号舍，后备母兔补栏
6月12日		12小时	2号舍安装产仔箱，添加垫料
6月18日		12小时	2号舍母兔产仔，第四批仔兔
6月23日		16小时	2号舍母兔加光
6月29日		16小时	2号舍母兔第五批人工授精
7月9日		16小时	2号舍撤产仔箱
7月11日	45周龄	16小时	2号舍第五批母兔摸胎，空怀母兔集中管理，限制饲喂

日期	周龄	种母兔光照计划	生产操作（假设新建场，有两栋兔舍，两层笼具，上层为育肥笼，下层为种兔笼）
7月16日		12小时	1号舍第三批仔兔出栏，彻底清理、清洗、消毒、空舍
7月23日		12小时	2号舍第四批仔兔断奶，留在原地育肥； 所有母兔转群到1号舍，补充后备母兔
7月24日		12小时	1号舍安装产仔箱，添加垫料
7月30日		12小时	1号舍母兔群产仔，第五批仔兔
8月4日		16小时	1号舍母兔加光
8月10日		16小时	1号舍第六批人工授精
8月20日		16小时	1号舍撤产仔箱
8月22日	51周龄	16小时	1号舍第六批摸胎，空怀母兔集中管理，限制饲喂
8月27日		12小时	2号舍第四批仔兔出栏，彻底清理、清洗、消毒、空舍
9月3日		12小时	1号舍第五批仔兔断奶，原地育肥； 母兔转群到2号舍，补充后备母兔
9月4日		12小时	2号舍安装产仔箱，添加垫料
9月10日		12小时	2号舍产仔，第六批仔兔
9月15日		16小时	2号舍母兔加光
9月21日		16小时	2号舍第七批人工授精
10月1日		16小时	2号舍撤产仔箱
10月2日		16小时	1号舍限饲断奶料，2号舍自由采食，准备断奶料

日期	周龄	种母兔光照计划	生产操作（假设新建场，有两栋兔舍，两层笼具，上层为育肥笼，下层为种兔笼）
10月3日	57周龄	16小时	2号舍第七批摸胎，空怀母兔集中管理，控制饲喂
10月8日		12小时	1号舍第五批仔兔出栏，彻底清理、清洗、消毒、空舍
10月15日		12小时	2号舍第六批仔兔断奶，留原地育肥；所有母兔转群到1号舍，后备母兔补栏
10月16日		12小时	1号舍安装产仔箱，添加垫料
10月22日		12小时	1号舍母兔产仔，第七批仔兔
10月27日		16小时	1号舍母兔加光
11月2日		16小时	1号舍第八批人工授精
11月12日		16小时	1号舍撤产仔箱
11月14日	63周龄	16小时	1号舍母兔第八批摸胎
11月19日		12小时	2号舍仔兔第六批出栏，彻底清理、清洗、消毒、空舍
11月26日		12小时	1号舍第七批仔兔断奶，原地育肥；所有母兔转群到2号舍，补充后备母兔
11月27日		12小时	2号舍安装产仔箱，添加垫料
12月3日		12小时	2号舍母兔产仔，第八批仔兔（将于翌年1月7日断奶，2月10日出栏）
12月8日		16小时	2号舍母兔加光

彩色图解科学养兔技术

日期	周龄	种母兔光照计划	生产操作（假设新建场，有两栋兔舍，两层笼具，上层为育肥笼，下层为种兔笼）
12月14日		16小时	2号舍第九批人工授精（将于翌年1月13日产仔，2月17日断奶）
12月24日		16小时	2号舍撤产仔箱
12月26日	69周龄	16小时	2号舍第九批摸胎
12月31日		12小时	1号舍第七批仔兔出栏，彻底清理、清洗、消毒、空舍

第九章
兔的安全生产与疾病控制

第一节　兔的安全生产

一、兔安全生产的概念

兔安全生产是指在兔生产过程中保证兔与环境的和谐发展。是涉及种兔质量、饲养管理技术、饲料安全、药物正确使用、生物安全措施的有效实施、饲养环境的优化以及加工、运输、储存和卫生等多方面的系统工程。

兔安全生产主要包括以下内容：第一保证兔健康，避免发生传染性疾病和其他疾病；第二保证兔生产中产生的废弃物（如废气、废水、粪便、死尸等）不对环境造成污染和威胁；第三保证兔与人和其他动物不相互传染疾病；第四，保证兔生产过程中不受到环境的不良影响；第五，通过综合措施，为人类提供安全的兔产品。也就是说，通过科学饲养、环境控制和疾病防治等手段，实现兔健康，环境良好，人畜安全，产品绿色。以上几方面相互联系，相互制约，互相促进，相辅相成。

二、影响兔安全生产的因素

兔生产过程中，存在很多不安全因素影响兔内部紊乱和环境恶化。概括起来主要有以下几点。

1. 饲料因素

饲料安全越来越成为全球关注的热点问题。近30年来，世界上发生多起与饲料有关的重大安全事故。生产中，饲料安全隐患突出表现在以下几个方面。

（1）霉菌毒素　霉菌毒素主要是由霉菌等真菌微生物滋生的产毒株产生的结构相似的一组毒枝菌素，在自然界中广泛分布。一定条件下，作物在生长、收获、储存或加工成饲料等过程中，均可能产生霉菌毒素。例如，夏天高温高湿环境中，玉米、豆粕、麸皮都很容易滋生黄曲霉菌，对饲料中的蛋白质与糖化淀粉有很强分解能力，从而降低饲料的营养价值与适口性，甚至产生多种毒素。霉菌毒素会对兔产生严重危害，比如饲料品质时好时坏，免疫能力降低，生产性能下降，疾病易感性增强，营养吸收和利用率降低等；同时，霉菌毒素会对人类造成极大危害。兔食用被污染饲料后，霉菌毒素势必会在一定程度上残留在体内，最终经食物链威胁人类健康。

引起饲料霉变的微生物主要有曲霉菌、青霉菌、镰刀霉菌等。黄曲霉毒素作为众多真菌毒素中的一种，对饲料原料造成的污染最为严重。饲料中常见的黄曲霉毒素有AFB1、AFB2、AFG1、AFG2和主要出现在乳中的AFM1，其中AFB1在所有已知黄曲霉毒素中毒性最强，危害也最大。AFB1能够致癌、致畸、致突变，毒效相当于氰化钾的10倍、砒霜的68倍。大量数据表明，霉变的饲料原料和配合饲料中，受AFB1污染的概率几乎是100%，其次是AFM1。

（2）饲料自身有毒成分　棉籽饼、菜籽饼、大豆饼（粕）、蓖麻饼（粕）等饲料，本身就含有生物碱、配糖体、皂类、挥发油类、抗营养因子、胰蛋白酶抑制剂、光敏物质、硝基化合物等有毒有害物质,这些物质轻者降低饲料消化率,重者引起兔中毒,并对人类造成潜在威胁。如棉籽饼中含有棉酚及其衍生物,其中游离棉酚毒性最大,是一种嗜细胞性、血管性和神经性毒物,在兔体内蓄积,损害肝细胞、心脏、输卵管等器官,日粮棉酚达0.01%～0.03%时,就会出现食欲减退、营养不良等中毒症状,甚至死亡。

(3)微生物污染 饲料及其原料在运输、储存、加工及销售过程中,由于保管不善,易污染上各种霉菌和腐败菌及其毒素,主要有致病性细菌(如沙门菌、大肠杆菌)、各种霉菌(如曲霉菌、青霉属、镰刀菌属等)及其毒素、病毒(或阮蛋白)、弓形体。有许多人畜共患的传染病,病原微生物通过被污染的饲料使畜禽致病,并污染畜产品而危害人类健康。

(4)违禁药物添加 早在1998年,就颁布了《关于严禁非法使用兽药的通知》,随后又发布了禁用药品品种的通知,强调禁止在饲料产品中添加未经批准的兽药品种。然而,在实际生产中,一些饲料加工企业和养殖场受利益驱使,仍然违法违规使用药物添加剂,导致药物在畜产品中蓄积残留,给人类健康造成严重后果。目前我国已发生多起"瘦肉精"(盐酸克伦特罗)中毒事件。盐酸克伦特罗在体内蓄积性很强,易残留,而且一般的食品加工方法不能使其灭活,人食用了含"瘦肉精"的动物食品后,出现心慌、心悸、颤抖、心率过速等中毒症状,特别是有心脏病史的人食用后,后果将十分严重。

(5)药物添加剂使用 药物添加剂是指为预防、治疗动物疾病而掺入载体或稀释剂的兽药混合物。常用的兽药添加剂有抗生素和驱虫药等。2001年7月颁布了《饲料药物添加剂使用规范》,规定了57种饲料药物添加剂的适用动物、用法与用量、储存期、注意事项和配伍禁忌等。然而,不少饲料企业和兔养殖者安全意识淡薄,在饲料中往往超量添加或不遵守休药期的规定,不遵守配伍禁忌等,或将不同品牌的饲料产品混合使用,造成抗生素重复且超量使用,不仅加大了饲养成本,而且使致病菌的耐药性增强，特别是人畜共用的抗生素，由于致病菌耐药性传递等问题，使人的耐药性增强，从而大大降低人类抵抗传染病的能力。

（6）微量元素添加剂　适量的微量元素添加剂可补充兔营养不足，促进兔生长，但现在的畜牧业过于强调微量元素的作用。高铜、高锌等微量元素添加剂被广泛应用到饲料中，高铜饲料可明显促进生长，高锌饲料可预防腹泻。由于微量元素之间的协同作用和拮抗作用，其他微量元素（如铁、锰等）也需相应提高用量，这些高剂量微量元素添加剂中有80%～90%的重金属不被吸收，随粪尿等排泄物排出体外，造成环境污染。而且，铜、铁、锰、锌等易蓄积在兔肝、肾组织中，影响兔产品的安全。

（7）农药、化肥与工业废物　农药残毒是指在环境和饲料中残留的农药对兔引起的毒效应。包括农药本身以及它的衍生物、代谢产物、降解产物以及它在环境和饲料中的其他反应产物的毒性。农药残留毒性，可表现为急性毒性、慢性毒性、诱变、致畸、致癌作用和对繁殖的影响等。饲料中如果存在农药残留物，可随饲料进入兔机体，危害人体健康和降低兔生产性能。农药种类主要包括有机磷和有机氯农药、氨基甲酸酯类杀虫剂、杀菌剂（有机硫、有机汞、有机砷和内吸性杀菌剂等）、除草剂及库存粮食过程中使用的熏蒸剂等。

工业污染主要是造成重金属污染。汞、铅、砷、镉等重金属污染，主要来源于工业"三废"的排放和含重金属的农药、化肥。使用这些被污染的饲料饲喂动物，兔产品中就会出现农药残留。

（8）污染企业废弃物　对人畜健康造成很大危害的二噁英就是一种工业废物，主要来源于城市垃圾焚烧、钢铁冶炼、造纸业及生产杀虫剂、除草剂的企业。二噁英属多氯联苯类物质，易溶于油脂。饲用油脂产品易受二噁英污染。

2. 兔场排泄物和废弃物

初步计算，一个万只种兔场年排污量（种兔及其后代总排污量，包括排泄物、冲刷物、污染物等）在1万吨左右。大量污染物如果不经适当处理，势必对周围环境造成严重污染，同时也危害兔的健康生产。粪便分解会产生一定的气体，主要有氨气、硫化氢、一氧化碳和二氧化碳，有些带有一定的臭味，对大气造成污染；排泄物通常带有致病微生物，极易造成土壤、水体、空气污染，并通过被污染的水、饲料和空气，导致传染病和寄生虫病的传播和蔓延。特别是粪便中含有大量的球虫卵囊、芽孢杆菌等，脱落的污毛中含有大量的真菌孢子，均具有较强的外界抵抗力和传播性。这些都是导致疾病连绵不断、发病率高的原因之一。

我国以中小规模家庭养兔为主体，对兔场的整体规划没有引起足够的重视，尤其对于粪便的处理考虑不周，更没有建造环保工程，给日后的兔安全生产乃至人畜安全造成隐患。

3. 外界生物污染源

兔场老鼠、麻雀、蚊蝇等是传播疾病、危害兔健康的主要生物源。据报道，苍蝇可传播16种病原体，老鼠能携带多种病原体（如鼠疫杆菌、炭疽、弓形体、沙门菌、布鲁菌、结核病、钩端螺旋体病、巴氏杆菌病等），是疫病的主要宿主和传播者；老鼠对饲料的消耗和污染也相当严重，直接危害养兔场的生产环境。鸟的病原体往往通过羽毛、皮屑、粪便等途径很容易传染给兔，从而造成疫病流行，给生产带来损失。我国兔场建设大多数条件简陋，以上生物污染源存在是一个普遍的问题。

4. 国内外引种

随着科技意识的增强，人们对优良品种作用的认识不断深化。因而，不仅地区兔场间、省际，甚至从国外引种也是不断发生的事情。据不完全统计，2005—2006年，仅山东省从国外引种达2000多只。尽管我国已经颁布并实施了种畜禽管理条例，特别是从国外引种有相当严格复杂的检疫程序和先进的检疫手段。但万虑一疏的事情是难以避免的。特别是一些疾病的潜伏期较长，或在特定条件下暴发，一些疾病尚无特定的检疫手段，或有些疾病尚未被人们所了解或重视。因此，国内兔场间和国际间频繁引种，是兔生产不安全的一个重大隐患。

此外，我国对外开放力度的加大，与其他国家的进出口贸易量的扩大，也加大了通过其他进口物品带入病原菌的可能性和危险性。

5. 市场交易

市场流通的日趋活跃，信息平台的资源共享，促进了城市间、城乡间和省际活兔及兔产品的频繁交易和运输。尽管各贸易市场毫无例外地有动检人员，但不可否认，活兔在市场的停留、交易、运输过程中，由于不能全面有效地实施健全的检疫程序及运载工具缺乏彻底的清洗和消毒，使交易市场成为疫病扩散的场所，成为导致兔疾病传播的根源之一。特别是农村乡镇的交易市场，兔来自四面八方，防疫意识淡薄，不经严格检疫，形成对社会大环境的污染，给兔的安全生产构成了直接威胁。

6. 病死兔的随意处理

我国是养兔大国，传统的农村家庭养殖习惯还没有得到根本改变，千家万户小规模养殖仍占主导地位，并将持续一定时间。这种传统的养殖方式，由于技术水平不高、饲养管理不善、防疫意识淡薄等原因，易造成兔患病死亡。多数养兔场由于没有专门的病死兔尸体处理设施，随意抛弃现象较普遍。有些养兔户为了减少损失，甚至低价抛售病死兔。这不仅影响了环境卫生，而且为病原菌的扩散和疾病的流行创造了条件。

7. 防疫观念淡薄

防疫观念淡薄是农村家庭兔场存在的较普遍现象。比如：没有严格的防疫制度和规范的免疫程序；疫苗注射器具消毒不严，甚至一针到底根本不消毒；有的图省钱存有侥幸心理，该

第九章 兔的安全生产与疾病控制

免疫的不免疫，该用药的不用药，该消毒的不消毒；有的兔场没有隔离设施，病兔和健康兔同舍饲养。或舍不得淘汰慢性传染性疾病的患兔，长期用药物治疗；有的兔场不设隔离区和消毒设施，没有严格的区域划分，生产区、办公区、管理区混淆，清洁道和污染道交叉；更多的小规模兔场闲人乱进，种兔外借，死兔乱扔，粪便乱堆，甚至小商小贩去兔场收兔买皮，如入无人之境。以上现象的根源在于防疫意识淡薄，成为兔安全生产的最大隐患。

8.设施简陋

多数小规模兔场的防疫设施简陋落后。比如：大门不设消毒池，入口没有消毒间，场界没有隔离设施，没有专用病兔隔离舍和粪便处理场；路面不硬化，场区不绿化，粪沟不规范，粪尿蓄积；笼具粗糙，毛刺遍布，踏板间隙小而不匀，粪便积累。特别是自动饮水器质量差，经常漏水，加之饲养密度大，通风不良，造成兔舍内湿度过大。对于养兔而言，湿度大是万病之源，比如消化道疾病、呼吸道疾病、皮肤真菌病和体内外寄生虫病等，都与高湿度有直接关系。

三、兔安全生产的措施

1.加强安全教育，提高安全生产意识

教育兔从业人员，提高安全生产意识。使他们充分了解影响安全生产的各种因素以及它们的危害性和危险性，掌握安全生产的技术环节。尤其是安全用药，科学用药，不用违禁药物及添加剂。充分认识到安全生产无论对自己，还是对别人；对兔场，还是对社会；从经济方面，还是环境生态方面；从近期利益，还是长远发展看，都是非常重要的。将安全生产形成良好的工作习惯和自觉行为。

2.加强基层畜牧兽医科技队伍建设，提高执法力度

基层畜牧兽医人员长期工作在第一线，他们的业务素质和思想素质，在兔安全生产方面起到举足轻重的作用。一是

加大对基层畜牧兽医站的经费投入、设备投入、人员配备和技术培训；二是将《中华人民共和国动物防疫法》落实在基层，加大执法力度，责任到站，落实到人；三是抓好主要环节，即非法违禁药物的流通与使用、兔场的免疫密度、活兔运输、活兔集市交易、屠宰加工、养殖场和屠宰场的排污监管等。

3. 加强饲料安全

饲料配方、饲料配制、原料质量、饲料添加剂等，都直接影响饲养效果和安全生产。抓住了饲料质量，就等于抓住了安全生产的关键环节。生产中饲料方面存在三大问题：一是配方不合理导致的消化系统疾病；二是原料质量不稳定，尤其是霉菌毒素超标，导致积累性中毒；三是滥用药物和添加剂。解决以上问题，一是要提高科学配料和选料用料技术，二是要加大违禁药物的监管力度，三是要提高饲料安全检测的硬件和软件建设。

4. 加强疫苗研制和绿色饲料添加剂的开发利用

我国在兔疫苗的研制方面取得了世人瞩目的成就，但尚有很多技术需要攻关。比如：目前未见高效可靠的巴氏杆菌和波氏杆菌疫苗，大肠杆菌疫苗的效果也不甚理想，真菌疫苗（尤其是小孢子真菌性皮肤病）和球虫疫苗没有问世。尽管有一些二联苗或三联苗研发成功，但使用中往往出现这样或那样的问题。高效生物疫苗的研发任重道远。伴随世界绿色浪潮的涌起，无公害、绿色乃至有机食品逐渐成为消费的主流。无论是兔肉出口，还是国内市场销售，药物的使用将越来越严格。因此，开发和利用绿色饲料添加剂成为不可逆转的趋势。目前我国在中草药制剂、微生态制剂、寡糖、壳聚糖、活性肽等绿色饲料添加剂开发方面取得了良好进展，并将成为抗生素和化学药物的理想替代品。

5. 因地制宜搞好疾病综合防控

每个地区应根据当地疾病发生规律，针对性地制订防疫程序。兔疾病有其特殊性，疫苗使用有其局限性，即疫苗不是万能的。很多病原菌属于条件致病菌，很多疾病，包括传染性疾病的发生，与饲养管理和卫生条件有直接关系。因此，只有综合防控，才能事半功倍。

6. 搞好兔场硬件建设

尽管目前我国养兔以家庭中小规模为主，但规模化养兔是必然趋势。因此，合理规划和科学设计是规模化养兔的基础。应根据经济实力，因地制宜搞好兔场硬件建设，如兔场布局、防疫设施、粪便处理设施等。同时在兔舍环境控制（温度、湿度、通风等）、兔笼和笼具（尤其注意饮水器质量）的选用上下功夫。

7. 严格种兔管理，加强品种培育

优种在科技进步中占重要位置。没有良种，就没有高效，没有健康的种兔，就没有安全生产。利用现代生物技术，加大良种培育力度，降低国外引种风险，为安全生产提供种源保障。贯彻《种畜禽管理条例》，克服重引种、轻育种、忽视保种的错误观念。规范引种行为，减少频繁无序国外引种。打击不法分子逃避入境检验检疫，走私活兔及其制品的行为。严防兔传染性疾病，特别是我国从未发生的兔传染病（如黏液瘤病、野兔热等）传入我国。

第二节 兔病防治的一般原则和措施

兔疾病种类很多，包括传染病、寄生虫病、普通病等，约有上百种。一般来说，传染病对兔群的威胁最大，有造成全群覆灭的危险。兔是很娇气的动物，对于疾病的抵抗力差，一旦发病，治疗效果往往不佳。因此，必须坚持"以防为主"的方针，规模化兔场应坚持"防病不见病，见病不治病"的基本原则，采取如下措施，使兔病发生降低到最低程度。

一、科学饲养

1. 饲养健康兔群

基础群的健康状况对安全生产至关重要。如果基础打不好，后患无穷！一般而言，应坚持自繁自养的原则，有计划有目的地从外地引种，进行血统调剂。引种前必须对提供种兔的兔场进行周密调查，对引进的种兔进行检疫。

2. 提供良好环境

良好的生活环境对于保持兔健康至关重要。比如，兔场建筑设计和布局应科学合理，清洁道和污染道不可混用和交叉，周围没有污染源；严格控制气象指标，如温度、湿度、通风、有害气体等；避免噪声、其他动物的闯入和无关人员进入兔场。

3. 提供安全饲料

第一，有适宜的饲养标准；第二，根据当地饲料资源，设计全价饲料配方，并经过反复筛选，确定最佳方案；第三，严把饲料原料质量关，特别是防止购入发霉饲料，控制有毒饲料用量（如棉籽饼类），避免使用有害饲料（如生豆粕），禁止饲喂有毒饲草（如龙葵）等；第四，防止饲料在加工、晾晒、保存、运输和饲喂过程中发生营养破坏和质量变化，如日光暴晒造成维生素破坏、储存时间过长、遭受风吹雨淋、被粪便或有毒有害物质（如动物粪便）污染等。

4. 把好入口关

主要指饲料和饮水的安全卫生，防止病从口入。

5. 制订合理的饲养管理程序

根据兔的生物学特性和本场实际，以兔为本，人主动适应兔，合理安排饲养和管理程序，并形成固定模式，使饲养管理工作规范化、程序化、制度化。

6. 主动淘汰危险兔

原则上讲，兔场不治病，有了患病兔（主要是指病原菌引起的传染病）立即淘汰。理论和实践都表明，淘汰一只危险兔（患有传染病的兔）远比治疗这只兔子的意义大得多。

二、高效预防

1. 定期检查

除对新引进种兔严格检疫和隔离观察以外，兔群应有重点地定期检疫。如每半年一次对巴氏杆菌病检测（0.25%～0.5%的煌绿溶液滴鼻），每季度对全群进行疥癣病检疫和皮肤病检查，每2个月进行一次伪结核病检查等。每2周对幼兔球虫进行检测（一年四季检测都有必要），种兔配种前对生殖系统进行检查（主要检查梅毒、外阴炎、睾丸炎和子宫炎），母兔产仔后5天内每天检查一次，此后每周进行一次乳房检查等。

2. 计划免疫

根据每个兔场的具体情况，确定免疫对象和制订免疫程序。兔场主要传染病及疫苗使用技术见表9-1。

表9-1 兔场主要传染病及疫苗使用技术

病名	疫苗	免疫使用技术	备注
病毒性出血症（兔瘟）	病毒性出血症组织灭活苗	颈部皮下注射2毫升，7天左右产生免疫力。40～45日龄首兔，60日龄加强免疫。此后每年免疫2～3次	免疫期4～6个月，保存期1年（2～8℃、阴暗处）
巴氏杆菌病	巴氏杆菌灭活苗	肌内注射或皮下注射1～2毫升，7天左右产生免疫力。30日龄首兔，间隔2周加强免疫，此后每年免疫2～3次	免疫期4～6个月，保存期1年（2～15℃、阴暗处）
兔波氏杆菌病	支气管败血波氏杆菌灭活苗	肌内注射或皮下注射1～2毫升，7天后产生免疫力。母兔妊娠前1周、仔兔断乳前1周注射，其他兔每年注射2～3次	免疫期4～6个月，保存期1年（2～15℃、阴暗处）

病名	疫苗	免疫使用技术	备注
兔A型魏氏梭菌病	兔A型魏氏梭菌灭活苗	皮下注射或肌内注射，7天后产生免疫力。30日龄以上兔每只注射1～2毫升，2周后加强免疫。其他兔每年注射2次	免疫期4～6个月，保存期1年（2～8℃、阴暗处）
兔伪结核病	兔伪结核耶新氏杆菌多价灭活苗	肌内注射或皮下注射，7天后产生免疫力。仔兔断乳前1周注射，其他兔每年注射2次，每次1毫升	免疫期6个月，保存期1年（2～8℃、阴暗处）
兔沙门杆菌病	兔沙门杆菌灭活苗	皮下注射或肌内注射，7天后产生免疫力。断乳前1周的仔兔、妊娠前或妊娠初期的母兔及其他青年兔，每只每次注射1毫升，每年注射2次	免疫期6个月，保存期1年（2～8℃、阴暗处）
兔大肠杆菌病	兔大肠杆菌病多价灭活疫苗	肌内注射，7天后产生免疫力。仔兔20日龄时注射1毫升，断奶后加强免疫1次，注射2毫升	免疫期4个月。保存期1年（2～15℃、阴暗处）
兔肺炎克雷伯氏菌病	兔肺炎克雷伯氏菌灭活苗	皮下注射，7天产生免疫力。20日龄首免皮下注射1毫升、断奶后再加强免疫1次，注射2毫升	免疫期4～6个月，保存期1年（2～15℃、阴暗处）
葡萄球菌病	兔葡萄球菌病灭活苗	用于预防哺乳母兔因葡萄球菌引起的乳腺炎和由于葡萄球菌感染引起的脓肿等。母兔配种时皮下接种2毫升	免疫期6个月，保存期1年（2～15℃、阴暗处）

注：目前国内各兔场主要注射兔瘟疫苗，其他疫苗根据具体情况选择。

3. 卫生消毒

消毒是综合防制措施中的重要环节，目的是杀灭环境中的病原微生物，以彻底切断传染途径，防止疫病的发生和蔓延。选择消毒药物和消毒方法，必须考虑病原菌的特性和被消毒物体的种类以及经济价值等。如对于木制用具，可用开水或2%的火碱溶液烫洗；金属用具，可用火焰喷灯或浸在开水中10～15分钟；地面和运动场可用10%～20%的石灰水或5%的漂白粉溶液喷洒，土地面可先将表土铲除10厘米以上，并喷洒10%～20%的石灰水或5%的漂白粉溶液，然后换上一层新土夯实，再喷洒药液；食具和饮具等，可浸泡于开水中或在煮沸的2%～5%的碱水中浸泡10～15分钟；毛皮可用1%的石炭酸溶液浸湿，或用福尔马林熏蒸；工作服可放在紫外灯消毒室内消毒或在1%～2%的肥皂水内煮沸消毒；粪便进行堆积，生物发酵消毒。

4. 药物预防

对于某些疾病目前还没有合适的疫苗，有针对性地进行药物预防是搞好防疫的有效措施之一。特别是在某些疫病的流行季节到来之前或流行初期，选用高效、安全、廉价的药物，添加在饲料中或饮水中，可在较短的时间内发挥作用，对全群进行有效的预防。或对兔的特殊时期（如母兔的产仔期）单独用药预防，可收到明显效果。药物预防的主要疾病为细菌性疾病和寄生虫病，如大肠杆菌病、沙门菌病、巴氏杆菌病、波氏杆菌病、葡萄球菌病、球虫病和疥癣病等。

药物预防应注意药物的选择和用药程序。要有针对性地选择药物，最好做药敏试验，当使用某种药物效果不理想时应及时更换药物或采取其他方案，用药要科学，按疗程进行，既不可盲目大量用药，也不可长期用药和用药时间过短。每次用药都要有详细的记录，如记载药物名称、批号、剂量、方法、疗程，观察效果，对出现的异常现象和处理结果更应如实记录。

5. 定期驱虫

兔的体外寄生虫病主要有疥癣病、兔虱病；体内寄生虫主要有球虫病、囊尾蚴病、拴尾线虫病等。而疥癣病和球虫病是预防的重点，其他寄生虫病在个别兔场零星发生，也应引起注意。在没有发生疥癣病的兔场，每年定期驱虫1～2次即可，而曾经发生过疥癣病的兔场，应每季度驱虫一次；无论是什么样的饲养方式，球虫病必须预防，尤其是6～8月份是预防的重点。但近年来我国规模化养兔的发展，冬季提供一定的保温和加温条件，因此，球虫病呈现全年化发生趋势，应该全年预防；囊尾蚴病和棘球蚴病的传播途径主要是狗和猫等动物粪便对饲料和饮水的污染，控制养狗、养猫，或对其定期驱虫，防止其粪便污染即可降低囊尾蚴的感染率；线虫病每年春秋两次进行普查驱虫，使用广谱驱虫药物（如苯丙咪唑、伊维菌素或阿维菌素），可同时驱除线虫、绦虫、绦虫蚴及吸虫。

6. 隔离和封锁

在发生传染病时，对兔群进行封锁，并对不同兔采取不同的处理措施。病兔：在彻底消毒的情况下，把有明显症状的兔单独或集中隔离在原来的场所，由专人饲养，严加看护，不准越出隔离场所。饲养人员不准相互串门，工具固定使用，入口处设消毒池。当查明为少数患兔时，最好捕杀，以防后患；可疑病兔：症状不明显，但与病兔及污染的环境有接触（同笼、同舍、同一运动场）的兔，有可能处在潜伏期，并有排毒的危险，应在消毒后另地看管，限制活动，认真观察。可进行预防性治疗，出现病症时按病兔处理，如果2周内没有发病，可取消限制；假健群：无任何症状，没有与上面两种兔有明显的接触。应分开饲养，必要时转移场地饲养，在整个隔离期间，禁止向场内运进和向场外运出兔、饲料和用具，禁止场外人员进入，也禁止场内人员外出。当传染病被扑灭2周后，不再发生病兔，可解除封锁。

三、抗病力育种

将抗病力作为育种的主要目标之一，从根本上解决兔对某些疾病的抗性，是今后育种的方向和重点。简单而实用的方法是在发病兔群选择不发病的个体作为种用。因为，在发病兔群里，有些兔子的抗性强而保持健康，这种抗性如果是遗传的，那么就能将这种品质遗传给后代，使个体品质变成群体品质。如果用现代育种方法，测定控制兔对某些疾病有抗性的基因或将具有抗性的基因片段导入兔的染色体内，就可培育出对某些疾病有抗性的兔群。

第三节 常见兔病

一、兔传染性疾病

1. 兔病毒性出血症

兔病毒性出血症又叫兔病毒性败血症或兔出血性肺炎，俗称兔瘟，是由病毒引起的一种急性败血性传染病，呈毁灭性流行，发病急，发病率高，可达70％～100％，死亡率高达90％～100％。本病主要感染青年兔和成年兔，2月龄以下幼兔发病率较低，任何品种、性别、用途的兔均易感，一年四季均可发病，但以春秋发病率高。带毒兔、病兔是主要传染源，通过饲养用具、人员、车辆、污染的饲草饲料、注射针头等传播，经由消化道、呼吸道及皮肤外伤感染。

（1）临床症状 本病潜伏期为数小时至3天，根据发病情况一般分为最急性、急性和慢性三种类型。

① 最急性：多见于流行初期，病兔未出现任何症状而突然死亡或仅在死前数分钟内突然尖叫、冲跳、倒地与抽搐，部分病兔从鼻孔流出泡沫状血液。

② 急性：较最急性发病较缓，病兔出现体温升高（41～42℃），精神委顿，食欲减退或废绝，呼吸急促，心搏快，可视黏膜和鼻端发绀，有的出现腹泻或便秘，粪便粘有胶胨样物，个别排血尿。后期出现打滚、尖叫、喘息、颤抖、抽搐，多在数小时

至2天内死亡。

③慢性：多发生在1～2月龄幼兔，出现轻度的体温升高，精神不良，食欲减退，消瘦及轻度神经症状。病程多在2天左右，2天以上不死者可逐渐恢复。

根据谷子林报道，兔瘟有一种新的临床类型——沉郁型，又称非典型性兔瘟，主要发生于幼兔。而且多数是进行首次免疫的兔子。临床症状多无典型的兴奋，而是沉郁，头触地，浑身瘫软，提起兔子似皮布袋一般。发生该类型症状的兔子，多数是注射疫苗过早，或注射过期的、免疫效力低的疫苗（如受冻、受热、阳光直射等）。

根据薛家宾等研究，兔对兔瘟疫苗的免疫应答与年龄（日龄）有关。在1月龄以内，非常不敏感，35天之后，敏感性逐渐增强，45～50日龄之后免疫应答基本正常。在此之前，免疫时间越早，免疫效果越差；免疫时间往后推迟，免疫效果比较稳定。当然，免疫效果与断奶时间早晚有关，与母源抗体高低有关。

研究结果表明，当母源抗体水平较高时，或免疫时间过早，或注射了效力较低的疫苗，这种免疫不能达到安全的抗体滴度，此时受到强毒攻击，兔将发生兔瘟。一般发生在第一次免疫之后的7～20天。而这时的兔瘟表现为非典型性。在临床症状上，多没有急性型的神经症状，或症状不明显。

（2）病理变化　为出血性败血症。气管有点状和弥漫性出血；肺有出血点、出血斑、充血、水肿；肝肿大、质脆、变性、怀死；胸腺水肿出血；脾肿大、充血、出血、质脆；肾肿大、有出血点、质脆；淋巴结肿大、出血；心外膜有出血点；直肠内蓄粪有黏胶样物（图9-1～图9-7）。

非典型性兔瘟除了具有兔瘟的实质脏器出血水肿和肝脏的特征性变性或坏死以外，小肠套叠是其独特解剖特点。有的一处套叠，有的两处套叠，有的三处或更多处套叠（图9-8）。套叠是否出现或出现多少与发病阶段有关，可能也与兔子自身健康状况和免疫情况有关。

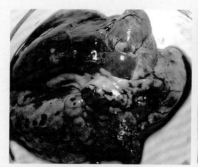

图9-1 肺出血

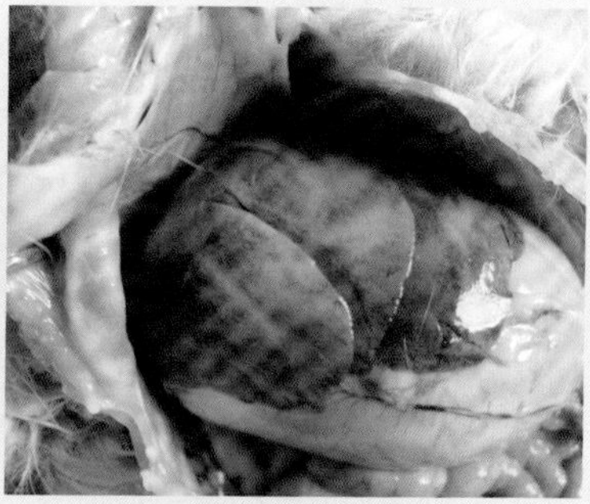

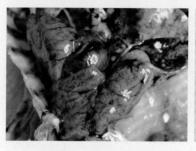

图9-2 肝脏变性或坏死

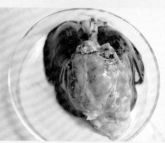

图9-3 胸腺水肿出血

图9-4 胸腺水肿出血

图9-5 脾肿大坏死
（右为正常脾脏）

图9-6 肾肿大、出血

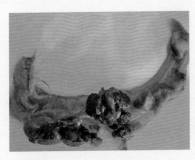

图9-7 直肠内蓄粪有黏胶样物　　图9-8 小肠套叠

（3）诊断　发病急，发病率高，死亡快，青年兔和成年兔多为急性死亡，幼兔多为慢性，哺乳仔兔一般不发病或很少发病，剖检全身出血性病变，可作初步诊断，通过实验室"O"型血凝集试验进行确诊。

（4）防治　本病目前没有特效治疗药物，主要是预防本病的发生，做好日常卫生防疫工作，严禁从疫区引进病兔及被污染的饲料和兔产品，对新引种兔应做好隔离观察。定期接种灭活兔瘟疫苗是预防本病发生的有效措施，6月龄以上成年兔颈部皮下注射1～2毫升、幼兔1毫升，新断乳幼兔初免在35日龄前后为好，60日龄加强免疫一次。一般接种后5～7天产生免疫力。成年兔每4～6个月免疫一次。

根据非典型性兔瘟的发生情况，生产中建议首次免疫时间不可过早。如果35日龄断奶，40～45日龄免疫较好。一般情况下，首次免疫的时间要比断奶时间推迟5～7天。

一旦发现本病流行，应尽早封锁兔场，隔离病兔，死兔应深埋或烧毁，兔舍、用具彻底消毒，必要时对未染兔进行紧急预防接种，每只3～4毫升。

2. 传染性水疱性口炎

传染性水疱性口炎又叫传染性口炎、水疱性口炎或流涎病，病原是水疱性口炎病毒，属于弹状病毒科、水疱病毒属的成员。

病毒主要存在于病兔的水疱液、水疱皮以及局部淋巴结中。兔感染后出现短暂的病毒血症，通常发生在感染后24～72小时。

该病主要发生在春秋两季，危害3月龄以下的小兔，尤其是断乳后1～2周龄的幼兔，成年兔很少感染。多发于冬春季节。消化道为主要感染途径，病兔口腔分泌物、坏死黏膜组织及水疱液内含有大量的病毒，健康兔吃了被污染的饲草、饲料及饮水后而感染。饲料粗糙多刺、霉烂、口腔损伤等易诱发本病。据研究，一些昆虫也可带毒，成为该病的传染源。

（1）临床症状　本病潜伏期一般3～4天，患兔多数体温正常，少数体温可升高至41℃左右。发病初期口腔黏膜呈潮红肿胀，随后在嘴角、唇、舌、口腔及其他部位的黏膜上出现粟粒大至大豆大的水疱，水疱内充满透明的纤维素性水疱，破溃后形成烂斑和溃疡。常继发细菌感染，引起唇、舌及口腔黏膜坏死、口腔恶臭，流出大量唾液，嘴、脸、颈、胸及前爪被唾液沾湿，发病时间较长的被毛脱落，皮肤发炎，采食困难，消瘦。当严重损伤时，体温可升高至40～41℃，由于流涎而丧失大量水分、黏液蛋白以及某些代谢产物，致使病兔精神沉郁、食欲减退或废绝，并常发生腹泻，日渐消瘦、衰弱，渐进性死亡，病程2～10天。病死率可达50％以上。

（2）病理变化　尸体消瘦，舌、唇及口腔黏膜发红、肿胀、有小水疱和小脓疱、糜烂、溃疡，口腔有大量液体。咽部有泡沫状口水聚集，唾液腺肿大，发红。胃扩张，充满黏稠液体，肠黏膜常有卡他性炎症变化。有时外生殖器可见到溃疡性病变。

（3）诊断　根据流行特点、临床症状、特异的口腔病变即可作出初步诊断。确诊应该采取实验室诊断。

（4）防治　给予兔柔软易消化的饲草，防止口腔发生外伤及刺伤。兔笼、兔舍及用具要定期消毒，消灭吸血昆虫。新引进的种兔必须隔离观察2周以上，无异常方可混群。发现病兔应立即隔离，全场用0.5％的过氧乙酸，或2％的氢氧化钠溶液进行消毒。病兔口腔病变用2％硼酸溶液或0.1％高锰酸钾溶液或1％食盐水等冲洗，然后往口腔撒"矾糖粉"（明矾7份，白糖3份，混合），每天3～4次，撒药半小时内禁止饮水；或涂碘甘油或磺胺软膏或冰硼散；或内服磺胺二甲基嘧啶，0.2～0.5克/千克体重，1次/天，连用5天；或用病毒灵1片（0.2克）、复方新诺明1/4片（0.125克），维生素B_1和维生素B_2各1片，共研细末，为一只兔一次内服，每日1次，连服3日。为防止继发感染，饲料或饮水中加入抗生素或磺胺类药物。

3. 兔黏液瘤病

兔黏液瘤病是由兔黏液瘤病毒引起的一种高度接触性、致死性传染病。主要表现全身皮下尤其是面部和天然孔、眼睑及耳根皮下发生黏液瘤性肿胀。该病在首次发病地区，发病率和死亡率都在90％以上，给养兔业造成毁灭性的损失。世界动物卫生组织（OIE）将本病列入B类动物疫病，我国将其列为二类动物疫病。目前我国尚未发现兔黏液瘤病。

（1）流行病学　本病有高度的宿主特异性，只发生于兔。各年龄兔都易感，但成年兔比1月龄以上的幼兔更易感，公兔比母兔易感。新疫区易感兔的病死率可达100％，病兔和带毒兔是主要传染源。病毒存在于病兔全身体液和脏器中，尤以眼垢和病变部皮肤浸出液中含量最高。病毒可通过呼吸道传播，但吸血昆虫和机械传递更为重要。本病发生有明显的季节性，夏秋季节为发病高峰季节。

（2）临床症状　本病的临床症状因被感染兔的易感性、致病毒株的强弱有很大差异。潜伏期通常为2～10天，最长可达14天。临床表现为最急性型和急性型。

① 最急性型：表现耳聋，体温升高至42℃，眼睑水肿，随后出现脑机能低下，48小时内死亡。

② 急性型：在病毒侵入部位皮肤出现小的肿胀，经过5～6天结膜浮肿，眼睑水肿、下垂，鼻腔有黏液性分泌物，耳朵皮下水肿引起耳下垂。口、鼻孔周围和肛门、外生殖器周围发炎与水肿。接着出现全身性皮下组织黏液性水肿，头部皮下水肿，

严重时呈狮子头状外观，故有"大头病"之称。很快，浮肿部位出现皮下胶胨样肿瘤，在第9～10天出现皮肤出血。呼吸困难，摇头，喷嚏，发出呼噜声。少数活到10天以上则出现脓性结膜炎，畏光流泪，出现耳根部水肿等症状，最后全身皮肤变硬，死亡前常出现惊厥，死亡率很高（图9-9）。

图9-9　不同部位的黏液瘤病

（3）病理变化　最典型的病理变化是皮肤的肿瘤结节和皮下胶胨样浸润，呈淡黄色。特别是面部、天然孔周围皮肤和皮下充血、水肿、脓性结膜炎和鼻漏。有的毒株感染引起皮肤出血，胃肠浆膜下有瘀血点或瘀血斑，心内膜下和心外膜下有时出血，肺脏肿大、充血，脾脏肿大，淋巴结肿大、出血，外生殖器和阴唇部发炎。

（4）诊断 根据流行性特点、典型的临床症状和病理变化，可作出初步诊断。确诊应采取病变组织触片，用姬姆萨溶液染色，镜检可见到紫色的细胞浆包涵体。可选用兔的肾脏、心脏细胞培养分离病毒，进行血清学诊断，常用的方法有：补体结合试验、中和试验、琼脂扩散试验、酶联免疫吸附试验及间接免疫荧光试验等。通常在感染后8～13天产生抗体，20～60天抗体滴度最高，然后逐渐下降，6～8个月后消失。

（5）防治 我国尚未发现该病。加强进口动物的检疫，严禁从疫情国家进口活兔和未经消毒、检疫的兔产品，以防本病传入。消灭蚊虫，搞好环境卫生消毒，可有效地防止本病发生。由于本病危害大，目前尚无有效治疗方法，发现病兔应及时扑杀，销毁尸体，并进行彻底的消毒处理。对假定健康群，立即用灭活疫苗紧急免疫接种预防，以控制疫情的蔓延。

4. 兔轮状病毒病

本病由兔轮状病毒（*Lapine Rotavirus*，简称LaRV）引起，轮状病毒属于呼肠孤病毒科、轮状病毒属。本病以仔兔突发性腹泻为主要特征。单纯性感染一般死亡率达40%～60%，继发感染时可达60%～80%，主要发生在30～60日龄的仔兔，尤以4～6周龄最易感。以晚秋至早春寒冷季节发病率高，多突然发生，迅速蔓延。本病毒主要存在于病兔粪便和后段肠内容物中，青年兔和成年兔常呈隐性感染，带毒排毒而不表现症状。污染的饲料、饮水、乳头和器具等是本病的主要传播媒介。

（1）流行病学 轮状病毒引起的腹泻一般在兔群中突然发生并迅速传播，主要侵害幼兔，尤其是刚刚断奶的仔兔，成年兔多呈隐性感染。仔兔发病后2～3天内脱水死亡，死亡率约60%。病毒和带毒兔是主要传染源，病毒经粪便排出，有的为无症状带毒。本病的传播途径尚不清楚，一般认为以消化道传播为主。本病毒往往在兔群中长期存在，当气候剧变，饲养管理不当，幼兔群抵抗力降低时发病。

　　在地方性流行的兔群中，通常呈散发性发生，往往发病率高，死亡率低。成年兔多呈隐性感染。在许多情况下，轮状病毒常与隐孢子虫、球虫、大肠杆菌、冠状病毒等肠道致病因子混合感染，对兔造成更大的伤害。

　　（2）临床症状　潜伏期为18～96小时，病兔体温升高，精神不振，主要症状是严重腹泻，排半流质或水样稀便，呈棕色、灰白色或浅绿色，并含黏液或血液；肛门周围及后肢被毛被粪便污染；病兔迅速脱水、消瘦，多于下痢后2～4天内因高度脱水、体液酸碱平衡失调，最后导致心力衰竭而死亡。

　　（3）病理变化　轮状病毒主要侵害小肠黏膜上皮细胞，引起细胞变性、坏死，黏膜脱落，使肠道的吸收功能发生紊乱，造成病兔脱水死亡。尸体剖检：单纯性病例肠道（尤其是空肠和回肠）出现明显的充血和瘀血，盲肠扩张，内含大量液体等非特征性病变，其他组织一般不出现明显的肉眼可见病变（图9-10）。

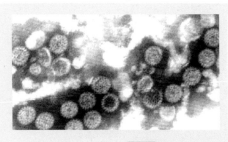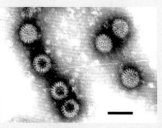

图9-10　电镜观察兔轮状病毒

　　（4）诊断　对于初发兔群，根据兔群的发病率和死亡率，结合发病年龄、临床症状和病理变化，作出初步诊断。由于兔群感染轮状病毒后多呈隐性感染，临床症状和病理变化不太明显，而且引起急性腹泻的病因很多，此病往往被忽视。要确诊，需要借助实验室诊断的方法。

　　（5）防治　本病毒的血清型较多，增加了预防接种的复杂性。目前对本病尚无有效的疫苗和药物治疗方法，由于病毒主要危害刚刚断奶的小兔，主动免疫不可能在短时间内产生较强的免疫力。因此，多采取母源抗体被动免疫。要特别注意加强饲养对刚刚断奶的仔兔的饲养管理，搞好环境卫生，经常对兔舍、笼具等进行消毒，防止粪便污染饲料和饮水，加强死兔的管理，保持饲料相对稳定，保持环境温度和湿度相对稳定，可有效地防止本病发生。发现病兔要及时隔离，并进行严格消毒。对病兔加强管理，注意保温，通过补液等补充水、盐丢失，维持体液平衡。使用抗生素或磺胺类药物，以防止继发感染。

5. 兔痘

兔痘是由兔痘病毒引起的兔的一种急性、热性、高度接触性传染病。临床上以眼炎、皮肤出现红斑、丘疹及内脏器官发生结节性坏死为特征。

（1）病原　兔痘病毒分类上属于正痘病毒属、痘病毒科。病毒主要存在于血液、肝脏、脾脏等实质脏器；睾丸、卵巢、脑、胆汁、鼻分泌物及尿液中也含有病毒。

（2）流行特点　本病仅兔能自然感染发病，发病率与年龄大小有关。幼兔和孕兔发病后死亡率较高。本病的主要传染源为病兔，故康复兔不是传染源。本病多经呼吸道感染，也可经消化道感染，此外，皮肤和黏膜的伤口直接接触也可传播。本病病毒毒力极强，因此在兔群中传播极为迅速。

（3）临床症状　流行初期潜伏期很短，后期较长。最早出现的病例潜伏期2～9天，以后发生的病例平均为2周。

病兔食欲丧失，腹泻，一侧或两侧眼睑炎。病毒最初感染鼻腔，在鼻黏膜内繁殖，后来则在呼吸道淋巴结、肺和脾中繁殖。感染后2～3天通常出现热反应，有多量鼻漏。另一方面经常出现的早期症状是淋巴结，特别是腘淋巴结和腹股沟淋巴结肿大并变硬，扁桃体也肿大。有时喉淋巴结肿大是唯一的临诊表现。

皮肤变化通常在感染后5天，开始是一种红斑性疹，后来发展为丘疹，保持细小的外形或发展为直径1厘米的结节。最后结节干燥，形成浅表的痂皮。红斑和丘疹分布于整个皮肤，但也可见于鼻腔和口腔黏膜上。颜面部和口腔有广泛水肿，硬腭和齿龈常发生灶性坏死。严重病例皮肤可出血。

所有的病例几乎均有眼睛损害，轻者是眼睑炎和流泪，严重者发生化脓性眼炎或弥散性、溃疡性角膜炎，后来发展为角膜穿孔、虹膜炎和虹膜睫状体炎。有时眼睛变化是唯一的症状。

公兔常出现严重的睾丸炎，同时伴有阴囊广泛性水肿，包皮和尿道出现丘疹。母兔阴唇也出现同样的变化。尿生殖道如有广泛性水肿，则无论公兔或母兔都可发生尿潴留。

有的出现神经症状，主要表现为运动失调，痉挛，眼球震颤，有些肌肉群发生麻痹。肛门和尿道括约肌也可发生麻痹。

本病常并发支气管肺炎、喉炎、鼻炎和胃肠炎。妊娠母兔通常流产。病兔血液中淋巴细胞减少，但白细胞总数增多，其中以单核细胞增多最为明显。

通常感染后7～10天死亡，但也有早至5天或拖至几周后死亡的。一般来说，流行初期病程短，末期病程较长。

以上为痘疱型兔痘典型症状，但偶尔也可引起最急性型的疾病，仅有发热、不吃和眼睑炎症状而不出现皮肤症状。这种所谓的"非典型性兔痘"病兔，偶尔在舌和唇部黏膜有少数散在的丘疹。在实验条件下，痘疱型和非痘疱型兔痘病毒均可引起皮肤病变。

（4）病理变化　病兔最显著的变化是皮肤损害，可从仅有少数局部丘疹发展到严重的广泛性坏死和出血。此外，口腔、上呼吸道及肝、脾、肺等器官出现丘疹和结节，相邻组织水肿或出血；心脏有炎性损伤；肺脏布满小的灰白色结节，有弥漫性肺炎及灶性坏死。脾肿大，有灶性结节和坏死，睾丸、卵巢、子宫布满白色结节，睾丸显著水肿和坏死，肾上腺、甲状腺、胸腺均有坏死灶。

（5）诊断　根据临床症状（如眼炎、皮肤出现红斑、丘疹）及病理特点，内脏器官发生结节性坏死、出血等特点可作出初步诊断。确诊需要实验室诊断，如包涵体检验、鸡胚接种、细胞培养、动物接种、红细胞凝集反应、血清中和试验等。

（6）防治　加强饲养管理，引种和购入新兔要严格检疫和隔离观察，防止病兔混入兔群。避免新近接种痘苗者接近兔群。兔群受到兔痘流行的威胁时，可用牛痘疫苗免疫接种。发生疫情，立即实施隔离措施，扑杀病兔，病死兔尸体深埋或焚烧，健康兔用牛痘苗进行紧急免疫接种。

6. 兔流行性小肠结肠炎

本病是兔的一种新的胃肠道疾病，1996—1997年在法国的西部地区的一些兔场，发生以严重水样腹泻为特征的新型传染病：兔流行性小肠结肠炎（Epizootic Rabbit Enterocolitis，ERE），该病传播迅速，死亡率达30%～80%。此后在法国其他地区及欧洲大陆相继发生本病。由于传播速度很快，成为一种危害严重的新发现的传染性疾病。在2000年世界养兔科学大会上，Licois等作了相关的专题报告，引起了人们的重视。尽管我国目前尚未发现典型的兔流行性小肠结肠炎，但应该引起我们的高度重视。

（1）病原　初步研究表明，病原为兔流行性小肠结肠炎病毒。1998年Licois等通过电子显微镜从发病兔胃肠道纯化产物中观察到了健康对照组兔没有的均质颗粒，从而有力地支持了病毒病原的假说。

（2）流行特点　该病各年龄和品种兔均有易感性，但主要发生于断奶后育肥期的幼龄兔。一年四季均可发生，消化道是主要的传播途径，还可通过呼吸道感染。饲养管理不良，饲料污染。饲料霉变，以及气候突然变化等，有利于本病发生和流行。研究表明，球虫病与ERE有协同作用，较低剂量的球虫感染即可加剧ERE病情，导致兔死亡率升高，生长率低下，饲料中添加抗球虫药双氯苯氨脒后能显著降低死亡率，平均增重得到改善。

（3）临床症状　患兔精神沉郁，食欲减退，严重水样腹泻，黏膜苍白，腹部膨胀，脱水，极度口渴，被毛粗乱，体温无变化。病程经人工感染试验表明，感染后3天开始死亡，4～5天达到死亡高峰，8～9天停止死亡。

（4）病理变化　病变主要分布在整个肠道以及胃，胃肠膨气，胃内容物为液体，同时伴有盲肠麻痹，肠道特别是结肠和小肠有黏液渗出，但盲肠无肉眼可见充血现象及炎性损害。

组织学病变表现为间质性肺炎及小肠黏膜的炎症病变，小肠主要的上皮病变在远侧端（回肠）特别显著，以腺体增生为主要特征，纤毛萎缩，上皮退化和损伤异常普遍。小肠黏膜上皮细胞及肠腺细胞坏死，黏液过度分泌，肠腺嗜酸性细胞增生。

（5）诊断　根据流行病学特点。临床出现严重的水样腹泻，结合病理变化，可作出初步诊断。确诊应该采取病兔的粪便或肠内容物，经过处理后给兔口服和滴鼻感染复制出典型的病例予以判断。目前尚无血清学诊断方法用于诊断本病。

（6）防治　加强饲养管理，控制饲料质量，禁止使用霉变污染的饲料，搞好环境卫生，对兔舍和笼具进行定期消毒。发生本病时要立即隔离病兔进行治疗，兔舍和笼具等用0.5%过氧乙酸溶液或2%火碱液全面消毒，病死兔及其排泄物、污染物等一律焚烧。目前尚无预防本病的疫苗。

该病与我国的流行性腹胀病在临床症状和解剖特点上非常相似，但是否是同一种疾病或有什么联系，目前尚不清楚。该病尚无有效疗法，一般采取止泻、补液、保护胃肠黏膜、改善胃肠功能，抗菌消炎，防止继发感染等对症治疗和支持疗法。

7. 巴氏杆菌病

兔巴氏杆菌病是由多杀性巴氏杆菌引起的一种多临床类型的传染性疾病，是危害养兔业发展的重要疾病之一。根据感染程度、发病急缓及临床症状分为不同类型，其中以出血性败血症、传染性鼻炎、肺炎等类型最为常见。

（1）病原　多杀性巴氏杆菌为革兰阴性菌。由于巴氏杆菌毒力强弱不同，有4种菌落形态，即光滑型、黏液型、灰色或蓝色型和粗糙型。病菌存在于病兔血液、内脏器官、病变组织和一些外表健康兔子的上呼吸道黏膜及扁桃体内。

（2）流行特点　不同品种兔对本病均有易感性。通常情况下多见于气候多变、温度不稳定期，以及多雨、闷热的季节。但据谷子林等研究，在华北以北地区，以传染性鼻炎为主要类型的巴氏杆菌病，高温的夏季和寒冷的冬季发病率高于春季和秋季。其主要原因在于北方地区采取舍饲，夏季高温对呼吸系统的压力，冬季密闭环境有害气体浓度增加对呼吸系统上皮黏膜的刺激，更容易诱发本病。由于很多兔鼻腔黏膜带有巴氏杆菌，而不表现临床症状。因此，引进种兔时可能带入多杀性巴氏杆菌并迅速致病。此外，饲养管理不良、环境卫生差、寒冷或闷热、气候剧变、潮湿污浊、通风不良、营养缺乏、长途运输、多重应激、感染疾病等，致使机体抵抗力降低，可引起本病在兔群中暴发传播。本病多呈散发或地方性流行，发病率20%～70%，急性病例死亡率高达40%以上。

（3）临床症状　本病潜伏期少则数小时，多则数日或更长，由于感染程度、发病急缓以及主要发病部位不同而表现不同的症状。

① 急性型：即出血性败血症。常无明显症状而突然死亡，时间稍长可表现精神委顿，食欲减退或停食，体温升高，鼻腔流出浆液性、黏液性或脓性鼻液，腹泻。病程数小时至3天。并发肺炎型体温升高，食欲减退，呼吸困难，咳嗽，鼻腔有分泌物，有时腹泻，病程可达2周或更长，最终衰竭死亡。

② 亚急性型：即鼻炎型（传染性鼻炎）与肺炎型（图9-11～图9-13）。鼻腔流出黏液性或脓性分泌物，呼吸困难，咳嗽，发出"呼呼"的吹风音，不时打喷嚏，体温升高，可视黏

图9-11 传染性鼻炎

图9-12 肺瘀血出血

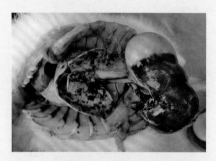

图9-13 肺出血水肿

图9-14 歪头疯

膜发绀，食欲减退或废绝。病程一般1～2周或更长，如治疗不及时多衰竭死亡。

③ 慢性型：多由急性型或亚急性型转变而来，或长时间轻度感染发展而至。病兔鼻腔流出浆液性分泌物，后转变为黏液性或脓性，黏结于鼻孔周围或堵塞鼻孔，呼吸轻度困难，常打喷嚏，咳嗽，用前爪搔鼻，食欲不佳，进行性消瘦。

④ 其他类型：如中耳炎型（又称斜颈病、歪头疯）（图9-14）、结膜炎型、脓肿型（全身皮下和内脏器官，如肺、肝、脑、心等）、生殖器官型（子宫炎、阴道炎、睾丸炎）等。

（4）病理变化　因发病类型不同而不同，常以2种以上混发。鼻炎型主要病变在鼻腔，黏膜红肿，有浆液性、黏液性或脓性分泌物。急性败血型死亡迅速者常变化不明显，有时仅有黏膜及内脏出血。当并发鼻炎时，除鼻炎病变外，喉头、气管及肺脏充血和出血，消化道及其他器官也出血，胸腔和腹腔有积液。如并发肺炎，可引起肺炎和胸膜炎，心包、胸腔积液，有纤维素性渗出及粘连，肺脏出血、脓肿。肺炎型主要出现肺部与胸部病变。

（5）诊断　根据散发或地方性流行特点，临床症状及病理变化作出初步诊断，必要时进行细菌微生物学检查、动物接种、血清学检查确诊。

本病在诊断时应注意与其他几种疾病进行鉴别。

① 与感冒的区别：传染性鼻炎与感冒都出现鼻腔分泌物。但是，传染性鼻炎体温一般不高，只要不使用药物治疗，长期不愈。只要环境不改善，症状越来越严重。而感冒多有体温升高表现，但无论是否用药，多在1～2周内痊愈。

② 与兔瘟的区别：急性败血型巴氏杆菌病，容易与兔瘟混淆。后者是病毒引起，往往具有来势猛、发病急、面积大、死亡率高的特点，患兔有神经症状，细菌培养阴性，用任何药物治疗无效。病理变化肝脏有淡黄色或浅色坏死区，与正常区域交错，非常明显。而巴氏杆菌很少大面积发病。

③ 与支气管败血波氏杆菌病的区别：支气管败血波氏杆菌病以肺部和肝脏的脓疱为特征，脓疱常由结缔组织形成包囊。有的病例可引起胸膜炎和胸腔蓄脓等病理变化。支气管败血波氏杆菌为革兰阴性，多形态小杆菌。可以在绵羊鲜血琼脂平皿培养基和改良麦康凯培养基上生长。大多数在绵羊鲜血琼脂培养基上有溶血现象，在改良麦康凯培养基上呈不透明、灰白色、不发酵葡萄糖的菌落。

（6）防治　本病预防为主，兔场应自繁自养，必须引种时要做好隔离观察与消毒，加强日常管理与卫生消毒，定期进行巴氏杆菌灭活苗接种，每兔皮下注射或肌内注射1毫升，间隔2周后再注射1毫升，7天后开始产生免疫力，一般免疫期4～6个月，成年兔每年可接种2～3次。

发病兔场应严格消毒，死兔焚烧或深埋，隔离病兔，用以下药物进行治疗：链霉素肌内注射每千克体重2万～4万单位，1日2次，连用3～5日；若配合青霉素（剂量相同)联合应用，效果更好。磺胺嘧啶片每千克体重0.05～0.2克，配合等量的小苏打片服用，每日2次。庆大霉素每只兔2万～4万单位肌内注射，每日2次，连用4次。恩诺沙星，每克加20千克饮水，连用3～5天。四环素、卡拉霉素、磺胺增效剂都有效。

急性病例，皮下注射抗出败多价血清，每千克体重约60毫升，1日2次有显著效果。对有明显呼吸症状的病兔，可配合庆大霉素等抗菌药物滴鼻，每次3～4滴，1日2次有显著疗效。

8. 沙门菌病

本病又叫兔副伤寒，是由鼠伤寒沙门菌和肠炎沙门菌引起的一种传染病，主要侵害妊娠母兔和幼兔，临床上以败血症、顽固性下痢和流产为特征。各年龄、性别、品种的兔均易感，但以幼兔、孕兔发病率与死亡率较高。主要通过消化道感染，也可通过断脐感染。污染的饲料、饮水、垫草、笼具等都可传播，饲料不足、霉变、饲养管理不当、卫生条件差、断乳、天气骤变及各种引起兔抵抗力下降等因素，都会诱发本病。沙门菌感染不仅发生于兔，人和其他动物也可发病，食用被沙门菌污染的动物性食物，往往是导致食物中毒的重要原因。

（1）临床症状　本病一般潜伏期3～5天，临床上可见以下三种类型。

① 急性型（败血型）：突然发病，多不出现明显症状，仅排绿色稀粪，24小时内死亡。

② 亚急性型（肠炎型）：病兔精神沉郁，食欲下降或废绝，渴欲增加，体温升高至40～41℃，排暗绿色或灰黄色稀粪，消瘦，死前体温下降。少数不死者，可转为慢性，病兔有呼吸道

症状，腹泻，腹部膨胀。

③ 流产型：母兔流产前精神沉郁，食欲降低，伏于兔笼内不愿活动，从阴道排出黏液或脓性分泌物，阴道黏膜潮红，水肿，流产胎儿体弱，皮下水肿，很快死亡。母兔常于流产当日或次日死亡。康复母兔不易受孕。

（2）病理变化　病死兔消瘦，肛门附近被毛被稀粪污染，鼻孔两侧有脓性鼻汁，下颌淋巴结肿胀。

① 肠道：病死兔肠黏膜充血、水肿，肠腔内充满黏液，聚合淋巴滤泡有灰白色坏死灶。

② 脏器：病死仔兔的胸腔、腹腔内积有多量的浆液性和纤维素性渗出物、肺实质变性，心内外膜有小点出血。肝脏有弥漫性或散在性淡黄色针头大至芝麻大的坏死灶。胆囊肿大，充满胆汁。脾脏肿大1～3倍，呈暗红色。肾脏有散在的针尖大出血点。

③ 母兔：流产母兔子宫肥大，浆膜黏膜充血，并有化脓性子宫炎，局部黏膜覆盖一层淡黄色、纤维素性污秽物；有的子宫黏膜充血、出血或溃疡。未流产的母兔子宫内有木乃伊胎或液化的胎儿。阴道黏膜充血，存有脓性分泌物。

（3）诊断　根据流行特点、临床上呈急性败血症死亡、腹泻和流产等特征，并结合解剖变化，即可作出初步诊断。确诊需要通过实验室进行细菌学检查。

诊断时注意与以下几种疾病进行区别。

① 霉菌毒素中毒性流产：由于采食了被霉菌污染的饲料而发生流产，多发生在妊娠的25天以后，主要表现肝脏肿大、硬化，腹腔积液和盲肠内容物水分减少。产仔出现死胎。去除霉变饲料，母兔可很快妊娠。将病变组织器官接种沙门菌-志贺氏菌琼脂（SS）培养基或麦康凯培养基均无细菌生长。

② 铜绿假单胞菌性腹泻：可引起腹泻，但粪便为褐色稀便。病理变化主要表现在胃和小肠充满血样内容物，肺有点状出血，肝脏无明显变化。将病料接种于普通琼脂平皿或麦康凯琼脂平

皿，长出较大菌落，菌落和四周培养基有蓝绿色-棕色色素。

③ 李氏杆菌性流产：除了引起孕兔流产外，还有神经症状，尤其是慢性病例呈头、颈歪斜，运动失调。病料涂片染色镜检，李氏杆菌为革兰阳性小杆菌。

④ 魏氏梭菌性肠炎：急性水泻，病变主要集中在盲肠出血和胃溃疡。

⑤ 大肠杆菌性腹泻：粪便中有黏胶样物。病变主要集中在小肠。但也有的病例出现肺部出血。

（4）防治　本病的预防主要是防止妊娠母兔与传染源的接触，对阳性兔进行隔离治疗，兔舍、兔笼和用具彻底消毒。兔群一旦发病，对妊娠母兔立即进行治疗，可用土霉素，每千克体重40毫克，肌内注射，每日2次，连续4日；庆大霉素每千克体重2万～4万单位肌内注射，每日2次；也可用磺胺类药物等喂服；对妊娠初期的母兔可紧急接种鼠伤寒沙门菌灭活疫苗，每兔皮下注射或肌内注射1毫升。疫区应每年接种2次，可有效控制本病的流行。

9. 大肠杆菌病

本病是由致病性大肠杆菌及其毒素引起的一种发病率、死亡率都很高的仔兔肠道疾病。多发于初生乳兔及断乳期仔兔，断乳后的幼兔稍差。一年四季均可发病，主要由于饲养管理不良、饲料污染、饲料和天气突变、卫生条件差等导致肠道正常微生物菌群改变，使肠道常在的大肠杆菌大量繁殖而发病，也可继发于球虫及其他疾病。

（1）临床症状　本病最急性病例突然死亡而不显任何症状，初生乳兔常呈急性经过，腹泻不明显，排黄白色水样粪便，腹部膨胀，多于1～2天死亡。未断奶乳兔和幼兔多发生严重腹泻，排出淡黄色水样粪便，内含黏液（图9-15）。病兔迅速消瘦，精神沉郁，食欲废绝，腹部膨胀，体温正常或稍低，多于数天后死亡。

（2）病理变化　初生乳兔急性死亡，腹部膨大，胃内充满白色凝乳物，并伴有气体；膀胱内充满尿液、膨大；小肠肿大、充满半透明胶胨样液体，并有气泡。其他病兔肠内有两头尖的细长粪球，其外面包有黏液，肠壁充血、出血、水肿；胆囊扩张（图9-16～图9-20）。

图9-15　病兔后躯污染

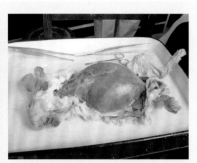

图9-16　腹部膨大

图9-17　回肠出血

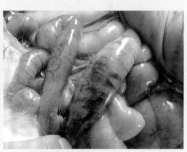

图9-18　小肠出血

图9-19　小肠充满气体和液体

图9-20　排出胶胨样粪便

（3）诊断　根据本病仔幼兔发生较多、剧烈腹泻、脱水等症状，配合病理剖检作出初步诊断，通过实验室进行细菌学检验确诊。

（4）防治　仔兔在断乳前后饲料要逐渐更换，不要突然改变。平时要加强饲养管理和兔舍卫生工作。用本兔群分离到的大肠杆菌制成灭活疫苗进行免疫接种，20 ～ 30日龄仔兔肌内注射1毫升，可有效控制本病的流行。如已发生本病流行，应根据由病兔分离到的大肠杆菌所做药敏试验，选择敏感药物进行治疗。链霉素肌内注射，每千克体重10万～ 20万单位，每天2次，连用3 ～ 5天。也可用庆大霉素、氟哌酸、土霉素等药物。使用微生态制剂对本病有良好的预防和治疗效果。严重患兔同时应配合补液、收敛、助消化等支持疗法。

10. 葡萄球菌病

引起兔葡萄球菌病的病菌主要是金黄色葡萄球菌。此菌广泛存在于自然界，一般情况下不引起发病，在外界环境卫生不良、笼具粗糙不光滑、有尖锐物、笼底不平、缝隙过大等引起外伤时感染而发病，或仔兔吃了患葡萄球菌病母兔的乳汁而发病。由于感染部位、程度不同，呈现不同的症状，如脓肿、脚皮炎、乳腺炎、仔兔急性肠炎及仔兔黄尿病等，严重的可引起脓毒败血症（图9-21 ～图9-26）。

（1）临床症状

① 脓肿：在兔体表形成一个或数个大小不一的脓肿，全身体表都可发生。有的脓肿外包有一层结缔组织包膜，触之柔软而有弹性。体表发生脓肿一般没有全身症状，精神和食欲基本正常，只是局部触压有痛感。如脓肿自行破溃，经过一定时间有的可自愈，有的不易愈合，有少数脓肿随血液扩散，引起内脏器官发生化脓性病灶及脓毒败血症，促使病兔迅速死亡。

② 脚皮炎：本病以后肢跖趾部跖侧面最为多见。病初患部表皮充血、发红、稍微肿胀和脱毛，继而出现脓肿，形成大小

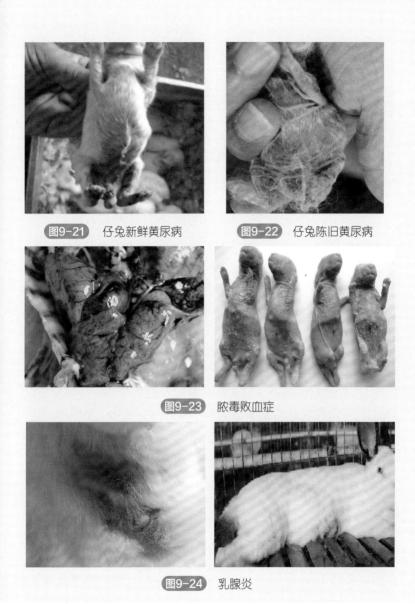

图9-21 仔兔新鲜黄尿病　　图9-22 仔兔陈旧黄尿病

图9-23 脓毒败血症

图9-24 乳腺炎

不一、长期不愈的出血性溃疡面、形成褐色脓性痂皮，不断流出脓液。病兔不愿走动，但不时抬移患脚，轮换休息。食欲减退，消瘦，严重者衰竭死亡。有的病兔引起全身性感染，以发

图9-25　睾丸炎

图9-26　脚皮炎

生败血症而死亡。

③乳腺炎：由乳房外伤或仔兔吃奶时损伤感染葡萄球菌引起急性乳腺炎时，病兔全身症状明显，体温升高，不吃，精神沉郁，乳房肿大，颜色暗红，常可转移内脏器官引起败血症死亡，病程一般5天左右。慢性乳腺炎症状较轻，泌乳量减少，局部发生硬结或脓肿，有的可侵害部分乳房或整个乳房。

④仔兔急性肠炎：哺乳仔兔吸吮了患葡萄球菌性乳腺炎母兔的乳汁而发生急性肠炎。表现急性腹泻，腥臭，并有未消化的凝乳块，体温升高，不吃，精神沉郁，病程短的24小时内死亡，长的2～3天，死亡率很高。

⑤仔兔黄尿病：本病也是由于仔兔哺乳了患乳腺炎母兔的乳汁，食入了大量葡萄球菌及其毒素而发病。整窝仔兔同时发病，排出少量黄色或黄褐色尿液，并有腹泻，肛门周围及后肢潮湿，腥臭，全身发软，昏睡，病程2～3天，死亡率很高。

（2）病理变化　主要在体表或内脏见到大小不一、数量不等的脓肿。患脚皮炎病兔脚掌肿大、出血、化脓及溃疡。乳腺炎病兔乳房有损伤、肿大。仔兔肠炎时肠道出现卡他性炎症。仔兔黄尿病时肠黏膜充血、出血，肠内充满黏液；膀胱极度扩张，充满黄色或黄褐色尿液。脓毒败血症时全身各部皮下、内脏出现粟粒大到黄豆大白色脓疱。

（3）诊断　根据病兔体表损伤史、脓肿、母兔乳腺炎症作出诊断，必要时应做细菌学检查。

（4）防治　做好环境卫生与消毒工作，兔笼、兔舍、运动场及用具等要经常打扫和消毒，兔笼要平整光滑，垫草要柔软清洁，防止外伤，发生外伤要及时处理，发生乳腺炎的母兔停止哺喂仔兔。

发生葡萄球菌病时要根据不同病症进行治疗。皮肤及皮下脓肿应先切开皮下脓肿排脓，然后用3%双氧水或0.2%高锰酸钾溶液冲洗，然后涂以碘甘油或2%碘酊等。对脚皮炎病兔，应检修笼具、更换垫草，用1%～3%的双氧水或1%高锰酸钾冲洗患肢，再涂布3%～5%碘酊。患乳腺炎时，未化脓的乳腺炎用硫酸镁或花椒水热敷，肌内注射青霉素10万～20万单位，出现化脓时应按脓肿处理，严重的无利用价值病兔应及早淘汰。已出现肠炎、脓毒败血症及黄尿病时应及时使用抗生素药物治疗，并进行支持疗法。

11.魏氏梭菌病

本病又叫魏氏梭菌性肠炎，是由A型魏氏梭菌引起兔的一种急性传染病，由于魏氏梭菌能产生多种强烈的毒素，感染后病兔死亡率很高。

本病一年四季均可发病，以冬春季节发病率高，各年龄均易感，以1～3月龄多发，主要通过消化道感染，由于长途运输、饲养管理不当、饲料突变、精料过多、气候骤变等均可诱发本病。

（1）临床症状　有的病例突然死亡而不出现明显症状。大多数病兔出现急性腹泻下痢，呈水样、黄褐色，后期带血、变黑、腥臭。精神沉郁，体温不高，多于12小时至2日死亡。

（2）病理变化　一般肛门及后肢粘稀粪，胃黏膜出血、溃疡，小肠充满液体与气体，肠壁薄，肠系膜淋巴结肿大，盲肠、结肠充血和出血，肠内有黑褐色水样稀粪、腥臭，肝、脾肿大，胆囊充盈，血尿，血便（图9-27～图9-31）。急性死亡的病例胃

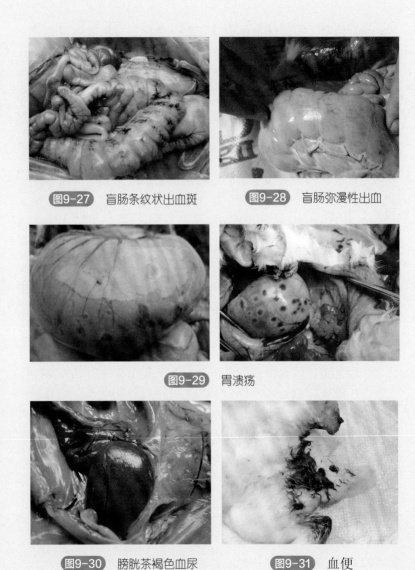

图9-27 盲肠条纹状出血斑　　　图9-28 盲肠弥漫性出血

图9-29 胃溃疡

图9-30 膀胱茶褐色血尿　　　图9-31 血便

内积有食物和气体，胃底部黏膜脱落。

（3）诊断　根据流行特点，临床症状及病理变化作出初步诊断，通过细菌学检验确诊。

（4）防治　加强饲养管理，搞好环境卫生，对兔场、兔舍、笼具等经常消毒，对疫区或可疑兔场应定期接种魏氏梭菌氢氧化铝灭活菌苗或甲醛灭活菌苗，每只皮下注射1～2毫升，3周左右产生免疫力，免疫期6个月左右。

一旦发生本病，应迅速做好隔离和消毒工作，对急性严重病例，无救治可能的应尽早淘汰，轻者、价值高的种兔可用抗血清治疗，每千克体重2～5毫升，并配合使用抗生素及磺胺类药物。对未发病的健康兔紧急进行免疫接种，使用微生态制剂有良好效果。

12. 支气管败血波氏杆菌病

本病是由支气管败血波氏杆菌感染引起的一种以慢性鼻炎、支气管肺炎及咽炎为特征的呼吸道传染病，是我国绝大多数地区兔的主要疾病。

支气管败血波氏杆菌为革兰阴性、球杆菌，偶尔有呈长杆状和丝状者，有鞭毛，能运动，并形成芽孢。

（1）流行病学　病兔和带菌兔是主要传染源，从鼻腔分泌物和呼出气体中排出病原菌。主要通过接触病兔的飞沫、污染的空气，经呼吸道感染。鼻炎型经常呈地方性流行，而支气管肺炎型多呈散发性。不同年龄的兔子均可感染，成年兔常发生散发性慢性支气管肺炎型，仔兔和青年兔则呈急性支气管肺炎（败血型）。妊娠后期的母兔发病后常突然死亡，哺乳仔兔的死亡率很高。多发生于气候多变的春秋季节。不良的环境条件和其他诱因，如饲养管理不良，兔舍潮湿，营养不佳，气候骤变，对呼吸道的理化刺激（如粉尘、强烈刺激性气体），都能促进本病的发生和发展。

（2）临床症状　成年兔感染后多呈隐性经过，或一般为慢性经过，仔兔和青年兔感染后1周左右出现临床症状，10天左右形成支气管肺炎，感染15～20天病情明显恶化而死亡。根据临床表现分为鼻炎型和支气管肺炎型两类。

① 鼻炎型：病兔精神不佳，闭眼，前爪抓挠鼻部；鼻

腔黏膜充血，流出多量浆液性或黏液性分泌物，很少出现脓性分泌物，鼻孔周围及前肢湿润，被毛污秽。病程较长者转为慢性。当诱因消除或经过治疗后，病兔可在较短时间内恢复正常。

②支气管肺炎型：多见于成年兔，多由鼻炎型长期不愈转变而来，其特征是鼻炎长期不愈，表现消瘦，鼻腔黏膜红肿、充血，有多量的黏液性分泌物甚至脓性分泌物流出，呼吸困难，食欲减退，精神委顿，进行性消瘦，病程可长达数月，解剖后可见肺部病变。

（3）病理变化　鼻炎型多见黏膜充血，有多量浆液或黏液。支气管肺炎型病兔除了上述变化外，支气管黏膜充血，充满泡沫样黏液，肺脏可见大小不等、数量不一的灰白色脓疱，其内充满脓汁；有些病例，肝脏可见黄豆至蚕豆大小的脓肿，脓肿内积有黏稠奶油样的脓汁（图9-32、图9-33）。

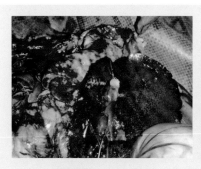 

图9-32　肺脏脓肿　　　　图9-33　化脓性肺炎

（4）诊断　根据临床症状，结合流行特点及剖检变化可作出初步诊断，确诊需要进行实验室微生物学、血清学检查。

诊断该病需要与巴氏杆菌病、葡萄球菌病和铜绿假单胞菌病区别。兔巴氏杆菌很少单独引起肺脓疱；葡萄球菌可引起兔发生鼻炎和肺脏形成脓肿，但比例很小。而铜绿假单胞菌引起肺脏和其他内脏器官形成脓疱，脓液呈淡绿色或褐色。涂片镜检，三种细菌的形态也不同。

（5）防治　加强饲养管理，搞好兔舍清洁卫生，寒冷季节既要注意保暖，又要注意通风良好，减少各种应激因素刺激。高发地区应使用兔波氏杆菌灭活苗预防注射，每只兔肌内注射或皮下注射1毫升，7天后产生免疫力，每年免疫3次。

发现病兔时，一般病兔及严重病例应及时淘汰处理，杜绝传染来源。对有价值的种兔应及时隔离治疗。卡那霉素，每千克体重5毫克，肌内注射，每日2次；新霉素，每千克体重40毫克，肌内注射，每日2次；庆大霉素，每千克体重2.2～4.4毫克，每日2次。

13. 伪结核病

本病是由伪结核耶新氏杆菌引起的一种消耗性疾病。该菌为革兰阴性、多形态的杆菌。通常散发，一般没有明显的临床症状，主要特征病变是盲肠蚓突和圆小囊浆膜，以及脾和肝脏发生乳脂样或干酪样粟粒大的结节，肠系膜淋巴结肿大，并有小的干酪样结节。这些病灶与结核病的病灶相似，故称为伪结核病。

（1）流行特点　伪结核耶新氏杆菌广泛存在于自然界。兔主要通过接触带菌的动物和鸟类，一般通过吃进被污染的饲料和饮水而感染，病原菌在消化道产生损害并从粪便中排出。此外，皮肤伤口、生殖道和呼吸道也是传染途径。兔感染本病多呈散发性，也可呈地方性流行。本病多见于冬春寒冷季节，秋季次之，夏季较少。营养不良、应激和寄生虫病等因素使兔抵抗力下降时易诱发本病。

（2）临床症状　病兔精神沉郁，食欲减退，进行性消瘦，下痢，被毛粗乱，极度衰弱。多数有化脓性结膜炎。腹部触诊可感到肿大的肠系膜淋巴结和肿硬的蚓突（图9-34）。少数病例呈急性败血性经过，体温升高1～2℃及以上，精神沉郁，呼吸困难，不食，2～3日死亡。

（3）病理变化　主要病变在盲肠蚓突和回盲部的圆小囊上。严重的蚓突肥厚如小香肠，圆小囊肿大变硬，浆膜下有无数灰白色乳脂样或干酪样粟粒大的小结节，小结节单个散在，呈片状。病变轻者，蚓突和圆小囊浆膜下有散在性灰白色乳脂样粟粒大的小结节或仅有个别粟粒大的小结节。在新的结节内为乳脂样物，在陈旧的结节内为白色块状凝固。其他如淋巴结增大数倍(尤其是肠系膜淋巴结)，并有芝麻至豌豆大的灰白色干酪样坏死灶。脾脏肿大数倍，呈紫红色，也有相似的灰白色结节(图9-35)。肝脏布满凸出的小结节，大小不一，结节内多为乳块状物质。此外，肾脏、肺和胸膜也可有同样干酪样小结节。败血型肝、脾、肾严重瘀血肿胀，肠壁血管极度充血，肺和气管黏膜出血，肌肉呈暗红色。

图9-34 盲肠蚓突肿大似腊肠，布满白色坏死结节

图9-35 脾脏异常肿大，上有大量灰白色结节

（4）诊断　根据本病多为散发性，进行性消瘦为主，腹部触诊可触到肿大的淋巴结，结合肠道和各器官发现灰白色乳脂样或干酪样小结节和肿大的肠系膜淋巴结等症状，可作出初步诊断。确诊需要实验室检查，包括微生物学检验、抗原型鉴定、血清学检验等。

注意的问题：由于本病为一种慢性消耗性传染病，临床特征不显著，因此，解剖显示的病变为诊断本病的主要依据。但是，要注意与球虫病、结核病形成的结节相区别。肠道的病变还需与沙门菌病相鉴别。

（5）防治

① 预防：加强饲养管理和兽医卫生工作，养殖环境要清洁

和消毒，消灭老鼠，防止饲料、饮水和用具被污染，注意驱虫。引进种兔要严重检疫和隔离，严禁带入传染源。平时可对兔群通过血清凝集试验进行检疫，阳性兔子坚决淘汰。发现病兔立即隔离治疗，无治疗价值的兔子一律淘汰，尸体焚烧。养殖环境要彻底消毒。由于本病为人畜共患传染病，在接触病兔、处理尸体和污物时，要注意个人防护。

本病可用伪结核耶新氏杆菌多价苗进行免疫预防，每只颈部皮下注射或肌内注射1毫升，免疫期4个月以上，每年注射2次，可以控制本病的发生。

② 治疗：病初可用抗生素治疗，可选用链霉素，每千克体重10毫升肌内注射，每天2次，连用3～5天；卡那霉素，每只兔100～250毫克，肌内注射，每天2次，连用3～5天；磺胺类药物对本病有一定疗效。

14. 皮肤真菌病

由须毛癣菌属和石膏样小孢子菌属引起的以皮肤角质化、炎性坏死、脱毛、断毛为特征的传染病。根据鲍国连研究团队2013年对浙江省多个獭兔场的临床病例开展的真菌菌株分离与鉴定，通过菌落形态、生长特性、菌丝孢子等形态特征共分离鉴定出8株，其中石膏样毛癣菌5株、犬小孢子菌3株。许多动物及人都可感染此病。自然感染可通过污染的土壤、饲料、饮水、用具、脱落的被毛、饲养人员等间接传染以及交配、吮乳等直接接触而传染，温暖、潮湿、污秽的环境可促进本病的发生。本病一年四季均可发生，以春季和秋季换毛季节易发，各年龄兔均可发病，以仔兔和幼兔发病率最高。近年来，我国多地发生兔皮肤真菌病，对中国兔业造成很大的威胁。据黄邓萍对四川省15个县（市）948个兔场的调查统计，有明显兔体真菌病的兔场213个，占调查统计总数的22.5%，其中獭兔场感染发病率最高（为33.9%），肉兔和毛兔分别为19.8%和9.7%。

（1）临床症状　由于病原菌不同，表现症状也不相同。

① 须毛癣菌病：多发生在脑门和背部，其他皮肤的任何部

位也可发生，表现为圆形脱毛，形成边缘整齐的秃毛斑，露出淡红色皮肤，表面粗糙，并有灰色鳞屑。患兔一般没有明显的不良反应。

② 小孢子真菌病：患兔开始多发生在头部，如口周围及耳朵、鼻部、眼周、面部、嘴及颈部等皮肤出现圆形或椭圆形突起，继而感染肢端和腹下（图9-36～图9-38）。患部被毛折断，脱落形成环形或不规则的脱毛区，表面覆盖灰白色较厚的鳞片，并发生炎性变化，

图9-36　真菌感染鼻部、面部、眼周等部位

图9-37　真菌感染口鼻部

图9-38　真菌感染鼻、眼圈周围

初为红斑、丘疹、水疱，最后形成结痂，结痂脱落后呈现小的溃疡。患兔剧痒，骚动不安，食欲降低，逐渐消瘦，最终衰竭而死，或继发感染葡萄球菌或链球菌等，使病情更加恶化，最终死亡。泌乳母兔患病，其仔兔吃奶后感染，在其口周围、眼睛周围、鼻子周围形成红褐色结痂，母兔乳头周围有同样结痂（图9-39）。其仔兔基本不能成活。

（2）诊断　根据流行特点，特征性临床症状可以作出初步诊断。进一步确诊需要进行实验室诊断。

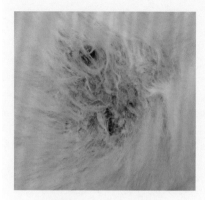

图9-39　真菌感染乳房部

本病易与疥癣相混淆，应该注意区别。第一，部位不同。小孢子真菌病主要发生在体表的无毛区和少毛区，如眼圈、鼻端、嘴唇、外阴、肛门、乳房等。而疥癣多先发生在脚趾部和外耳道，后感染至身体的其他部位；第二，癣痂的状态不同。小孢子真菌病癣痂表面突出，边缘多整齐，颜色呈红褐色，后颜色变成糠麸状。疥癣癣痂多呈灰褐色，在脚部被称作石灰脚；第三，药物治疗效果不同。小孢子真菌性皮炎以抗真菌药物外用多有明显效果，而疥癣只能使用杀螨虫的药物进行治疗；第四，刮取病料镜检，小孢子真菌病有分支的菌丝及孢子，疥癣有活动的螨虫。

此外，也应注意与营养性脱毛的区别。该病多发生于夏秋季节，呈散发，成年兔和老年兔发生较多。皮肤无异常炎症表现，断毛节整齐，根部有毛茬，多在1厘米以下。发生的部位一般在大腿、肩胛两侧和头部。

（3）防治　小孢子真菌病是对兔危害最为严重的皮肤病，在某种程度上，其危害程度不亚于兔瘟和疥癣病，因此，必须提高警惕。

平时加强饲养管理，搞好环境卫生，注意兔舍内的湿度和通风透光；经常检查兔群，发现可疑患兔，立即隔离诊断治疗。如果个别患有小孢子真菌病，最好就地处理，不必治疗，以防成为传染源。而对于须毛癣，危害较小，可及时治疗。环境要严格消毒，可选用2%的火碱水或0.5%的过氧乙酸。

根据谷子林等（2010）的研究，单纯的淘汰和简单的消毒，难以根除本病。采取整窝淘汰+环境消毒，复发率达97%；全部扑杀重新养殖，复发率90%。因此，必须采取综合措施方可奏效。

据国内一些兔场试验，用1.5%克霉唑溶液与75%医用酒精按1∶1均匀混合（现用现配，以防缓慢分解失效），对初生仔兔（最好出生12小时以内）进行全身涂抹，对已产或临产母兔腹部进行局部涂抹，气温低时可将药液加温到36℃左右，经上述处理后，仔兔断奶前后基本不发病。此外，也可以10%的水杨酸、6%的苯甲酸或5%～10%的硫酸铜溶液涂擦患部，直至痊愈。

根据谷子林等研究，口服灰黄霉素的同时，使用不同的外涂药物和环境消毒，真菌性皮肤病的表观治愈率和复发率见表9-2。

表9-2　不同处理方法对兔真菌性皮肤病的治疗效果

组别	外涂	口服	环境消毒	治疗结果	
				表观治愈率	复发率
1		灰黄霉素	氯制剂全面消毒	85%	13%
2	水杨酸	灰黄霉素	碘制剂喷雾全面消毒	92%	8%
3	克霉唑溶液+碘酊	灰黄霉素	氯制剂全面消毒	97%	10%
4	克霉唑溶液	灰黄霉素	碘制剂喷雾全面消毒	90%	11%

由此可见，抗真菌药物对于控制皮肤真菌病有一定效果，若配合外涂抗真菌药物+环境消毒，效果更好一些。但是，根除本病是非常困难的。

根据以上情况，要杜绝本病，第一，应严格引种，绝不从发生过真菌病的兔场引种；第二，引种后隔离观察。由于该病主要侵害仔兔、幼兔和母兔，其他兔子临床症状不明显，因此，观察和隔离时间以及观察方式要灵活。对新引进的种兔，要单独成群。在它们繁殖后代后方可得知其是否是真菌病原菌的携带者。第三，发现可疑病例，严格淘汰。基本原则："宁可错杀一百，决不放掉一只。"这种疾病不建议治疗，因为治疗的风险远远大于淘汰。当然，简单的淘汰是不行的，必须全场彻底消毒。但是，非封闭式兔舍的彻底消毒难以做到。消毒方法可以用火焰、化学药物（如2％的火碱、含氯消毒剂、过氧乙酸等），对大面积场地可用10％～20％生石灰水多次消毒。第四，配合药物治疗和全场大消毒，对本场内的动物包括兔、猪、狗、猫等逐一进行药浴，以消灭动物皮毛上携带的病原。消毒剂可用含氯消毒药及其他能杀灭真菌的药物。药浴时可适当提高浓度。

15. 附红细胞体病

附红细胞体病是由附红细胞体寄生于多种动物和人的红细胞表面、血浆及骨髓液等部位所引起的一种人畜共患传染病。

附红细胞体的易感动物很多，包括哺乳动物中的啮齿类动物和反刍类动物。动物的种类不同，所感染的病原体也不同，感染率也不尽相同。兔的感染率为83.46％。

（1）流行特点　该病发生有明显季节性，多在温暖季节，尤其是吸血昆虫大量滋生繁殖的夏秋季节感染，表现隐性经过或散在发生，但在应激因素（如长途运输、饲养管理不良、气候恶劣、寒冷）或其他疾病感染等情况下，可使隐性感染兔发病，症状较为严重，甚至发生大批死亡，呈地方流行性。

（2）临床症状　兔尤其是幼小兔临床表现为一种急性、热性、贫血性疾病。患病兔体温升高，39.5～42℃，精神委顿，食欲减少或废绝，结膜苍白，转圈，呆滞，四肢抽搐。个别兔后肢麻痹，不能站立，前肢有轻度水肿。乳兔不会吃奶。少数病兔流清鼻涕，呼吸急促。病程一般3～5天，多的可达1周以上。病程长的有黄疸症状，粪便黄染并混有胆汁，严重的出现贫血。血常规检查，兔的红细胞、白细胞数及血色素量均偏低。淋巴细胞、单核细胞、血色指数均偏高。一般仔兔的死亡率高，耐过的仔兔发育不良，成为僵兔。

　　妊娠母兔患病后，极易发生流产、早产或产出死胎。

　　根据病程长短不同，该病主要有以下病型。

　　① 急性型：此型病例较少。多表现突然发病死亡，死后口鼻流血，全身红紫，指压退色。有的患病兔突然瘫痪，饮食俱废，无端嘶叫或痛苦呻吟，肌肉颤抖，四肢抽搐。死亡时，口内出血，肛门排血。病程1～3天。

　　② 亚急性型：患病兔体温升高，达39.5～42℃，死前体温下降。病初精神委顿，食欲减退，饮水增加，而后食欲废绝，饮水量明显下降或不饮。患病兔颤抖，转圈或不愿站立，离群卧地，尿少而黄。开始兔便秘，粪球带有黏液或黏膜，后来腹泻，有时便秘和腹泻交替出现。后期病兔耳朵、颈下、胸前、腹下、四肢内侧等部位皮肤有出血点。有的病兔两后肢发生麻痹，不能站立，卧地不起（图9-40、图9-41）。有的病兔流涎，呼吸困难，咳嗽，眼结膜发炎。病程3～7天，死亡或转为慢性经过。

图9-40　患兔体质极度衰弱，卧地不起

图9-41　腹肌出血

　　（3）病理变化　剖检急性死亡病例，尸体一般营养症状变化不明显，病程较长的病兔尸体表现异常消瘦，皮肤弹性降低，尸僵明显，可视黏膜苍白，黄染并有大小不等暗红色出血点或出血斑，眼结膜混浊，无光泽。皮下组织干燥或黄色胶胨样浸润。全身淋巴结肿大，呈紫红色或灰褐色，切面多汁，可见灰红相间或灰白色的髓样肿胀。

血液稀薄、色淡、不易凝固。皮下组织及肌间水肿、黄疸。多数有胸水和腹水，胸腹脂肪、心冠沟脂肪轻度黄染。心包积水，心外膜有出血点，心肌松弛，颜色呈熟肉样，质地脆弱。肺脏肿胀，有出血斑或小叶性肺炎。肝脏有不同程度肿大、出血、黄染，表面有黄色条纹或灰白色坏死灶，胆囊膨胀，胆汁浓稠。脾脏肿大，呈暗黑色，质地柔软，切面结构模糊，边缘不齐，有的脾脏有针头大至米粒大灰白色或黄色坏死结节。肾脏肿大，有微细出血点或黄色斑点，肾盂水肿，膀胱充盈，黏膜黄染并有少量出血点。胃底出血、坏死，十二指肠充血，肠壁变薄，黏膜脱落，其他肠段也有不同程度的炎症变化。淋巴结肿大，切面外翻，有液体流出。软脑膜充血，脑实质有微细出血点，柔软，脑室内脑脊髓液增多（图9-42～图9-45）。

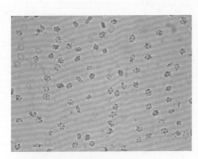

图9-42　红细胞受到破坏，呈星芒状变形

图9-43　小肠脑回样水肿

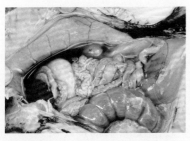

图9-44　腹腔积液，肠壁变薄

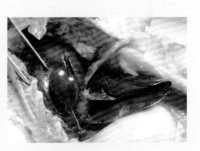

图9-45　肝坏死

临床诊断要点：黄疸、贫血和高热，临床特征表现为全身发红。

（4）防治

① 预防：整个兔群用阿散酸和土霉素拌料，阿散酸浓度为0.1%，土霉素浓度为0.2%。

② 治疗：四环素、土霉素，每千克体重40毫克，或金霉素，每千克体重15毫克。口服、肌内注射或静脉注射，连用7～14天。

血虫净（或三氮脒，贝尼尔），每千克体重5～10毫克，用生理盐水稀释成10%溶液，静脉注射，每天1次，连用3天。

碘硝酚每千克体重15毫克，皮下注射，每天1次，连用3天。

黄色素按每千克体重3毫克，耳静脉缓慢注射，每天1次，连用3天。

磷酸伯喹的强力方焦灵注射液1.2毫克/千克体重肌内注射，连用3天。

磺胺-6-甲氧嘧啶钠注射液20毫克/千克体重肌内注射，连用3天。

此外，用安痛定等解热药，适当补充维生素C、B族维生素等，病情严重者还应采取强心、补液，补右旋糖苷铁和抗菌药，注意精心饲养，进行辅助治疗。

16. 流行性腹胀病

近年来，在我国多数地区发生了一种以消化器官病变为主、以腹胀为特征的疾病，暂定为"流行性腹胀病"（图9-46、图9-47）。

近年来，我国的兔病科技工作者对该病的病原菌进行分离，从中分离出多种细菌，其中以魏氏梭菌和大肠杆菌为主。但是，简单通过分离的细菌进行攻毒，很难复制出流行性腹胀病来。可见，该疾病的病原菌和发病机理比较复杂。至今尚未研究清楚。

（1）诱发因素

① 消化道冷应激：几例病例表明，消化道受到冷应激会诱发本病，如饮用了带冰碴的水，采食了冰冻的饲料。

② 采食过量：对发生该病的多例病例进行调查发现，同样

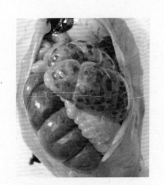

图9-46　盲肠充满气体和硬
的内容物

图9-47　结肠充满胶胨样黏液

的饲料不同的饲喂方法，发病率不同。凡是发生疾病的兔场，基本上是自由采食。而没有发生疾病的兔场，均为定时定量，喂料量约为自由采食的80%。据此，笔者进行试验，用同一种饲料，一部分自由采食，一部分限饲到80%，结果成功复制了生产中的现象。

③ 饲料发霉：对发生以腹胀为主要特征疾病兔场的饲料进行霉菌培养，每克含有霉菌数量10万以上，远远超过了限量上限。当更换了发霉的粗饲料（花生皮居多）之后，本病得到逐渐控制。

④ 突然换料：2008年以来，笔者发现一些兔场在使用某饲料厂的饲料后发生了流行性腹胀病。兔场认为饲料有问题。但使用同一饲料的其他绝大多数兔场均没有发生类似疾病。经了解，该兔场没有经过饲料过渡，而是直接更换饲料，导致该病的发生。

⑤ 其他疾病：在笔者诊断的众多流行性腹胀病中，很多病例是混合感染，包括与大肠杆菌、球虫、魏氏梭菌、巴氏杆菌、波氏杆菌等。

⑥ 环境应激：包括断乳应激、气候突变、转群或长途运输等。

通过上百病例的分析，笔者认为，凡是影响消化道内环境的因素，均可导致兔的消化功能失常，进而诱发流行性腹胀病的发生。因此，消除消化道内外应激因素，是控制本病的有效措施。

（2）防控措施

① 控制喂量：对患兔先采取饥饿疗法或控制采食量，在疾病的多发期1～3月龄的幼兔限制喂量（自由采食的80%左右）。

② 大剂量使用微生态制剂：平时在饲料中或饮水中添加微生态制剂，以保持消化道微生态的平衡，以有益菌抑制有害微生物的侵入和无限繁衍。当疾病高发期，微生态制剂加倍。当发生疾病时，直接口服微生态制剂，连续3天，有较好效果。

③ 搞好卫生：尤其是饲料、饮水和笼具卫生，降低兔舍湿度，是控制本病的重要环节。

④ 控制饲料质量：一是饲料营养的全价性；二是饲料中霉菌及其毒素的控制；三是饲料原料的选择，尽量控制含抗营养因子的饲料原料和使用比例；四是适当提高饲料中粗纤维的含量；五是尽量缩短饲料的保存期，控制保存条件。

⑤ 预防其他疾病：尤其是与消化道有关的疾病，如大肠杆菌病、魏氏梭菌病、沙门菌病、球虫病和其他消化道寄生虫病。

⑥ 加强饲养管理：规范的饲养，程序化管理，是控制该病所需要的。减少应激，尤其是对断乳小兔的"三过渡"（环境、饲料和管理程序），减少消化道负担，保持兔体健康，提高动物自身的抗病力是非常重要的。一旦发生疾病，在采取其他措施的同时，放出患兔活动，尤其是在草地活动，可使病情得到有效缓解。由此得到启发，采取"半草半料"法，也不失为预防该病的另一种途径。

此外，国内外学者采取药物防治取得较好效果。

浙江省农科院鲍国连研究员课题组以"溶菌酶+百肥素"防治腹胀病临床试验。使用"溶菌酶+百肥素"预防，按每吨饲料各添加200克，有效率达90%（913/1015），对照未用药组36只兔死亡17只，死亡率达47%。

江苏省农科院薛家宾研究员课题组以复方新诺明按照饲料的0.1%或饮水的0.2%进行预防，有较好效果。

此外，四川畜牧科学院林毅研究员以恩拉霉素进行防治，欧洲在饲料中添加金霉素进行预防，均有一定效果。

由此可见，该病是多因素所致，多管齐下比单一措施的效果可能更好一些。

17. 球虫病

球虫病是兔常发的一种寄生虫病，也是危害最严重的一种病，可引起大批死亡。兔球虫多达14种，其中最常见的有兔艾美尔球虫、穿孔艾美尔球虫、大型艾美尔球虫、中型艾美尔球虫、无残艾美尔球虫、梨形艾美尔球虫、盲肠艾美尔球虫等。隐性带虫兔和病兔是主要传染源，断奶仔兔至3月龄幼兔易感。成年兔发病较轻或不表现临床症状。断奶、变换饲料、营养不良、笼具和兔场与兔舍卫生差、饲料和饮水污染等都会促使本病发生与传播。

（1）临床症状　根据不同的球虫种类、不同的寄生部位分为肠球虫、肝球虫和混合型球虫（图9-48～图9-50）。主要表现食欲减退或废绝，精神沉郁，伏卧不动，生长缓慢或停滞，眼、鼻分泌物增多，体温升高，贫血，可视黏膜苍白，下痢，尿频，腹围增大，消瘦，有的出现神经症状。

① 肠球虫病：多呈急性，死亡快者不表现任何症状突然倒地，角弓反张，惨叫一声便死。稍缓者出现顽固性下痢，血痢，腹部胀满，臌气，有的便秘与下痢交替出现。

② 肝球虫病：肝区触诊疼痛，肿大，有腹水，黏膜黄染，神经症状明显。

③ 混合型球虫病：出现以上两种症状。

（2）病理变化

① 肠球虫病：胃黏膜发炎，小肠内充满气体和大量液体，肠壁充血，十二指肠扩张、肠壁增厚、出血性炎症。慢性病例肠黏膜出现许多小而硬的白色结节，内含球虫卵囊，尤以盲肠

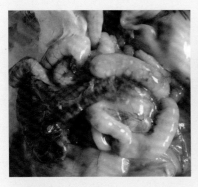

图9-48　小肠和盲肠蚓突有大量灰白色球虫结节

图9-49　肝脏有大小不等黄白色球虫结节

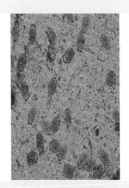

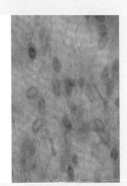

图9-50　粪便镜检，有大量球虫卵囊

最为多见，有的出现化脓及溃疡。

②肝球虫病：可见肝脏肿大，肝表面及肝实质有大小不等的白色结节，内含球虫卵囊，胆囊肿大，充满浓稠胆汁、色淡，腹腔积液。

③混合型球虫病：可见以上两种病理变化。

（3）诊断　根据流行特点、临床症状及病理变化可作出初步诊断，取病兔粪便或肠内容物或肝脏结节，显微镜检查见有大量球虫卵囊即可确诊。

（4）防治　加强饲养管理，兔笼、兔舍勤清扫，定期消毒，粪便堆积发酵处理，严防饲草、饲料及饮水被兔粪污染，成年兔与幼兔分开饲养。定期预防性喂服抗球虫药物。一旦发现病兔应及时隔离治疗，可用氯苯胍每千克体重10毫克喂服或按0.03％的比例拌料饲喂，连用2～3周，对断奶仔兔预防时可连用2个月；克球粉每千克体重50毫克喂服，连用5～7天；盐霉素按照50～60毫升/千克饲料拌料；地克珠利1毫升/千克饲料拌料。以上药物对球虫病均有较好效果，为预防耐药性产生，可采取交叉用药。

18. 豆状囊尾蚴病

本病又叫兔囊虫病。是由寄生于狗、狐狸、猫及其他食肉动物小肠内的豆状带绦虫的幼虫寄生于兔体内引起的疾病。狗、猫等食肉动物食入含有豆状囊尾蚴的兔的内脏或豆状囊尾蚴虫体后，在小肠内发育成豆状带绦虫。豆状带绦虫成熟后的孕卵节片及虫卵随粪便排出狗、猫体外，兔食入了被污染的饲草、饲料和饮水后而感染，虫卵在兔消化道逸出六钩蚴，钻入肠壁，随血液到达肝脏，一部分还通过肝脏进入腹腔等其他脏器浆膜面，在肝脏及其他脏器表面发育成囊尾蚴而发病。

（1）临床症状　兔体内豆状囊尾蚴数量比较少时，一般不出现明显症状，只是生长稍缓慢，只有受到大量侵袭寄生时，才出现明显症状，表现被毛粗糙无光泽，消瘦，腹胀，可视黏膜苍白，贫血，消化不良或紊乱，食欲减退，粪球小而硬，严重者出现黄疸，精神沉郁，少动，甚至衰竭死亡。腹部触诊可在胃壁等处触到数量不等的豌豆大或花生米大光滑而有弹性的疱状物。

（2）病理变化　腹腔积液，肝脏表面、胃壁肠道、腹壁等的浆膜面附着数量不等的豆状囊尾蚴，呈水疱样（图9-51）。

（3）诊断　通过临床症状、外部触诊及剖检到豆状囊尾蚴虫体即可确诊。

（4）防治　兔场尽量不喂养狗、猫等食肉动物，如确需喂养，一定要采取拴养的方法，并定期防治狗、猫绦虫，严防狗、

图9-51 寄生于肠系膜上的豆状囊尾蚴

猫进入兔场和兔舍，尤其要防止狗、猫粪便污染饲草、饲料及饮水。严禁将豆状囊尾蚴或带有豆状囊尾蚴的兔内脏喂狗、猫。

发现患有豆状囊尾蚴的病兔，可用吡喹酮治疗，每千克体重100毫克喂服，24小时后再喂1次，或每千克体重50毫克，加适量液体石蜡，混合后肌内注射，24小时后再注射1次。

19. 棘球蚴

棘球蚴病也称包虫病，是由寄生于狗的细粒棘球绦虫等数种棘球绦虫的幼虫棘球蚴寄生于牛、羊、人等多种哺乳动物的脏器内，而引起的一种危害极大的人兽共患寄生虫病。主要见于草地放牧的牛、羊等。该病感染兔比较严重，尤其是农村家庭养狗的兔场。

（1）病原　在犬小肠内的棘球绦虫很细小，长2～6毫米，由一个头节和3～4个节片构成，最后一个体节较大，内含多量虫卵。含有孕节或虫卵的粪便排出体外，污染饲料、饮水或草场，兔子等动物食入这种体节或虫卵即被感染。虫卵在兔子等中间宿主的胃肠内脱去外膜，游离出来的六钩蚴钻入肠壁，随血流散布全身，并在肝、肺、肾、心等器官内停留下来慢慢发育，形成棘球蚴囊包。根据多年来对该病的解剖来看，兔的主要受害器官为肝脏。犬等动物如吞食了这些有棘球蚴寄生的器官，每一个头节便在小肠内发育成为一条成虫。

（2）临床症状　随寄生部位和感染数量的不同差异明显，轻度感染或初期症状均不明显。主要发生于成年兔，以经产带仔母兔和公兔为主。症状：营养不良，食欲减退或废绝，精神沉郁，粪便变少或连续几日无新鲜粪便排出。当感染较严重时，兔身体消瘦，出现黄疸，眼结膜黄染。当肺部大量寄生时，则表现为长期的呼吸困难和微弱的咳嗽；听诊时在不同部位有局限性的半浊音灶，在病灶处肺泡呼吸音减弱或消失；若棘球蚴破裂，则全身症状迅速恶化，体力极为虚弱，通常会窒息死亡。一般来说，患兔生前难以诊断，当与其他疾病混合感染而死亡后，解剖发现严重的肝脏等器官病灶（图9-52）。

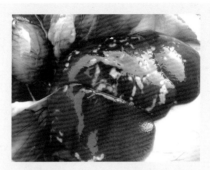

图9-52 寄生于肝脏的棘球蚴

（3）诊断　本病生前诊断比较困难，多在死亡后或屠宰时在相应部位发现虫体方可确诊。实验室诊断可采用变态反应进行诊断。

（4）防治　避免犬等终末宿主吞食含有棘球蚴的内脏是最有效的预防措施。另外，疫区之犬经常定期驱虫以消灭病原也是非常重要的，如驱犬绦虫药阿的平；犬驱虫时一定要把犬拴住，以便收集排出的虫体与粪便，彻底销毁，以防散布病原。一旦发生该病，可选用以下药物。

阿的平，按每千克体重0.1～0.2克，一次口服；氢溴酸槟榔碱，一次内服量为2毫克/千克体重；吡喹酮，一次内服量为5毫克/千克体重；盐酸丁奈脒（片）25毫克/千克体重；丙硫苯咪唑按照10毫克/千克体重拌料，连续3天，隔一周再拌料3天。

20. 弓形虫病

刚地弓形虫是寄生于人类和许多动物组织细胞内的原虫，可侵犯脊椎动物的多种细胞，并在细胞内繁殖，最后破坏宿主细胞，释放出虫体，导致一系列病理变化。弓形虫病是重要的人畜共患疾病，猫是终末宿主，有200多种动物可患该病，已呈全球性流行，对人类健康和畜牧业生产构成严重威胁，引起医学界和兽医界的普遍重视。

（1）传染途径　研究表明，其传播主要有三种方式。

① 人—人传播：主要是垂直传播，受弓形虫感染的孕妇经胎盘传染给胎儿，由于胎膜能保护胚胎，弓形虫直接侵入胚胎不易，可通过母体血循环而感染，感染时间在母体急性感染的原虫血症期。其他感染途径有通过隐性感染母体子宫内膜中包囊传播，阴道分泌物中的虫体在分娩时感染新生儿，弓形虫随羊水进入胎儿胃肠道引起感染等。引起先天性弓形虫感染的先决条件是孕妇先有原发感染。

② 动物—动物传播：被认为是终末宿主猫传播给中间宿主猪、兔、绵羊、山羊等。主要有三种途径：第一，动物食物和饮水中污染了猫粪便中的孢子化卵囊；第二，动物食用受弓形虫组织包囊污染的肌肉和脏器；第三，先天性感染，动物在交配、妊娠、分娩过程中的水平传播和垂直传播。对于草食动物而言，第一条途径最为普遍。

③ 动物—人传播：饲养宠物的人与猫接触的机会较多，尤其是孕妇与猫的直接接触，猫粪便中弓形虫卵囊对人类的饮水、肉食品、蔬菜及土壤等的污染，人食用含弓形体组织包囊的未经煮熟的肉食品和动物内脏。用未经处理的山羊奶喂婴儿也是弓形虫传播人类的重要途径，儿童在动物园中与动物的接触提供了弓形虫的传播机会。

（2）临床症状　急性型小兔以突然废食、体温升高和呼吸加快为特征，有浆液性和浆液脓性眼垢和鼻漏。病兔嗜睡，并于几天内出现局部或全身肌肉痉挛的神经症状。有些病例可发生麻痹，尤其是后肢麻痹，通常在发病后 2～8 天死亡。慢性型病程较长，病兔厌食消瘦，常导致贫血。随着病程发展，病兔出现中枢神经症状，通常表现为后躯麻痹，妊娠母兔出现流产。病兔有的突然死亡，但病兔大多可以康复。

（3）病理变化　急性型以淋巴结、脾、肝、肺和心脏的广泛坏死为特征。上述器官肿大，并有很多坏死灶，肠高度充血，常有扁豆大的溃疡，胸腔、腹腔有渗出液，此型主要发生于仔兔。慢性型以各脏器水肿、增大，并有散在的坏死灶为特征。此型常见于老年兔。隐性型主要表现为中枢神经系统中有包囊，可看到神经胶质瘤和肉芽性脑炎病变。

（4）治疗　目前尚无特效药物，可参考如下方法。

① 磺胺嘧啶＋甲氧苄胺嘧啶：前者首次用量每千克体重0.2克，维持量每千克体重0.1克。后者用量每千克体重0.01克，每天1次内服，连用5天。

② 磺胺甲氧吡嗪＋甲氧苄胺嘧啶：前者首次用量每千克体重0.1克，维持量每千克体重0.07克。后者用量每千克体重0.01克，每天1次内服，连用5天。

③ 长效磺胺＋乙胺嘧啶：前者首次用量为每千克体重0.1克，维持量每千克体重0.07克，后者用量每千克体重0.01克，每天1次内服，连用5天。

④ 蒿甲醚：每千克体重6～15毫克，肌内注射，连用5天，有很好的效果。

⑤ 双氢青蒿素片：每兔每天10～15毫克，连用5～6天。

⑥ 磺胺嘧啶钠注射液：肌内注射，每次0.1克，每天2次，连用3天。

（5）预防

①猫是弓形体的完全宿主，而兔和其他动物仅是弓形体原虫无性繁殖期的寄生对象，因此要防止猫接近兔舍传播该病，饲养员也要避免和猫接触。

②定期消毒，饲料、饲草和饮水严禁被猫的排泄物污染。

③对流产胎儿及其他排泄物要进行消毒处理，场地严格消毒，死于该病的病兔要深埋。

弓形虫病在猪、羊、鸡等家养动物的报道很多，但在兔方面较少。1994～2004年仅刘德福等（2004）报道了1例。而根据笔者了解情况，其发病率有逐渐增加的趋势。由于腹泻是弓形虫病的临床症状之一，而人们对其全貌缺乏了解，其真实发生情况有待研究。

21. 兔螨病

兔螨病又叫疥癣，是由螨寄生于兔皮肤而引起的一种体外寄生虫病。引起兔发病的螨主要有兔疥螨、兔背肛螨、兔痒螨和兔足螨。螨主要在兔的皮层挖掘隧道，吞食脱落的上皮细胞及表皮细胞，使皮层受到损伤并发炎。

兔螨病主要发生在秋冬季节绒毛密生时，潮湿多雨天气、环境卫生差、管理不当、营养不良、笼舍狭窄、饲养密度大等都可促使本病发生。可直接解除或通过笼具等传播。

（1）临床症状　兔疥螨和兔背肛螨寄生于兔的头部和掌部无毛或毛较短的部位，如嘴、上唇、鼻孔及眼睛周围，在这些部位真皮层挖掘隧道，吸食淋巴液，其代谢物刺激神经末梢引起痒感。病兔擦痒使皮肤发炎，以致发生疱疹、结痂、脱毛，皮肤增厚，不安、搔痒，饮食减少，消瘦，贫血，甚至死亡。

兔痒螨主要侵害兔的耳部，开始耳根部发红肿胀，而后蔓延到耳道发炎。耳道内有大量炎性渗出物，渗出物干燥结成黄色硬痂，堵塞耳道，有的引起化脓，病兔发痒，有时可发展到中耳和内耳，严重的可引起死亡（图9-53）。

兔足螨多在头部皮肤、外耳道、脚掌下面甚至四肢寄生，患部结痂、红肿、发炎、流出渗出物、不安奇痒，不时搔抓（图9-54）。

图9-53　兔痒螨　　　　　图9-54　兔足螨

（2）诊断　根据临床症状和流行特点作出初步诊断，从患部刮取病料，用放大镜或显微镜检查到虫体即可确诊。

（3）防治　经常保持兔舍清洁卫生，干燥，通风透光，兔场、兔舍、笼具等要定期消毒。引种时不要引进病兔。如有螨病发生时，应立即隔离治疗或淘汰，兔舍、笼具等彻底消毒，治疗病兔可用伊维菌素或阿维菌素，口服或注射（严格按说明剂量），具有特效。

22. 拴尾线虫病

拴尾线虫病又称兔蛲虫病，是由兔拴尾线虫寄生于兔的盲肠及大肠（结肠和直肠）内所致的一种线虫病。

（1）病原　拴尾线虫虫体呈线状，雌雄异体。雌虫产出的卵为囊胚期卵，无感染性，累积在兔直肠内需经18～24小时后发育为感染性的虫卵，排到外界后污染饲料、饮水或直接被兔吞食，在兔胃内孵出，进入盲肠黏膜的隐窝中或肠腔中逐渐发育为成虫。本病分布较广，感染较普遍，是兔常见的线虫病，严重者可引起死亡。

（2）临床症状　少量感染时一般不表现临床症状，严重感染时，由于幼虫在盲肠黏膜隐窝内发育，并以黏膜为食物，可引起肠黏膜损伤，有时发生溃疡和大肠炎症，表现为食欲降低，精神沉郁，被毛粗乱，进行性消瘦，下痢，严重者死亡。患兔后肠疼痒，常将头弯回肛门部，以口啃咬肛门以解痒。大量感染后可在患兔的肛门外看到爬出的成虫，也可在排出的粪便中发现虫体。

（3）诊断　本病生前诊断困难。但若感染本病，其粪便中会排出白色短线状虫体。但多数是在死亡之后剖检时在盲肠及其他大肠内发现虫体（图9-55）。

（4）防治

① 本病不需要中间宿主，而是通过病兔粪便污染环境后通过消化道感染，因此，应加强兔舍的卫生管理，经常彻底清洗消毒笼具，并对粪便进行堆积发酵处理。

② 定期普查，及时发现感染兔，并用药物（盐酸左旋咪唑）

驱虫。

③ 药物治疗可选用盐酸左旋咪唑，按每千克体重5～6毫克口服；丙硫苯咪唑，每千克体重10～20毫克，一次口服；硫化二苯胺，以2%的比例拌料饲喂。

图9-55 盲肠内数量巨大的线虫

23.肝毛细线虫病

肝毛细线虫病是由肝毛细线虫寄生于兔肝脏所引起的疾病。本病是鼠类及许多其他啮齿类动物和复齿类动物的常见寄生虫病。

（1）病原　本病病原为肝毛细线虫，属于毛细科，毛细属，虫体非常纤细，白色。虫卵呈椭圆形。

（2）临床症状及病理变化　病兔生前无明显症状，仅表现为消瘦，食欲降低，精神沉郁。死后剖检可见肝脏肿大，肝脏表面和实质中有纤维性结缔组织增生，肝脏表面有线头状黄白色条纹结节，有的为绳索状。结节周围肝组织可出现坏死灶。

（3）防治

① 预防：主要消灭老鼠，避免鼠类粪便污染饲料和饮水；加强卫生管理，经常打扫兔舍和兔场。对饲料槽和饮水系统定期消毒；及时将发病兔隔离治疗，病死兔的尸体要烧毁或深埋。

② 治疗：甲苯咪唑，按每千克体重100～200毫克口服，每天1次，连用4天；丙硫苯咪唑，按每千克体重15～20毫克口服，每天1次，连用4天。

二、兔普通病

1. 便秘

（1）病因　便秘是由于饲养管理不当，精料过多，精粗饲料搭配不合理，长期饲喂粗硬劣质干草，长期饮水不足，饲料不洁、混有泥沙，过食又缺乏运动，食入异物等导致肠道功能减弱，蠕动弛缓，分泌减少，粪便停滞时间长，失水而变干硬秘结。也可继发于其他热性病。

（2）临床症状　病兔表现精神沉郁或不安，食欲减退或废绝，尿少而黄，肠音减弱或消失，粪球干硬细小，频作排便姿势，但排便量少或数天不见排便，腹部臌胀，疼痛，回头顾腹。

（3）防治　加强饲养管理，合理搭配饲料，防止过食，供给充足饮水，适当运动，配合饲喂青绿多汁饲料可有效防止本病发生。轻症病兔可适当饲喂人工盐 2～5 克；较重病兔可喂服硫酸钠 5～10 克、液体石蜡或食用油 10～20 毫升；温肥皂水或液体石蜡灌肠，并配合腹部按摩；果导片 1～2 片喂服。继发便秘时应及时治疗原发疾病。

2. 毛球病

（1）病因　毛球病又叫毛球阻塞，多由于脱毛季节兔毛大量脱落，散落于笼舍、饲槽及垫草中，或混入饲料、饲草中食入；过度拥挤、通风不良引起应激而互相舔咬或自咬所食入；或某些微量元素、维生素、氨基酸缺乏时引起咬吃其他兔毛或自身的被毛；发生皮肤病时啃咬及分娩时的拉毛等也可大量食入。食入的兔毛与胃内容物、饲草纤维混合成团，久之变成大而硬的毛球阻塞胃肠道（图 9-56、图 9-57）。

（2）临床症状　病兔食欲减退，喜卧，好饮，逐渐消瘦，衰弱，贫血，粪球干硬、秘结，内含兔毛，甚者阻塞不通，触摸腹部可摸到团块状粗硬物，捏压不易开。

（3）防治　加强饲养管理，搞好环境卫生与消毒工作，对脱落的兔毛应及时清扫，防止混入饲料中；不要过度拥挤，加

 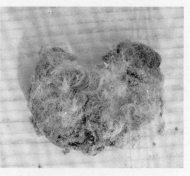

图9-56　毛球病患兔排出的粪便　　图9-57　从胃中取出的毛球

强通风，配制全价配合饲料，及时治疗皮肤病等可有效地预防本病发生。如发生毛球病，可按便秘方法治疗，营养元素缺乏时，应补充缺乏的相应元素。

3. 肠臌气

（1）病因　又叫肠臌胀。多由于采食了过多的易发酵饲料、豆科饲料、霉烂变质饲料、冰冻饲料及含露水的青草等，引起胃肠道异常发酵，产气而臌胀。兔舍寒冷、阴暗潮湿，可促使本病发生。便秘、肠阻塞、消化不良以及胃肠炎等也可继发本病。

（2）临床症状　精神沉郁，蹲卧少动，呼吸急迫，心跳快，可视黏膜潮红或发绀，食欲废绝，腹部膨大，触压有弹性、充满气体感，叩之有鼓音，痛苦。

（3）防治　易产气发酵饲料和豆科饲料喂量要适度，不喂带露水的青草和冰冻饲料，严禁饲喂霉烂变质饲料。兔舍要通风透光，干燥保温。及时治疗原发疾病，防止继发肠臌气。发现臌气病兔，可灌服液体石蜡或植物油20毫升、食醋20～50毫升；大蒜4～6克捣烂、食醋20～30毫升灌服；也可用消胀片或二甲基硅油等消胀剂。配合抗菌消炎和支持疗法效果更好。

4. 中暑

（1）病因　中暑包括日射病和热射病。是由于兔受到强日光直射或气温过热而引起中枢神经系统、血液循环系统和呼吸系统功能以及代谢严重失调的综合征。此病多发生于炎热夏季。主要由于长期处于高温（33℃以上）或日光暴晒条件下而又缺乏饮水造成的，如高热季节兔舍闷热而不通风，运输途中闷热拥挤、缺水、通风差；炎热季节兔舍或运输笼受强日光直射、无遮阴等都可引起中暑。

（2）临床症状　发生中暑的初期，病兔精神不振，食欲减退或废绝，步态不稳，呼吸加快，体温升高，触诊体表有灼热感，可视黏膜潮红，口流涎。继续发展或严重病例出现神经症状，兴奋不安，盲目奔跑，随后倒地，痉挛或抽搐，虚脱昏迷死亡，妊娠母兔死亡率更高。

（3）防治　炎热季节兔舍要通风良好，利用喷水或风扇等方法降温。兔笼兔舍应宽敞，饲养密度要适当，防止过度拥挤。露天兔场和运动场应架设凉棚或植树，避免强日光照射。长途运输不要装载过密，并供给充足的饮水，保持适当通风，防止车内温度过高。饮水中加入适量的水溶性维生素可提高兔的耐热性；饲料中加入0.2％的碳酸氢钠以调节体内酸碱平衡，添加抗生素药物可防止肠道细菌感染而发生腹泻；避免在6月下旬至8月上旬繁殖配种。

发现中暑病兔，应立即采取急救措施：首先将病兔移到通风阴凉处，用湿毛巾或冰块冷敷头部；耳静脉放血，防止发生脑部和肺部充血、出血；喂饮或灌服加有水溶性维生素的淡盐水；口服仁丹3～5粒、十滴水3～5滴；并进行相应的支持疗法。

5. 不孕症

（1）病因　不孕症即母兔屡配不孕。引起不孕的原因很多，最常见的是母兔生殖器官疾病（如子宫炎、阴道炎、卵巢囊肿以及某些传染性疾病）引起的生殖器官感染等。饲料中营养缺乏，特别是维生素E和维生素A缺乏，蛋白质含量不足、质量差，使母兔体质瘦弱，生殖功能减退。营养过剩，兔体过肥，子宫、卵巢等受到过多脂肪的挤压以及卵巢脂肪化，影响排卵与受精等。人工授精方法不当，精液保存不好，公兔比例小而使用过频，精液品质差等，都会影响母兔妊娠。

（2）临床症状　母兔屡配不孕，过肥或过瘦，发情无规律或不发情，有的从阴部流出炎性分泌物或脓汁。

（3）防治　母兔营养要平衡，膘情适中，过肥母兔要适当增加运动，减喂精料，增补青粗饲料。过瘦母兔应适当加强营养。对屡配不孕母兔饲料要适当提高维生素A和维生素E的水平，增加光照，皮下注射雌二醇1～2毫升或促卵泡激素0.5～1毫升，促进卵巢发育与卵泡成熟。发生生殖器官炎症或其他疾病时，应及时治疗生殖器官炎症及其他原发疾病。久治不愈的母兔应及早淘汰。

6. 妊娠毒血症

（1）病因　妊娠毒血症发生于母兔妊娠后期，其发病机理尚不清楚，可能由于妊娠后期母兔与胎儿对营养物质需要量增加，而饲料中营养不平衡，特别是葡萄糖及某些维生素的不足，使得内分泌功能失调，代谢紊乱，脂肪与蛋白质过度分解而致。妊娠期母兔过肥也易发生本病。

（2）临床症状　大多在妊娠20多天出现精神沉郁，食欲减退或废绝，呼吸困难，尿量少，呼出的气体与尿液有酮味，并很快出现神经症状、惊厥、昏迷、共济失调、流产等，甚至死亡。

（3）病理变化　本病以严重的肝脂肪变性为特征，死亡病兔通常过于肥胖。剖检时常发现乳腺分泌功能旺盛，卵巢黄体增大，肠系膜脂肪有坏死区。肝脏表面经常出现黄色和红色区。肾脏和心脏的颜色苍白。肾上腺缩小、苍白，常有皮质腺瘤。甲状腺缩小、苍白。部分病兔心肌松软、坏死。肺部含有大量的出血点（图9-58~图9-61）。

（4）防治　妊娠后期要提高饲料营养水平，喂给全价平衡饲料，补喂青绿饲料，饲料中添加多种维生素以及葡萄糖等有一定预防效果。如有本病发生，可内服葡萄糖或静脉注射葡萄糖溶液及地塞米松等。如病情严重，距分娩期较长，治疗无明显效果时，可采取人工流产救治母兔。

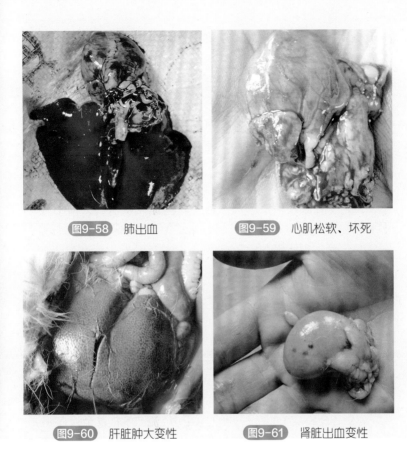

图9-58　肺出血　　　　　图9-59　心肌松软、坏死

图9-60　肝脏肿大变性　　　图9-61　肾脏出血变性

7.流产

（1）病因　妊娠母兔未到分娩期提前产出胎儿的现象称作流产。引起流产的原因较多，可分为几个方面：第一，惊吓性流产，如噪声或动物闯入而受到惊吓，使精神高度紧张，导致激素分泌失调和子宫肌的紧张性升高而流产；第二，机械性流产，如捕捉方法不当、摸胎用力过大，混养时相互咬架和爬跨，机械性刺激子宫肌肉的异常蠕动而导致流产；第三，中毒性流产，如饲料中毒（有毒饲料和发霉变质饲料）、农药中毒（如有机磷农药）、动物药物中毒（如氟苯尼考中毒，益母草刺激、喹乙醇中毒）等；第四，疾病性流产，如患某些疾病（沙门菌病、

李氏杆菌病、衣原体病、支原体病、附红细胞体病、弓形虫病）时等；第五，其他，如长途运输、饮冰水或饲喂冰冻饲料、饲料营养成分缺乏，尤其是维生素A和维生素E严重缺乏。

（2）临床症状　流产早期可见母兔不安，精神不振，食欲减退，有努责，外阴部流出带血水液，有的出现衔草拉毛，而后产出没有成形的胎儿。流产早者可在妊娠10天左右发生，晚者在产前2～3天发生。

（3）防治　加强妊娠母兔的饲养管理，兔场保持安静，捕捉、摸胎要轻柔，慎喂有毒饲料（如棉籽饼），不喂冰冻饲料和饮水，供给全价平衡饲料，及时治疗原发疾病。如发现有流产先兆时，可注射保胎宁或孕酮保胎。对已经发生流产母兔应加强护理，喂服抗菌消炎药物，防止产道感染发炎。除了一些病原微生物引起的流产以外，其他原因导致的流产，一旦母兔身体恢复，一般不会影响以后的配种受胎。应抓紧时间及时配种。

8. 死胎

母兔产出死胎称死产，若胎儿在子宫内死亡，并未流出或产出，而且在子宫内无菌的环境里，水分等物质逐渐被吸收，最终钙化而形成木乃伊。

（1）病因　胎儿死亡的原因很多，总的来说分产前死亡（即妊娠中后期，特别是妊娠后期死亡）和产中死亡。产中死亡多为胎位不正、胎儿发育不良，或胎儿发育过大，产程过长，仔兔在产道内受到长时间挤压而窒息；产前死亡的原因比较复杂，如母兔营养不良，胎儿发育较差，母兔妊娠后期停食，体组织分解而引起酮血症，造成胎儿死亡；妊娠期间高温刺激、煤气中毒等造成胎儿死亡，妊娠中止；饲喂有毒饲料或发霉变质饲料；使用药物不当造成的中毒；近亲交配或致死、半致死基因重合；妊娠期患病、高烧及大量服药；机械性动作造成胎儿损伤（图9-62～图9-65）。此外，种兔年龄过大，死胎率增加。由于胎儿过大，产程延长而造成胎儿窒息死亡多发生于怀胎数少的母兔，以第一胎较多。公兔长期不用，所交配的母兔

图9-62 磺胺类药物中毒所致死胎

图9-63 煤气中毒造成死胎

图9-64 喹乙醇中毒所致死胎

图9-65 饲料霉变所致死胎

产仔数往往较少。

（2）临床症状 母兔生产出已经死亡的胎儿。有时所产胎儿全部死亡，有的仅个别死亡。一般来说，由于胎儿大造成的死胎，往往第一个生出的胎儿是死胎，此后所生的为活仔。中毒性死胎多数是全部死亡。但饲料霉菌毒素造成的死胎在每一胎中多寡不一。

（3）病理变化 生产中应根据死胎的状态分析判断兔死亡的原因。一般来说，由于胎儿过大造成的窒息性死胎，胎儿的体重较大，均在80克以上，死亡胎儿皮肤表面有瘀血；霉菌中毒造成的死胎，胎儿较正常发育的初生仔兔体重略小，说明死亡发生在妊娠后期，身体颜色黯淡；药物中毒死亡的胎儿身体颜色多数青色。营养不良性死胎胎儿体重明显小，颜色苍白等。由于传染性疾病引起的死胎成形度差，会出现溃烂征兆。

（4）防制措施　应根据每个兔场出现死胎的具体原因采取针对性的措施。比如，繁殖率较低的兔场，以胎儿过大造成的产中死胎较多，应控制种兔膘情，强化维生素营养，采取复配或双重配种措施，提高产仔数量，避免寡产现象。摸胎时发现胎儿数量过少，应该控制母兔的喂料量，给母兔提前催产（30～31天）；生产中由于霉菌毒素中毒造成的死胎最为多见，应该严格控制饲料质量，严防饲料受潮霉变。每批饲料检测霉菌孢子含量，有条件的兔场最好检测主要霉菌毒素含量。凡是不达标的饲料严禁使用。对于略有霉变的饲料，可在饲料中添加一定的霉菌毒素吸附剂；对于药物性中毒引起的死胎，坚持母兔在妊娠期间禁止使用任何药物的基本原则。

9. 异食癖

（1）病因　异食癖即兔采食或舔食、啃咬饲草、饲料以外物品的嗜好或恶习。多由于饲料单一，饲料营养不全或不平衡，氨基酸、维生素、微量元素等的缺乏，都可引起异食癖。环境温度过高，饲养密度过大，通风不良，光照过强或过弱等引起应激时可诱发异食。也可继发于某些寄生虫病。

（2）临床症状　啃咬或舔食笼具、食槽、水槽、墙壁、砖瓦、土块、煤渣，啃咬其他兔的被毛以及自身被毛，严重者还会出现吃食仔兔（食仔癖）等。如营养元素缺乏时，可见相应的营养元素缺乏的症状。

（3）防治　饲料品种要多样化，并配制全价平衡饲料，适量饲喂青绿饲料，根据需要适当补充氨基酸、维生素及微量元素等。注意通风透光，饲养密度要合理，定期驱虫。如发生异食癖，应根据相应缺乏元素进行补充。发生食仔癖时，除进行以上防治方法外，还应将新生仔兔取出寄养或定时送回哺乳。

10. 维生素缺乏症

（1）病因　植物中的维生素A源（胡萝卜素）存在于各种

青绿饲料及黄玉米、青干草、胡萝卜中，在肠上皮转变成维生素A，并储藏于肝脏中，当饲料单一，缺乏青绿饲料或饲料供给不足，以及慢性肠道疾病和肝脏疾病时，最易引起维生素缺乏。

兔在日光照射下可以合成维生素D，能满足部分需要，但仍需要在饲料中补充。优质青干草、豆科牧草、各种青绿饲料及动物性饲料中维生素D含量较多。当兔光照不足或青干草和青绿饲料不足时，会引起维生素D的缺乏，维生素A具有抗维生素D的作用，过量使用维生素A时也会引起维生素D的相对缺乏。

植物种子中含有比较丰富的维生素E，动物内脏（肝、肾、脑）、肌肉中储存有维生素E，因维生素E不稳定，易受到饲料中矿物质及不饱和脂肪酸的氧化而缺乏。地方性缺硒时也会引起维生素E相对缺乏。

（2）临床症状

① 维生素A缺乏：幼兔表现生长停滞，活力下降，下痢，死亡。种兔受胎率下降，不易受孕，发生难产、流产、怪胎，并出现干眼病，眼结膜角质化，夜盲等。

② 维生素D缺乏：出现佝偻病与骨软病。

③ 维生素E缺乏：肌肉僵直，然后进行性肌无力，肌肉萎缩、变性、坏死，发生白肌病及全身出血和渗出。母兔不孕、流产，公兔睾丸变性、萎缩，精液品质下降，仔兔死亡率高。

（3）防治　配制饲料要多样化，并适当补饲青绿饲料，有条件可配制全价配合饲料，适当添加多种维生素或含维生素类添加剂。如发生维生素缺乏症，根据表现症状，确定缺乏种类，补喂富含该维生素的饲料、添加剂或药物。维生素A、维生素D缺乏时，可肌内注射或口服鱼肝油，或将鱼肝油、维生素AD粉拌入饲料饲喂。维生素E缺乏时，补喂维生素E粉或亚硒酸钠维生素E。

11. 有机磷中毒

（1）病因　有机磷农药有敌敌畏、敌百虫、1059、1605、乐果、3911等，属高效剧毒杀虫剂。兔由于接触、吸入或吃入了某种有机磷农药而中毒。如使用被有机磷农药污染的饲料或剩余拌药后的种子，误喂使用有机磷农药后尚未超过危险期的饲草、青菜、农作物等，使用盛装过农药的容器盛装饲料、饮水或用喷洒过农药的喷雾器进行兔舍喷雾消毒，使用敌百虫等驱治兔体内外寄生虫时方法不当、浓度过高或用量过大等，均可导致有机磷中毒。

（2）临床症状　中毒病兔表现精神沉郁，反应迟钝，食欲废绝，肠蠕动增强，粪便变软、附有黏液或排稀粪，流涎，流泪，瞳孔缩小，呼吸急促，心跳加快，肌肉震颤，间或兴奋不安，痉挛，最后衰竭，昏迷，呼吸困难，体温下降，抽搐，四肢挣扎，窒息死亡。

（3）防治　加强农药管理，不用喷过有机磷农药而未过危险期的青草、青菜、农作物喂兔，不用拌药后的剩余种子喂兔，不使用盛放过农药的器具盛装饲料和饮水，不用喷洒过农药的喷雾器进行兔舍消毒，使用敌百虫等药物驱治兔体内外寄生虫时，方法、浓度、剂量要得当，并有专人负责，以防意外。

如出现中毒，应及时除去毒源。皮下注射0.1%硫酸阿托品1～2毫升，1小时后未见症状减轻时可重复用药一次，当出现瞳孔散大并停止流涎时，停止用药。解磷定是有机磷中毒的特效解毒药，每千克体重20～40毫升静脉注射、皮下注射或腹腔注射，也可配合葡萄糖、维生素C等静脉注射，以维持体况。

12. 霉菌毒素中毒

（1）病因　受潮或没完全干燥的饲草、饲料，在温暖条件下发霉，兔采食了发霉的饲草饲料后，除霉菌的直接致病作用外，霉菌产生的大量代谢产物，即霉菌毒素，对兔具有一定的毒性，引起兔中毒。能引起兔中毒的霉菌种类比较多，其中以黄曲霉毒素毒性最强。

（2）临床症状　不同的霉菌所产生的毒素不同，兔中毒后表现的症状也不同，但都以急性霉菌性肠炎及神经症状为主。在采食霉变饲料后很快出现中毒症状，精神委顿，不吃，流涎，腹痛，消化功能紊乱，先便秘，然后腹泻，粪便带有黏液或带血，恶臭，呼吸加快，全身衰竭，特别是后躯明显走路不稳或麻痹，有的出现转圈运动，角弓反张，以致昏厥死亡。妊娠母兔发生流产。抗菌药物不能控制病情，死亡率较高。

根据谷子林多年的观察研究，霉菌毒素中毒的临床类型主要有：流涎型、腹泻型、便秘型、腹胀型、神经型、瘫软型、产前后肢瘫痪型、死胎型、流产型、假发情型和肺脓肿型11种类型。有的是单一类型，有的是合并型。

（3）病理变化　由于毒素的种类不同、毒素量不同和兔年龄、生理阶段和耐受力不同，病理变化不完全一致。多数具有：胃肠黏膜充血、出血、发炎、溃疡，肝萎缩、色黄，心、肝、脾等有出血点，肾脏、膀胱有出血及炎性变化，肠道充气、盲肠秘结等（图9-66～图9-73）。

图9-66　霉菌毒素中毒，头触地

图9-67　霉菌毒素中毒，卧地不起

图9-68　霉菌毒素中毒，腹腔积液

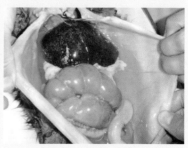

图9-69　霉菌毒素中毒，肝肿大、坏死

彩色图解科学养兔技术

图9-70 霉菌毒素中毒，肾脏出血

图9-71 霉菌毒素中毒，胃充气，肠道充气、盲肠秘结

图9-72 霉菌毒素中毒，肺脓肿出血

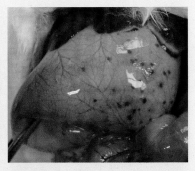

图9-73 霉菌毒素中毒，胃黏膜溃疡

（4）防治　本病尚无特效解毒药物，主要在于预防。不喂发霉变质饲料，饲料饲草要充分晾晒干燥后储存，储存时要防潮。湿法压制的颗粒饲料应现用现制，如存放也要充分晾晒，以防发霉。发现霉菌毒素中毒，应尽快查明发霉原因，停喂发霉饲料。应用缓泻药物排除消化道内毒物。内服制霉菌素或克霉唑等药物抑制或杀灭消化道内霉菌。静脉注射或腹腔注射葡萄糖注射液等维持体况。饮用电解多维和微生态制剂，出去运动或在草地自由采食青草可加速症状缓解。

13.亚硝酸盐中毒

（1）病因　本病多由于食入了大量含有硝酸盐和亚硝酸盐的

饲料而发病。各种鲜嫩青草、作物秧苗以及叶菜类都富含硝酸盐，大量施用硝酸铵、硝酸钠、除锈剂、植物生长刺激剂2,4-D后的作物亚硝酸盐含量更高。尤以甜菜、白菜等亚硝酸盐含量最高。青绿饲料、菜叶等堆放过久，特别是经过雨水淋湿或烈日暴晒后，极易发酵腐热，硝化细菌将饲料中的硝酸盐转化为亚硝酸盐，兔采食后引起中毒。

（2）临床症状　多于采食后十几分钟至数小时发病，最急性者发病前精神良好，食欲旺盛，仅稍显不安，站立不稳即倒地死亡。一般病例呈现呼吸极度困难，全身发绀，特别是可视黏膜和耳部明显，体温正常或偏低，耳、四肢厥冷，耳尖血液有时少而凝滞、黑褐色，肌肉战栗，后期出现强直性痉挛，衰竭而死。

（3）病理变化　剖检可见各组织器官瘀血、色暗红，流出的血液呈黑褐色或酱油色，凝固不全。

（4）防治　青绿饲草、菜叶要鲜喂，不要长时间堆放，当时喂不完的青绿饲料和雨水淋过的饲料摊开敞放，能有效地预防亚硝酸盐中毒。如出现亚硝酸盐中毒，可用特效解毒药亚甲蓝（美蓝）每千克体重1～2毫克，配成1%溶液静脉注射；或用甲苯胺蓝每千克体重5毫克，配成5%溶液静脉注射、肌内注射或腹腔注射。

14. 抗球虫药物中毒

（1）病因　兔球虫病目前多使用化学药物或抗生素类药物预防。但是，兔对一些药物非常敏感，一些药物长期使用或大量使用，均会导致兔中毒。最容易引起中毒的抗球虫药物是马杜霉素。该药物主要应用于肉鸡，一般添加剂量是5毫克/千克饲料，没有用于兔的说明。多年来，我国出现了大量的兔马杜霉素中毒事件，造成较大的经济损失。此外，较容易引起中毒的抗球虫药物有盐霉素、莫能霉素、那拉霉素、呋喃唑酮等。

（2）临床症状　精神沉郁，食欲减退或废绝，步态不稳，四肢无力，趴卧在地，体温基本正常，继而反应迟钝，四

图9-74 抗球虫药物中毒，患兔头触地或头颈歪斜

图9-75 抗球虫药物中毒，肺出血

图9-76 气管内血液形成血条

肢麻痹，呼吸急促，头颈歪斜（图9-74），眼球突出，虹膜退色，头下垂扎地或从两前肢中间伸至腹下，或头部顶墙，或尾部后退，弓腰收腹，似肠痉挛阵阵发作，皮肤等失去弹性。一旦出现以上症状，患兔很快死亡。该病发生与采食的药量和兔的年龄有关，采食的药物（带有药物的饲料）越多，发病越急，病情越严重；药物的敏感性成年兔大于青年兔，青年兔大于幼兔。

（3）病理变化　胃和肠黏膜脱落，有的有出血点或出血斑；肺脏水肿，有散在性出血斑点；肾脏肿大瘀血，皮质部有针尖大出血点，膀胱积尿，尿液呈淡黄色或淡红色；心包积液，心肌松弛，失去弹性；肝脏肿大，质脆，有的黄染，有的有大小不等的坏死灶，胆囊内充满胆汁（图9-75～图9-78）。

（4）防治　马杜霉素对兔高度敏感，不适于用作防治兔球虫病。预防该药中毒，不用该药即可。一旦误用该药而造成中毒，应立即停用带药的饲料，大量投喂青绿饲料和多汁饲料，饲料中添加多种维生素（为平常用量的2倍）或在饮水中添加水可弥散型维生素。对个别患兔可采取补液，肌内注射阿托品，每兔每次1.5～2毫克，肌内注射维

图9-77 抗球虫药物中毒，肾脏肿大

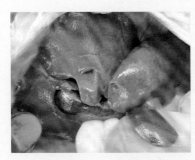

图9-78 抗球虫药物中毒，肝脏肿大、坏死

生素C，每次3毫升，一天2次。采取以上措施，3天可控制病情。

参考文献

［1］李福昌. 兔生产学. 北京：中国农业出版社，2016.

［2］徐立德. 家兔生产学. 北京：中国农业出版社，1994.

［3］杨正. 现代养兔. 北京：中国农业出版社，1999.

［4］王建民. 动物生产学. 北京：中国农业出版社，2002.

［5］李福昌，朱瑞良. 长毛兔高效养殖新技术. 济南：山东科学技术出版社，2002.

［6］李福昌. 肉兔标准化生产技术. 北京：中国农业出版社，2004.

［7］李福昌，张凤祥. 无公害獭兔标准化生产. 北京：中国农业出版社，2006.

［8］徐汉涛. 种草养兔技术. 北京：中国农业出版社，2003.

［9］徐汉涛. 高效益养兔法（第三版）. 北京：中国农业出版社，2005.

［10］徐立德，蔡流灵. 养兔法（第三版）. 北京：中国农业出版社，2002.

［11］谷子林，薛家宾. 现代养兔实用百科全书. 北京：中国农业出版社，2007.

［12］王金玉，陈国宏. 数量遗传与动物育种. 南京：东南大学出版社，2004.

［13］徐汉涛，杭榴玉. 高效益养兔法（第二版）. 北京：中国农业出版社，1997.

［14］杨正. 塞北兔饲养技术. 北京：中国农业出版社，2001.

［15］彭大惠. 养兔手册. 北京：中国农业出版社，1993.

［16］全国畜牧兽医总站. 中国养兔技术. 北京：中国农业出版社，2000.

［17］王建民. 养兔手册. 北京：中国农业大学出版社，1999.

［18］任克良. 现代獭兔养殖大全. 太原：山西科学技术出版社，2002.

［19］谷子林，等. 肉兔饲养技术（第二版）. 北京：中国农业出版社，2006.

［20］陶岳荣，等. 肉兔高效益饲养技术. 北京：金盾出版社，2002.

［21］杭苏琴. 肉兔养殖问答. 北京：中国农业出版社，2002.

［22］张宏福，张子仪. 动物营养参数与饲养标准. 北京：中国农业出版社，1998.

［23］白元生. 饲料原料学. 北京：中国农业出版社，1999.

［24］张子仪. 中国饲料学. 北京：中国农业出版社，2000.

［25］杨风. 动物营养学（第二版）. 北京：中国农业出版社，2002.

［26］谷子林. 家兔饲料配方与配制. 北京：中国农业出版社，2002.

［27］谷子林. 现代獭兔生产. 石家庄：河北科技出版社，2001.

［28］范光勤. 工厂化养兔新技术. 北京：中国农业出版社，2001.

[29] 丽哲. 兔产品加工新技术. 北京：中国农业出版社，2002.

[30] 谷子林，秦应和，任克良. 中国养兔学. 北京：中国农业出版社，2013.

[31] 谷子林，孙惠军. 肉兔日程管理与应急技巧. 北京：中国农业出版社，2011.

[32] 谷子林. 獭兔养殖解疑300问（第二版）. 北京：中国农业出版社，2014.

[33] 谷子林. 肉兔健康养殖400问（第二版）. 北京：中国农业出版社，2014.

[34] 孙效虎，郑明学. 兔病防控与治疗技术. 北京：中国农业出版社，2004.

[35] 国家畜禽遗传资源委员会，唐良美. 中国畜禽遗传资源志：特种畜禽志. 北京：中国农业出版社，2012.

[36] De Blas，Julian Wiseman. The Nutrition of The Rabbit.CABI Publishing，1998.

[37] 彭里. 畜禽养殖环境污染及治理研究进展. 中国生态农业学报，2006，2：19-21.

[38] 宋之波，朱俊平. 影响畜牧业安全生产的因素. 山东畜牧兽医，2005，4：7-8.

[39] 蔡蕊，高广尧. 影响畜禽安全生产的环境问题及对策. 中国禽业导刊，2001，18（23）：35-36.

[40] 李德发. 提高动物安全生产水平的科技对策与建议. 中国畜牧杂志，2004，40（12）：1-2.

[41] 张子仪. 从科学发展观谈我国动物源食物安全生产中的若干问题. 食品与药品，2005，7（2）：7-10.

[42] 吕爱军，杨在宾，周世峰，等. 饲料添加剂的合理应用与畜禽安全生产. 广东饲料，2004，13（1）：16-17.

[43] 程瑛珺，周桂仙，孙国业. 生物技术在饲料安全生产中的应用进展. 安徽农业科学，2006，34(2)：254-255.

[44] 樊霞，杨振海，李大鹏. 饲料安全隐患及其控制(一). 中国畜牧杂志，2006，42（2）：10-12.

[45] 樊霞，杨振海，李大鹏. 饲料安全隐患及其控制(二). 中国畜牧杂志，2006，42（4）：15-17.

[46] 李秀花，靳玲品，高志花. 影响我国饲料安全的主要因素和控制措施. 河北北方学院学报(自然科学版)，2006，22（2）：34-37.

[47] 边连全. 农药残留对饲料的污染及其对畜产品安全的危害. 饲料工业，2005，26(9)：1-5.

[48] 李少华. 城市生活垃圾处理的方向选择. 北京观察，2005，5：32-35.

[49] 彭里. 畜禽养殖环境污染及治理研究进展. 中国生态农业学报，2006，14（2）：19-21.

[50] 刘德稳，高靖，董宏伟. 我国畜牧业可持续发展战略之深思. 畜牧兽医杂志，2005，24(6)：33-35.

[51] Sandra Eady. Technology Advances and Innovation in the Meat Rabbit Industry in Europe，April 2008，RIRDC Publication No 08/036，ISSN

1440-6845.

[52] 潘雨来，等．"四同期法"在养兔生产中的应用．中国养兔杂志，2001，1：6-7.

[53] 阎英凯．从养殖模式看我国兔产业的发展方向．中国养兔杂志，2011，1：17-21.

[54] 谷子林．我国家兔规模化养殖的难点及对策．中国农村科技，2005，5：32-34.

[55] 阎英凯．肉兔工厂化养殖模式．2011全国家兔饲料营养与安全生产学术研讨会论文集，48-54.

[56] 谷子林，等．光照对家兔的影响及其控制．今日畜牧兽医，2006，2：37.

[57] 赵辉玲，等．48小时母仔分离对自由哺育或控制哺育母兔性能的影响．中国养兔杂志，2002，5：18-21.

[58] 青岛康大欧洲兔业育种有限公司．种兔饲养管理手册．

[59] Salvini etc., In: Banca dati di composizione degli alimenti per studi epidemiologici in Italia. Istituto Europeo di Oncologia, Milano, Italy, 1998. p958.

[60] Dalle Zotte A. Perception of rabbit meat quality and major factors influencing the rabbit carcass and meat quality. Livestock Production Science, 2002. 75: 11-32.

[61] 王家富．兔肉的营养与食疗价值．中国养兔杂志，2000，3：30-31.

[62] Taboada E etc.. The response of highly productive rabbits to dietary sulphur amino acid content for reproduction and growth. Reproduction Nutrition Development. 1996. 36:191-203.

[63] Taboada E etc.. The response of highly productive rabbits to dietary lysine content. Livestock Production Science. 1994. 40: 329-337.

[64] De Blas JC. etc.. Units for feed evaluation and requirements for commercially grown rabbits.Journal of Animal Science. 1985. 60: 1021-1028.

[65] Xiccato, G. Nutrition of lactating does. Proc. 6th World Rabbit Congress, Toulouse, France, 1996. pp 29-47.

[66] Parigi-Bini R. Recent developments and future goals in research on nutrition of intensively reared rabbits. Proc. 4th World Rabbit Congress, Budapest, Hungary, 1988.

[67] Parigi-Bini G etc.. Influenza del-l'intervallo parto-accoppiamento sulle prestazioni riproduttive delle coniglie fattrici. Coniglicoltura. 1989. 26: 51-57.

[68] Parigi-Bini G etc.. Energy and protein utilization and partition in rabbit does concurrently pregnant and lactating. Animal Science. 1992. 55: 153-162.

[69] Parigi-Bini R etc.. Energy and protein retention and partition in rabbit does during the first pregnancy.Cuni-Sciences. 1990. 6: 19-31.

[70] Xiccato G, etc.. Effetto del liello nutritivo e della categorial di conigli sulla digeribilita degli alimenti e sul bilancia azatoto. Zootecnica e Nutrizione Animale.1991. 18: 35-43.

[71] Xiccato G etc.. The influence of feeding and protein levels on energy and protein utilization by rabbit does. Proceedings of the fifth world rabbit contress, Corvallis, Oregon. Journal of Applied Rabbit Research. 1992. 15: 965-972.

[72] Parigi-Bini R etc.. Utilizzazione e ripartizione dell'energie e della proteina degeribile in coniglie non gravida durante la prima lattazione. Zootecnica e Nutrizione Animale. 1991. 17: 107-120.

[73] Partridge GG. etc..Fat supplementation of diets for growing rabbits Author links open overlay. Animal Feed Science and Technology. 1986. 16: 109-117.

[74] De Blas AL. Sangameswaran L. Demonstration and purification of an endogenous benzodiazepine from the mammalian brain with a monoclonal antibody to benzodiazepines. Life Sciences. 1986. 39: 1927-1936.

[75] De Blas JC etc.. Effect of substitution of starch for fiber and fat in isoenergetic diets on nutrient. Journal of Animal Science. 1995. 73: 1131-1137.

[76] Fraga MJ. etc.. Effect of diet and of remating interval on milk production and milk composition of the doe rabbit. Animal. 1989. 48: 459-466.

化学工业出版社同类优秀图书推荐

ISBN	书名	定价/元	出版时间
32709	肉兔科学养殖技术	48	2018年9月
30538	肉兔快速育肥实用技术	39.8	2017年11月
33432	犬病针灸按摩治疗图解	78	2019年6月
33746	彩色图解科学养鸭技术	69.8	2019年6月
33697	彩色图解科学养羊技术	69.8	2019年6月
31926	彩色图解科学养牛技术	69.8	2018年10月
32585	彩色图解科学养鹅技术	69.8	2018年10月
31760	彩色图解科学养鸡技术	69.8	2018年7月
31070	牛病防治及安全用药	68	2018年4月
27720	羊病防治及安全用药	68	2016年11月
26768	猪病防治及安全用药	68	2016年7月
25590	鸭鹅病防治及安全用药	68	2016年5月
26196	鸡病防治及安全用药	68	2016年5月
01042A	畜禽病防治及安全用药兽医宝典（套装5册）	340	2018年9月

地址：北京市东城区青年湖南街13号化学工业出版社（100011）

出版社门店销售电话：010-64518888

各地新华书店，以及当当、京东、天猫等各大网店有售

如要出版新著，请与编辑联系：qiyanp@126.com

如需更多图书信息，请登录www.cip.com.cn